数据难以分享，易使其失去财富效应；分享失序也常导致数据拥有者利益严重受伤，甚至社会与国家利益严重受损。此外，拥有公共数据的平台若无限逐利则往往会成为数据垄断、财富垄断甚至权利垄断的独立王国。本书论证了区块链技术正是解决上述数据资源交易和分享所面临问题的总钥匙。

　　　　　　　　　　　　　中国工程院院士：刘经南

The Driving Force of Transformation
for Modern Technology, Economy, Industry and Society

BLOCKCHAIN
REVOLUTION

区块链革命

当代技术、经济、产业、社会变革的动力之源

艾江　王波　童昌华　主编

浙江科学技术出版社
Zhejiang Science and Technology Publishing House

图书在版编目（CIP）数据

　区块链革命：当代技术、经济、产业、社会变革的动力之源 / 艾江，王波，童昌华主编 . — 杭州：浙江科学技术出版社，2020. 9
　ISBN 978-7-5341-9080-3

　Ⅰ . ①区… 　Ⅱ . ①艾… ②王… ③童… 　Ⅲ . ①区块链技术 　Ⅳ . ①TP311.135.9

　中国版本图书馆CIP数据核字（2020）第153879号

区块链革命：当代技术、经济、产业、社会变革的动力之源

艾　江　王　波　童昌华　主　编

出版发行	浙江科学技术出版社			
	杭州市体育场路347号　邮政编码：310006			
	销售部电话：0571-85062597			
	网　址：www.zkpress.com			
排　　版	杭州兴邦电子印务有限公司			
印　　刷	浙江新华数码印务有限公司			
开　　本	787×1092　1/16	**印　张**	21.25	
字　　数	340 000	**插　页**	8	
版　　次	2020年9月第1版	**印　次**	2020年9月第1次印刷	
书　　号	ISBN 978-7-5341-9080-3	**定　价**	79.00元	

策划编辑	莫沈茗	**责任编辑**	柳丽敏　罗　瓘
责任校对	赵　艳	**责任印务**	田　文

艾江（Thomson）

上海交通大学工学硕士，交通大学江西校友会执行会长，上海交通大学资深创业导师，上海市科技创业领军人物。1998年任中兴通讯上海第一研究所研发经理，曾获"为国争光杰出赣商60人""兴赣贡献奖""海归之星"等多项荣誉。中美加区块链协会发起人。

王波

中共中央党校研究生学历。现任中国国际商会副会长，中国保利集团有限公司总经理助理，中国中丝集团有限公司党委书记、董事长，时装杂志社董事长。曾在多家中央级新闻媒体工作，参与中央企业整合划转工作，推动国有企业积极向高新产业转型发展，并且在能源领域拥有多年的企业管理经验。

童昌华

浙江大学博士，高级经济师，副研究员。浙江大学校外硕士生导师，浙江万里学院特聘教授，浙江工商大学研究生实务导师。曾任《证券时报》浙江记者站站长，浙江开化文旅集团董事长、总经理，现任"世界500强"物产中大集团研究院副院长、战略部副总经理。发表论文50余篇。

Jinwen Xu［美］

加拿大英属哥伦比亚大学经济学博士。拥有丰富的机器学习、人工智能和互联网经济方面的经验。现任美国 Facebook 高级研究科学家，负责 Facebook 广告推荐系统的架构和推荐模型的设计以及隐私保护机器学习的应用研究。

Aiden Ai

英国埃塞克斯大学 (University of Essex) 人工智能硕士。人工智能领域工作者，多次在计算机类大赛中获奖，现从事游戏人工智能领域研究。

韩锋

比特币基金会终身会员，哥伦比亚大学访问学者，清华大学 iCenter 导师，前华为研究院区块链顾问，DACA 区块链协会秘书长，亦来云基金会理事。曾主编《区块链新经济蓝图》《区块链国富论》《区块链：量子财富观》等专著。

张家卫

小众行为学研究基金创始人，加拿大灰熊研究院首席研究员。先后在加拿大西蒙菲沙大学（SFU）、美国索菲亚大学、英国剑桥大学、加拿大多伦多大学担任访问学者。研究方向是战略规划、组织战略管理、商业模式研究以及物流供应链管理，目前主要从事中加、中美经济领域课题以及小众行为学领域的商业模式研究。中美加区块链小众联盟发起人。

艾涛

中央民族大学硕士研究生，上饶市政协文化文史和学习主任，市社联兼职副主席。多部作品获省级奖励。有许多文史作品在《中国政协报》《新华文摘》《春秋》《文史大观》《江西日报》《光华时报》《江西党建》《星火》等处刊发。文史专著《饶信长歌》作者。

徐东

国际沙文化艺术家，毕业于上海交通大学，后进修于北京大学颗粒艺术学院，是中国沙文化艺术行业的先驱者。2019 年受邀在"中央电视台七夕晚会"现场进行沙画表演。2020 年参演北京人民大会堂沙动画团队展播。

陈自力

正高专业技术职称，享受国务院政府特殊津贴。现任浙江省标准化研究院院长，智库负责人、首席专家，浙江省品牌建设联合会秘书长。在国际国内学术刊物发表论文 16 篇，主持完成国家标准、省地方标准 12 项，获得发明专利 3 项。

楼建平

资深环保专家，自主创办高科技专业生产流量计公司：金华市东南流量仪表公司。拥有多个专利产品，其中电磁流量计获环保一等级，智能热式气体质量流量计获科技成果奖等。

Leon Yan［加］

资深区块链技术专家，加拿大 Activator Tube 软件开发公司联合创始人，电影区块链技术负责人。曾任温哥华 IT 实战培训营 (WebDxD) 的前端开发交互金牌讲师与 Hackhub 技术团队交互设计总监。

李文仙

法律专业本科学历，计算机技术领域工程硕士学位，高职法律专业副教授，具有丰富的教育管理工作经验。

Yinghua Chen［加］

法国索邦大学巴黎第一商学院工商管理硕士，加拿大 Aupera Technologies 公司联合创始人。拥有丰富的跨国公司管理经验，负责企业创立、公共关系、投资管理、企业发展等多方面综合事务，擅长中西方文化融合及有效沟通，实现企业高效运营。

Ed Feng［美］

美国波士顿大学（Boston University）电子工程系博士和硕士，上海交通大学学士。现为美国一家著名系统仿真和自动化设计软件公司核心研发经理和首席软件架构师。在美国电气和电子工程师协会（IEEE）杂志和著名学术会议发表论文 20 篇，是二十多项美国、欧洲和世界知识产权组织（WIPO）专利的首席发明者。

高雅麟

浙江师范大学 MPA 实践导师，中国生态城市研究院智慧水务中心专家委员会成员，量子大学水务学院院长，浙江省水协现代化营业所评审小组专家组成员，中国水协市场发展委员会常务委员。现任物产中大公用环境投资有限公司常务副总经理、浙江万信投资管理公司董事长、上海徐泾污水处理有限公司董事长。

贾晋昭

西门子（中国）有限公司行业总监，中国自动化学会、智能工程设计委员会秘书长，中国给水排水协会、智慧水务专委会常务委员。研究方向为数字孪生、全生命周期管理、基于大数据智能的设备维护等。

陈志斌

资深市政工程设计专家，住建部"劳模"。浙江省市政行业协会专家库成员，浙江省海绵城市专家委员会成员，浙江省小城镇环境综合整治规划设计专家服务团成员，浙江省建设系统市政、排涝和城镇燃气行业专家库成员。在国际国内学术刊物发表论文 7 篇，省市各类优秀设计奖数十项。

Ping Li［加］

美国圣道大学商业管理硕士，北京交通大学工学硕士，曾获伯克利区块链协会总裁班证书。电影区块链联合创始人，中美加区块链小众联盟创始人。有超过 20 年的商业战略规划和管理经验，是区块链技术应用的信仰者。

张楚

武汉大学理学学士、管理学硕士，高级工程师。现任武汉楚江产业运营发展有限公司董事长，贵州江田环境科技有限公司董事，武汉大学教育培训中心兼职教授。

辛卫民

清华大学硕士，清华企业家协会（TEEC）成员。星翰达科技创始人及 CEO，亦来云生态社区成员。曾任北加州清华校友会主席、微软 MSN 中国 CTO、爱康国宾 CTO，以及掌上灵通技术副总裁。1999 年在硅谷参与创立全球首批在线商业竞争分析 BI 公司 RivalWatch。

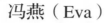

冯燕（Eva）

资深环保专家，"环保管家"践行者，从事环境治理工作多年，"危险废物规范化管理"倡导开拓者，危险废物能源再利用创新者，获得多项发明专利。

张玉新

清华大学工学学士、管理学硕士。亦来云读书会发起人，区块链通用存证项目发起人。拥有丰富的企业管理实践与咨询、管理信息系统及 ERP 经验，资深互联网布道师，知识管理专家。现负责亦来云物联网生态，亦来云电视机顶盒上预装 Carrier 节点到达百万里程碑。

郭洪君

辽宁山水清环保科技有限公司控股子公司法人及董事长。曾获锦州市"优秀青年"称号。全国第一批乡镇污水处理先行者。"世界 500 强"日本三菱化学、可乐丽集团、荏原机械等中国区合作伙伴。

熊雨

上海交通大学计算机学士。连续创业者，Seachange 架构师，易极付首席架构师，淘股神联合创始人，豆匣联合创始人，省心签创始人。

顾　　问：张家卫　　韩　锋

主　　编：艾　江　　王　波　　童昌华

作　　者：艾　江　　王　波　　童昌华　　Jinwen Xu［美］

　　　　　Aiden Ai　　韩　锋　　张家卫　　艾　涛　　徐　东

　　　　　陈自力　　楼建平　　Leon Yan［加］　　李文仙

　　　　　Yinghua Chen［加］　　Ed Feng［美］　　高雅麟

　　　　　贾晋昭　　陈志斌　　Ping Li［加］　　张　楚

　　　　　辛卫民　　冯　燕　　张玉新　　郭洪君　　熊　雨

服务平台：蓝源科技股份有限公司

序

2019 年 10 月 24 日，这一天，中央政府审时度势，就区块链技术发展现状和趋势进行第十八次集体学习，习近平总书记在主持学习时强调"要把区块链作为核心技术自主创新的重要突破口"。巧合的是，这一天刚好是"中国程序员日"。中国作为全球第二大经济体，如此高位推动一项技术，是前所未有的。

区块链是一个时尚而又前沿的热词，从传统产业到新兴产业，区块链在各行各业的运用呼之欲出。

什么是区块链？简单地说，区块链就是一种去中心化的分布式账本，具有安全、不可篡改、可信、无第三方等特点。区块链不仅是一项技术，更重要的是它能重构商业组织，且适用于各种产业。我认为，**区块链是当代技术、经济、产业、社会变革的动力之源**。

通过区块链技术，诚信被编码到流程的每一环节中，信任源自内在，而非外在，它是分布式的，不依赖于任何一个成员，最终让代码来解释一切，让网络通过共识算法就所发生的事实达成共识并用密码学在区块链上进行记录。除了共识机制，区块链还能通过智能代码来保障诚信，而不是靠人类自己去选择做正确的事。

在区块链的世界，我们可以避免许多的诚信危机，我们买的商品来源可溯，我们的出行更加便捷，我们的知识产权保护会更加有效，我们的交易不需要第三方介入……人们需要诚信，社会需要诚信，经济生活更需要诚信。

撰写这本书的初衷是想进行一次小小的尝试：全程使用"区块链方式"，完成组稿、编辑、出版、发行；借此"区块链行为"，希望能够启发所有读者，一波技术革命的浪潮已经来了！

　　我们始终认为：区块链不能脱离物理世界，而应该更好地服务于物理世界，更好地服务于实体经济发展，区块链技术应用最重要的方向是与物理世界的深度融合。本书以 IP 知识产权领域、文化艺术、"新基建"领域、影视行业、环保领域、旅游领域、茶叶科技、供应链金融、能源行业、水务领域、餐饮行业、地产领域、保险领域、大宗商品交易、检验检测领域、木门行业、社会治理等二十多个区块链实际应用场景为例，来讨论区块链作为解决方案如何为实体经济和虚拟经济"赋能"。这些都是本书作者已经或正在开发实施的区块链场景应用，相信对各位读者会有一定的帮助和启发。

　　区块链精神贯穿于本书出版的所有流程。通过区块链模式面向全球征稿，运用我们自主开发的"权链通"技术来实现相关知识产权的确权。本书出版之后，充分利用区块链去中心化优势，基于智能合约技术，根据大家参与撰写、编辑本书的贡献大小，秉持公平、公正、公开的原则，将稿酬及时分发给撰稿者。

　　希望各位读者多与我们联系，大家齐心协力，共同推动区块链在各个行业更多、更好的应用！

　　这次非常感谢中国、美国、加拿大三国区块链同人的共同参与，这是我们共同的区块链，这是我们共同的著作！

中美加区块链协会发起人：艾江

Preface

On October 24, 2019, the central government made a timely assessment of the situation, and President Xi Jinping personally chaired the Politburo meeting of a group study about blockchain. In the meeting, President Xi has emphasized that blockchain is an important breakthrough for independent innovation of core technology. Coincidentally, this day was actually "Chinese Programmer's Day". China, as the world's second largest economy, has promoted the blockchain technology at an unprecedented level.

Blockchain technology is a fashionable and cutting-edge hot word. From traditional industries to emerging industries, the application of blockchain in various industries is building up.

What is a blockchain? Simply put, blockchain is a kind of decentralized distributed ledger. It is characterized by security, immutability, credibility, and no third parties. Blockchain is not just a technology, but more importantly, it can restructure business organizations, and it is applicable to various industries. **I believe blockchain is the driving force of transformation for modern technology, economy, industry and society.**

Through blockchain technology, integrity is coded into every aspect of the process, and trust originates from within, not from outside. It is distributed and does not depend on any one member. The blockchain technology use the coding to explain everything, let the network reach a consensus on what happened and use cryptography to record on the blockchain. In addition to the consensus mechanism, the blockchain can also protect integrity through intelligent code, instead of relying on humans to choose to do the right thing.

In the blockchain world, we can avoid many credibility issues, the sources of the goods we buy can be traced, our travel is more convenient, our intellectual property protection will be more effective, and our transactions do not require third party intervention. People need integrity, society needs integrity, and economy needs integrity.

The original intention of launching this book is that I want to make a small attempt, using the "blockchain approach" to organize, edit, publish, and distribute "Blockchain Revolution". I hope this can inspire all readers. A wave of technological revolution has come, and this wave has just begun!

We always believe that the blockchain cannot be separated from the physical world, but should better serve the physical world and better serve the development of the real economy. The most important direction of blockchain technology application is the deep integration with the physical world. This book focuses on more than 20 practical application scenarios of blockchain in the fields of intellectual property, culture and art, "new infrastructure", film and television industry, environmental protection, tourism, tea technology, supply chain finance, energy industry, water treatment, catering, real estate, insurance, commodities trading, inspection and testing, wooden door industry, and social governance as examples to discuss how blockchain as a solution can "empower" the real economy and virtual economy. These are the blockchain applications that the authors of this book have developed or are currently developing and implementing. I believe it will be helpful and enlightening to readers.

The spirit of blockchain runs through the whole process of publishing this book. Through the blockchain model, we are soliciting contributions from all over the world, and we use our self-developed Quanliantong technology to realize the confirmation of relevant intellectual property rights. After publication, we will make full use of the advantages of blockchain decentralization, and distribute the copyright fees obtained to the writers in time according to the smart contract agreement, that is: according to everyone's participation in writing and editing the book, upholding the principle of fairness, justice, and openness.

I hope that readers will contact us and provide as much feedback as possible, and we will work together to promote more and better applications of blockchain in various industries!

I am very grateful for the participation of colleagues from China, the United States and Canada. This is our common blockchain and this is a book of all co-authors!

Founder of China-USA-Canada Blockchain Association: Thomson Ai

区块链，是一种信仰

本书命名为《区块链革命：当代技术、经济、产业、社会变革的动力之源》，也许很多人并不认可，认为"革命"的定义非常神圣或者说过于重大，如此命名是不是过于草率，但我并不这样认为。

第一次工业革命，通常以 1776 年英国发明家瓦特制造出第一台有实用价值的蒸汽机为标志，后来经过一系列重大改进，人们称之为"万能的原动机"。蒸汽机在工业上的广泛应用标志着工业革命的开始，资本主义世界体系也就是在这个时间节点初步形成的。

1776 年，美国发表《独立宣言》，正式从大不列颠王国独立，成为独立国家。当时的中国正是清朝乾隆年间，是中国封建集权发展的顶峰时期。

第二次工业革命，在 1870 年以后。随着科学技术的迅猛发展，以电力的广泛应用、内燃机和新交通工具的创制和新通信手段的发明为标志，各种新技术、新发明层出不穷，并迅速被应用于工业生产，大大促进了经济的发展，形成西欧和北美两大工业地带，英国丧失了世界工厂的地位，资本主义世界体系形成。

1840 年到 1860 年两次鸦片战争之后，清朝被动地进入世界经济体系。1912 年清朝落幕，中国开始进入动荡的民国时代。

第三次工业革命通常被称为第三次科技革命，以两次世界大战之后的 20 世纪四五十年代为起点，是继蒸汽技术革命和电力技术革命之后科技领域里的又一次重大飞跃。它以原子能、电子计算机和空间技术的广泛应用为主要标志，极大地推动了人类社会经济、政治、文化领域的变革，而且也影响了人类的生活方式和思维方式。

当今世界政治经济结构和国际政治经济格局发生重大变化，世界各国都在大力发展高科技，增强自己在国际格局中的地位。美国的全球霸权野心日益凸显，中华人民共和国则从诞生到改革开放四十余年获得了突飞猛进的发展，成为世界第二大经济体，世界经济格局呈现多极化。

回顾人类文明史发展的三次革命，无论是起点时间还是革命发生的火种都是后人追认的产物，因为没有人可以真正地预知未来。但是，智慧的人类越来越具有感知未来的能力，更何况，区块链并不是今天才横空出世。如果从 2008 年中本聪第一次提出区块链的概念算起，至今已 12 年。如果追溯到 1991 年由 Stuart Haber 和 W. Scott Stornetta 第一次提出关于区块的加密保护链产品，那么，30 年的奇点已经来临。

有一种观点认为区块链仅仅属于第三次科技革命中电子计算机领域的技术创新，而非一次"革命"级的技术突破。我个人比较倾向于区块链拥趸者经济学家朱嘉明先生的观点。他认为：自 20 世纪 60 年代起的第一次数字经济大爆炸，以及 2008 年因为比特币诞生而引发的第二次数字经济大爆炸，已经并仍在产生叠加效应，这将会导致新的数字经济大爆炸。

区块链在中国的发展并不是一片坦途，如同所有的新技术和新概念在中国的发展一样，最终能够涅槃重生的才算是赢者。

2019 年 10 月 24 日，中共中央政治局就区块链技术发展现状和趋势进行第十八次集体学习，习近平总书记强调：要把区块链作为核心技术自主创新的重要突破口，加快推动区块链技术和产业创新发展。

中国人民银行（央行）从 2014 年就开始研究法定数字货币。2020 年 4 月，央行宣布首先在深圳、苏州、雄安新区和成都进行试点。央行数字货币研究所负责人表示：与比特币等数字货币不同，央行推出的数字货币是人民币的电子版本，即央行的数字货币是具有法偿性的。

2019 年 6 月，美国最大的社交巨头脸书（Facebook）旗下全球数字加密货币 Libra 官方网站正式上线，Libra 稳定币白皮书对外公布。同样是在 2020 年 4 月，脸书宣布更新白皮书，最重要的一点更改是将提供锚定单一法币的 Libra 数字货币。

2020 年 4 月，中国又率先启动国家级的区块链服务网络（blockchain-based service network），并进入全球商用阶段，旨在建立一个跨云服务、跨门户、跨底层框架，用于部署和运行各类区块链应用的全球性基础设施网络。

从应用视角来看，简单来说，区块链是一个分布式的共享账本和数据库，具有去中心化、不可篡改、全程留痕、可以追溯、集体维护、公开透明等特点。央行推出的数字货币以及脸书即将推出的 Libra 数字货币，无疑都具有全部或者部分中心化的特征。支持和反对的声音都有，就我个人而言，无论如何，它们都是区块链技术应用和发展中的重要力量，而区块链革命的道路一定不会是循规蹈矩，而是波涛汹涌，精彩纷呈。

艾江先生是一名拥有科技背景的成功企业家，很早就开始关注区块链的落地和应用，对于中国科技进步和发展始终抱有拳拳之心。由他发起撰写的《区块链革命：当代技术、经济、产业、社会变革的动力之源》一书，正是以区块链的精神和区块链的思维，邀请来自中国、美国和加拿大区块链领域的资深研究者和应用者，采用自主研发的"权链通"技术完成出版，成绩喜人。

本书不仅以较为翔实的资料介绍了区块链的概念和区块链在全球包括中国的发展历程、政策变革，还特别选取了若干领域的实际应用案例说明区块链在各行各业落地应用的可行性和操作指引，其中也不乏海外应用场景，非常难得。

2013 年，当全世界第一台比特币 ATM 机落户温哥华市中心 Howe 街头那间小小的 Waves Coffee 时，我是它的第一批光顾者。我用刚刚从 ATM 机上购买的比特币消费了一杯咖啡，那杯 2 加元多的黑咖啡高峰时候的现金价值涨到了 200 多加元，翻了 100 倍。我将持有的比特币长久地锁在数字钱包里，从不买卖，仅仅是为了见证区块链跌宕起伏的历史和未来轨迹。我称之为区块链信仰者所为。

2018 年新年，当我从硅谷游学百日返回温哥华，举办"环球大讲堂——让硅谷告诉未来"跨年演讲的时候，我告诉在场的千余名听众，区块链将会与人工智能、物联网一起成为未来最火的行业。接着，我推动了中美加区块链小众联盟的成立，希望加拿大、美国和中国的区块链创业者和投资者可以联动起来，实现资源对接，互帮互助。

工业时代，产品与用户之间的关系是单一的，互相之间没有交互，用户就是简单的消费者。互联网时代，产品与用户的关系变成了良性互动，用户参与到产品的设计之中。区块链时代，产品变成了与社群对话，社群形成的载体就是通证（Token），特定的用户被社群取代，产品自然就被打上了社群的标签。

2019 年 8 月，作为小众行为学研究基金的创始人，我们发布了一个小众通证。该基金白皮书中说："以张家卫教授自 2014 年开始五年来的传播推广和案例实践成果为社群起始，旨在奉行'感恩与奉献'的小众社群精神，通过帮助他人创造价值而赢得他人认可，因为他人认可而回馈小众社群并服务更多他人。以区块链为技术架构，建设一个全球性的非营利性的分布式自治社群。"

区块链革命已经拉开序幕，不少人问我怎么看，除了坚决反对任何形式的炒作和欺骗行为，我仍坚定地认为，区块链是一场革命，必将与人工智能和物联网一起成为未来世界的底层逻辑和社会形态。

正是从这个意义上讲，区块链革命将是人类历史上规模最大、影响最为深远的一次新科技革命。

小众行为学研究基金创始人：张家卫

目 录

第 1 章　区块链概述

1.1　区块链的定义

1.1.1　概念

区块链（Blockchain）是比特币的底层技术和基础架构，其本质是一个由不同节点共同参与的分布式数据库系统，是开放式的账簿系统（ledger）。它由一串按照密码学方法产生的数据块或数据包即区块（block）组成，每一个区块都包含了一次比特币网络交易的信息，用于验证其信息的有效性（防伪）和生成下一个区块并自动加盖时间戳，从而计算出一个数据加密数值，即哈希值（Hash）。每一个区块都包含上一个区块的哈希值，从创始区块（genesis block）开始链接（chain）到当前区域，从而形成区块链。

狭义来讲，区块链是一种按照时间顺序将数据区块以顺序相连的方式组合成的一种链式数据结构，并以密码学方式保证不可篡改和不可伪造的分布式账本。广义来讲，区块链技术是利用块链式数据结构来验证与存储数据、利用分布式节点共识算法来生成和更新数据、利用密码学的方式保证数据传输和访问的安全、利用由自动化脚本代码组成的智能合约来编程和操作数据的一种全新的分布式应用生态系统。

区块链技术的实质是在信息不对称的情况下，无须相互担保信任或第三方（所谓的"中心"）核发信用证书，采用基于互联网大数据的加密算法创设的节点普遍通过即为成立的节点信任机制。任何机构和个人都可以作为节点参与创设信任机制，而且创设的区块必须在全网公示，任何节点参与人都可以看见。节点越多，要求的算力就越强，只有超过51%的节点都通过，才能成立一个新区块，即获得认可；同时，要想篡改或造假，也需要掌控超过51%的节点。理论上，当区块链的节点达到足够数量时，这种大众广泛参与的信任创设机制，就无须"中心"授权即可形成信任、达成合约、确立交易、自动公示、共同监督。

1.1.2 基础架构

一般说来，区块链系统由数据层、网络层、共识层、激励层、合约层和应用层组成。其中，数据层封装了底层数据区块以及相关的数据加密和时间戳等技术；网络层则包括分布式组网机制、数据传播机制和数据验证机制等；共识层主要封装网络节点的各类共识算法；激励层将经济因素集成到区块链技术体系中来，主要包括经济激励的发行机制和分配机制等；合约层主要封装各类脚本、算法和智能合约，是区块链可编程特性的基础；应用层则封装了区块链的各种应用场景和案例。该模型中，基于时间戳的链式区块结构、分布式节点的共识机制、基于共识算力的经济激励和灵活可编程的智能合约是区块链技术最具代表性的创新点。

1.1.3 基本特征

1. 去中心化

由于使用分布式核算和存储，不存在中心化的硬件或管理机构，任意节点的权利和义务都是均等的，系统中的数据块由整个系统中具有维护功能的节点来共同维护。

2. 开放性

系统是开放的，除了交易各方的私有信息被加密外，区块链的数据对所有人公开，任何人都可以通过公开的接口查询区块链数据，开发相关应用，因此整个系统信息高度透明。

3. 自治性

区块链采用基于协商一致原则的规范和协议（比如一套公开透明的算法），使得整个系统中的所有节点能够在去信任的环境自由安全地交换数据，使得对人的信任改成了对机器的信任，任何人为地干预都不起作用。

4. 信息不可篡改

一旦信息经过验证并添加至区块链，就会被永久地存储起来，在单个节点上修改数据库是无效的，除非能够同时控制住系统中超过 51% 的节点，因此区块链的数据稳定性和可靠性极高。

5. 匿名性

由于节点之间的交换遵循固定的算法，其数据交互是无须信任的（区块链中的程序规则会自行判断活动是否有效），因此交易对手无须通过公开身份的方式让对方产生信任，对信用的累积非常有帮助。

1.2　区块链的分类

区块链目前分为三类，即公有区块链、联盟区块链和私有区块链。

1.2.1　公有区块链

公有区块链是最早的区块链，也是目前应用最广泛的区块链，各大比特币系列的虚拟数字货币均基于公有区块链，世界上有且仅有一条该币种对应的区块链。任何个体或者团体都可以在公有区块链上发送交易，且交易能够获得该区块链的有效确认，任何人都可以参与其共识过程。

1.2.2　联盟区块链

联盟区块链是指由某个群体内部指定多个预选的节点为记账人，每个数据块的生成由所有的预选节点共同决定，即预选节点参与共识过程，其他节点可以参与交易，但不过问记账过程。其本质还是托管记账，预选节点的数量以及如何决定每个数据块的记账人成为该区块链的主要风险点，其他任何人都可以通过该区块链开放的应用程序接口（API）进行限定查询。

1.2.3　私有区块链

私有区块链是指仅仅使用区块链的总账技术进行记账，公司或个人可独享该区块链的写入权限，本链与其他的分布式存储方案没有太大区别。保守的巨头（传统金融）都想尝试私有区块链，公有区块链的应用如比特币已经实现工业化，而私有区块链的应用产品还在摸索当中。

三类区块链的特性对比见表 1-1。

表 1-1　三类区块链的特性对比

特性	公有区块链	联盟区块链	私有区块链
参与者	任何人	联盟成员	个人或公司
共识机制	PoW/PoS/DPoS 等	分布式一致性算法	分布式一致性算法
记账人	所有参与者	联盟成员协商确定	自定义
激励机制	需要	可选	可选
中心化程度	去中心化	多中心化	（多）中心化
突出特点	信用的自建立	效率和成本优化	透明和可追溯
承载能力	3～20 笔/秒	1000～10000 笔/秒	1000～200000 笔/秒
典型场景	加密数字货币、存证	支付、清算、公益	审计、发行

1.3　区块链的发展史

1.3.1　发展过程

区块链是一种去中心化的数据库，它包含一张被称为区块的列表，有着持续增长并且排列整齐的记录。每个区块都包含一个时间戳和一个与前一区块的链接：设计区块链使得数据不可篡改，一旦记录下来，在一个区块中的数据将不可逆。

区块链的设计可以理解为一种保护措施，比如（应用于）高容错的分布式计算系统。区块链使混合一致性成为可能，这使得区块链适合记录事件、标题、医疗记录和其他需要收录数据的活动，如身份识别管理、交易流程管理和出处证明管理。区块链技术可用于构建去中心化的金融生态环境，积极促进"金融脱媒"的产业转型，对于引导全球贸易有着巨大的影响。

1991 年，Stuart Haber 和 W. Scott Stornetta 第一次提出关于区块的加密保护链产品，随后分别由 Ross J. Anderson 与 Bruce Schneier、John Kelsey 在 1996 年和 1998 年发表。与此同时，Nick Szabo 在 1998 年进行了电子货币分散化的机制研究，他称此为比特金。2000 年，Stefan Konst 发表了加密保护链的统一理论，并提出了一整套实施方案。

区块链格式作为一种使数据库更安全而不需要行政机构授信的解决方案，首先被应用于比特币。2008 年中本聪第一次提出了区块链的概念，在随后的几年中，区块链成为电子货币比特币的核心组成部分：作为所有交易的公共账簿。通过利用点对点网络和分布式时间戳服务器，区块链数据库能够进行自主管理。为比特币而发明的区块链使比特币成为第一个解决重复消费问题的数字货币。比特币的设计已经成为其他应用程序的灵感来源。在中本聪的原始论文中，"区块"和"链"这两个字是被分开使用的，而在被广泛使用时合称为区块–链，到 2016 年才合成为一个词：区块链。在 2014 年 8 月，比特币的区块链文件大小达到了 20 千兆字节。

到 2014 年，"区块链 2.0"成为一个关于去中心化区块链数据库的术语。对这个第二代可编程区块链，经济学家们认为它的成就在于：它是一种编程语言，可以允许用户写出更精密和智能的协议。因此，当利润达到一定程度的时候，就能够从完成的货运订单或者共享证书的分红中获得收益。"区块链 2.0"技术跳过了"交易和价值交换中担任金钱和信息仲裁的中介机构"。它使人们远离全球化经济，使隐私得到保护，使人们"将掌握的信息兑换成货币"，并且有能力保障知识产权所有者的利益。"区块链 2.0"技术使存储个人的"永久数字 ID 和形象"成为可能，并且为"潜在的社会财富分配不平等"提供了解决方案。从 2014 年至

2016 年，"区块链 2.0"链下交易仍旧需要通过预言机（oracle），使任何"基于时间或市场条件（确实需要）的外部数据或事件与区块链交互"。

2016 年，俄罗斯联邦中央证券所（NSD）宣布了一个基于区块链技术的试点项目。许多在音乐产业中具有监管权的机构开始利用区块链技术建立测试模型，用来征收版税和进行世界范围内的版权管理。2016 年7 月，国际商业机器公司（IBM）在新加坡开设了一个区块链创新研究中心。同年 11 月，世界经济论坛的一个工作组举行会议，讨论了关于区块链政府治理模式发展的问题。埃森哲（Accenture）的一份关于创新理论发展的调查显示，2016 年区块链在经济领域获得的 13.5% 的使用率，使其达到了早期开发阶段。同年，行业贸易组织共创了全球区块链论坛，这就是电子商业商会的前身。

2009 年 1 月 3 日，比特币的创始人中本聪在创世区块里留下一句永不可修改的话："The Times 03/Jan/2009 Chancellor on brink of second bailout for banks."（2009 年 1 月 3 日，财政大臣正处于实施第二轮银行紧急援助的边缘。）当时正是英国的财政大臣达林被迫考虑第二次出手纾解银行危机的时刻，这句话是《泰晤士报》当天头版文章的标题。区块链的时间戳服务和存在证明使得第一个区块链产生的时间和当时正发生的事件被永久性地记录了下来。

比特币公司 BTCC 于 2015 年推出了一项服务——千年之链，即区块链刻字服务，就是基于以上原理。用户通过这项服务可以将文字刻在区块链上，永久保存。

数字货币的现状是百花齐放，常见的有比特币（bitcoin）、莱特币（litecoin）、狗狗币（dogecoin）。除了货币的应用之外，区块链还有各种衍生应用，如 Ethereum、Asch 等底层应用开发平台以及亦来云平台上的行业应用等。

2016 年 1 月 20 日，中国人民银行（央行）数字货币研讨会宣布对数字货币的研究取得了阶段性成果。会议肯定了数字货币在降低传统货币发行、流通的成本等方面的价值，并表示央行在探索发行数字货币。中国人民银行数字货币研讨会的表态大大增强了数字货币行业的信心。这是继 2013 年 12 月 5 日央行等五部委发布关于防范比特币风险的通知之后，第一次对数字货币表示明确的态度。

我们可以把区块链的发展与互联网本身的发展进行类比，则未来会在互联网上形成一个比如叫作 Finance-Internet 的东西，而这个东西就是基于区块链形成的，它的先驱就是比特币，即传统金融从私有区块链、行业区块链出发（局域网），比特币系列从公有区块链（广域网）出发，都表达了同一种概念——数字资产（Digital Asset），最终向一个中间平衡点收敛。

1.3.2　区块链技术推进的时间轴

1982 年，Leslie Lamport 等人提出拜占庭将军问题（2008 年出现的比特币区块链系统解决了此问题）。

1985 年，Neal Koblitz 和 Victor Miller 提出椭圆曲线密码学（首次将椭圆曲线用于密码学，建立公开金钥加密的演算法）。

1990 年，Leslie Lamport 提出高容错的一致性演算法（Paxos）。

1991 年，Stuart Haber 与 W. Scott Stornetta 提出用时间戳确保数位文件安全的协议（此概念之后被比特币区块链系统所采用）。

1992 年，Scott Vanstone 等人提出椭圆曲线数字签名算法（Elliptic Curve Digital Signature Algorithm，ECDSA）。

1997 年，Adam Back 发明 Hashcash 技术。

1998 年，Wei Dai 发表匿名的分散式电子现金系统 B-money。

2005 年，Hal Finney 提出可重复使用的工作量证明机制（Reusable Proofs of Work，RPoW）。

2008 年，区块链 1.0：加密货币比特币发布。

2013 年，区块链 2.0：Vitalik Buterin 创立并发明以太坊（Ethereum），开启区块链智能合约时代。

2017 年，区块链 3.0：DanLarimer 创立并发明 EOS（Enterprise Operation System），被人们誉为开启了区块链 3.0 时代。

1.3.3　区块链的四个维度

通过单纯的时间轴已经不足以描述区块链技术的概貌，因此我们把对区块链的分析分为四个维度：技术、行业、政府、社会。

1. 技术维度

在这个崭新时代，以太币（ETH）、艾达币（ADA）、大零币（Zcash）、达世币（Dash）等数字货币群雄并起，区块链技术的共识机制目前也日渐成熟，而且有非常多的门派和门类。

同时也可以看到，比特币的全球算力最高值已经达到了32EH/s，这些都表明数字货币和区块链技术进入了高速增长的时代。

2. 行业维度

区块链在全球范围内的票据、证券、保险、供应链、存证、溯源、知识产权等十几个领域都有了新区块链概念验证（PoC）的成功案例，部分已经进入了实践阶段。例如：普华永道目前已经发布了PoC的详细信息，该公司成功创建了一种实时审计流程，用于批发保险市场的政策制定。这家专业服务公司与英国智库Z/Yen集团合作，启动了这个项目。该项目被描述为一个"高层次政策安置流"，让人们重新定义潜在客户接受政策的方式。还有由MASS社区创建的MASS Net是一个已上线并平稳运行的区块链项目，该项目由MASS社区成员协作开发，它所采用的就是PoC共识。正如PoC的定义一样，MASS Net使用存储空间挖矿，目前全网难度为35MG，大约每45s产出一个区块。

全球多家大的金融机构、银行、传统企业等，也都纷纷建立自己的区块链项目，无论是自主研发，还是和第三方合作，都说明了区块链技术行业应用火爆的趋势。

3. 政府维度

仅就比特币而言，全球已有十几个国家承认它有货币或者类似货币的地位，可以进行交易和流通。我国虽然禁止比特币等数字货币的交易，但也宣布要做国家级的数字货币，并成立了中国数字货币研究所。

中华人民共和国工业和信息化部（以下简称"工信部"）指导发布了我国首个区块链标准，同时区块链作为战略性前沿技术被国务院列入《"十三五"国家信息化规划》。

4. 社会维度

目前市场上的数字货币已达两千多种，整个数字货币的市场规模最高接近万亿美元，谷歌上与区块链相关的网页或学术文章已经达到近 1.2 亿页（篇）。

从这个角度也能看出，区块链技术不再是一个依附于比特币、以太坊，或者任何数字货币的技术，而是真正作为一种独立开放的技术被纳入学术研究领域。

第 2 章　区块链的财富

　　财富的概念不是与生俱来的，随着人类社会的发展，财富的表现形式和认知革命到现在也没有停止。但为什么说数据资产和数字货币能成为财富呢？

　　首先我们需要知道财富的定义。现在我们所说的财富有两种：一种是物化的，比如钞票、黄金、奢侈品、房子、豪车、股票等；另一种是虚拟的，看不见摸不着，比如感情、经历、回忆、关系等。过去人们把后者"文学性地"描述成财富，显然这类财富是进不了第一类财富的资产报表的。但如果以量子本体论来看的话，我们的世界观更加科学，又有大数据、区块链等技术支撑，这些都应该算作财富。

　　因此，在区块链时代，我们需要有一个统一的财富定义。为了达到这个目的，我们首先考察一下人类文明为什么会产生财富的概念。

2.1　财富概念的产生

　　纵观历史我们不难发现，财富的产生不仅仅是人性贪婪的结果，而是整个人类文明发展的需要，换句话说，是因为人类文明的分工需要交易。这在某种程度上是人类跟动物的本质区别之一。动物是没有交易行为的，我们不大可能看到一群狮子猎到斑马，另一群狮子猎到长颈鹿，然后它们之间进行交易。哪怕最接近人类的灵长目，在动物园我们也几乎没有看到它们有交易行为，只是偶尔有可能发生馈赠行为。

　　人类社会文明的现象，不管是文字的产生，还是城市和国家的建立，都是大规模社会分工合作的结果，人类社会若想不断向更高级分工迈进，是需要仰赖自由市场机制的大规模交易来推动的。也可以说，没有大规模交易，人类文明就无法建构。率先阐明这一理念的是伟大的亚当·斯密，他在《国富论》中写道："只有进行互通有无、等价交换，人类大规模进行交易，所谓的让一只'看不见的手'发挥作用，社会才能繁荣，国家才会富强①。"这一点后来被诺贝尔经济学奖获得者哈耶克更加深入地阐明："为了理解我们的文明，我们必须明白，这种扩展秩序（笔者注：这里的'扩展秩序'是指不受任何强权控制的、多方按照市场交易准则协作形成的良好秩序）并不是人类的设计或意图造成的结果，而是一个自发的产物：它是从无意之间遵守某些传统的、主要是道德方面的做法中产生的，其中许多做法人们并不喜欢，人们通常不理解它的含义，也不能证明它正确，但是透过恰好遵循了这些做法的群体中的一个进化选择过程——人口和财富的相对增加——它相当迅速地传播开来。"亚当·斯密领悟到，我们碰巧找到了一些使人类的经济合作井然有序的方法，它处在我们认知的范围之外。他的"看不见的手"，最恰当的理解大概是一种看不见的或难以全部掌握的模式。②

　　在亚当·斯密的《国富论》之前，不管是东方还是西方，都没有架构在自由市场自由贸易基础之上的关于人类社会为什么会幸福、为什么会富足的理论。我们后面将分析，以量子本体论来说，这个世界是按所谓去中心化计算思维去演化的，并且所有复杂系统都是分布式计算的结果。亚当·斯密所谓的自由市场体系，也是典型的去中心化的计算系统，因为它执行的基本协议非常简单，就是互通有无、等价交换，计算的结果就是人类社会分工的不断精细化。所谓"看不见的手"就是市场按照这个基础协议不断进行交易，其实每一次交易也可以看成一次计算。自由交易是这个市场的根本，只要交易进行（运算），按照亚当·斯密《国

---

① 亚当·斯密，《国富论》，立信会计出版社，2016。

② 哈耶克，《致命的自负》，冯克利、胡晋华等译，中国社会科学出版社，2000。

富论》展开推演，就会不断优化人类社会的产品、投资、学术、技术、生活品质，甚至道德水准、精神素质、创新能力。复杂经济学的鼻祖布莱恩·阿瑟也说："我们可以说，（自由市场）经济是一个持续不断的计算体；是一个庞大、分散、大规模并行、随机的计算体。从这种角度来看，经济成为了一系列事件中程序性地发展的系统，它变成算法驱动的。"[1]

　　笔者通过中国改革开放四十余年的亲身经历，再结合自 2018 年以来在美国的近距离观察（笔者相信那是随着中国自由市场的发展未来国内可能会看到的成果），相信亚当·斯密说的是对的。交易和分工，类似于先有鸡还是先有蛋的理论。当然人类社会有分工，才有交易的需求，但亚当·斯密最大的贡献在于论证了"只有大量的交易才能把人类的分工以及文明推向更高级的阶段"。比如，通过大量的交易，物美价廉的好产品就会慢慢获得更大的市场，能够广泛地传播，能够成为主流，这样人类的资源就能得到优化。亚当·斯密举了一个例子进行说明：有一部分人专门做别针，有一部分人专门做衣服，有一部分人专门炼钢铁，社会分工越来越精细。这一点北京大学的香帅教授在《金钱永不眠》里也讲到了[2]。实际上人类文明的起点，或者说人类文明的高度，很大程度上是以社会分工精细化程度为标志的。人类社会如果没有分工的话，人类跟动物就没有什么区别。人类文明的建立，以及不断进化到更高级的文明，包括越来越富有创新能力和技术突破，恰恰是分工越来越精细的结果。分工越精细，产品就做得越精，市场就会越好，其中做得最好的产品和服务就能覆盖全球市场。这是人类奋斗了几百年的结果。

　　综上所述，以计算思维来看，自由市场就是一个去中心化的运算体系，其基础算法就是"互通有无，等价交换"，每一次交易可以理解成一次运算过程，社会分工和文明的产生可以理解成这个系统大规模运算的层展[3]结果。

---

　　[1] W.Brian Arthur, Complexity and The Economy, OXFORD university press, 2015。

　　[2] 香帅无花，《金钱永不眠》，中信出版社，2017。

　　[3] 层展对应的英文单词是 emergence，为什么这么翻译，笔者将会在新书《区块链国富论》相关章节中给出系统的解释。

那么怎样才能让交易高效率、大规模地进行呢？我们都知道，古代人做交易是从物物交换开始的，但是效率肯定是非常低的。比如，张三有苹果，李四有鸭梨，李四需要张三的苹果，但张三不需要李四的鸭梨，那交易就无法达成。况且在农业文明时代，经常是一个星期甚至更长时间赶一次集，交易效率极其低下，社会分工和文明发展就会长期停滞在低水平。但是，如果他们是熟人或者亲戚，张三信任李四，同意赊欠（信用的财富），那么李四可以先拿走张三的苹果，以后还回张三需要的东西，他们的交易就可以达成。再如李四手里有他们共同相信的价值等价物（金钱的财富），如金银或者其他货币，交易也可以达成。或者李四手里有股票债券（金融的财富），张三可以随时拿它们到资本市场变现，交易也可以达成。总而言之，要让自由市场这个计算系统加速运转，市场交易就需要更多的信任和信用资源。下面我们将详细说明，经过数万年的进化，特别是智人认知革命以后，人类利用甚至主动创造了相互之间的信任或者从具体的使用价值中抽象出了价值等价物，让整个市场交易能够大规模错开时间和空间而顺畅地进行，并由此产生了财富的概念。

2.2　财富形式的演变

2.2.1　"刷脸"——熟人社会的信用生产

人类最早建立信用有一个很原始的办法，那就是刷脸。比如胡雪岩，笔者看过介绍他的书，起初不是很欣赏他，因为对他成天呼朋唤友吃酒吃席的做法很不认同。但是后来笔者理解了，因为吃酒吃席就是最原始的一种商业信用状态。在物物交换的基础上，要怎么才能提高交易效率呢？那就是增加彼此之间的信任，就得经常"刷脸"，"刷脸"让市场的交易更方便地完成。这其实是商业信用最原始的阶段，也是信用资源严重不足的阶段。

2.2.2　认知革命——大规模财富和交易产生的基础

英国人类学家罗宾·邓巴提出过一个"邓巴数"，即150定律。该定律指出：人类智力允许人类拥有稳定社交网络的人数约为 150。也就是说，超出这个范围的社交人群就不可能是熟人社会了。那更大规模的财富和交易是怎么产生的呢？

《人类简史：从动物到上帝》[①] 提供了一个解释：智人（homo sapiens）完成了认知革命。认知革命就是说智人的认知超越了动物和其他种群，能够开始想象，可以造出一些抽象的概念，这些概念都是大自然当中看不到的东西，比如说狮身人面、宗教、神。认知革命最大的贡献是让人类的组织协同可以超出"邓巴数"150 人的上限。

智人一旦具有想象的能力，就能够提炼出抽象概念，就有了信念，就能够在更大范围内达成共识。比如，中国历史上的标志性事件之一是秦始皇统一中国，这不单是他实现了中国的大一统，本质上是他帮助中华民族完成了自我认知的革命。"中国"这个概念，既不是天然地理上能明确区分的范围，也很难定义出一个纯粹的血统，是典型的认知上的抽象。然而"中国"这个概念，自打秦朝以后就深入了中华民族每个人的心中，虽然秦朝很快就消亡了，但是"中国"这个概念却延续了两千多年，即使经历数次外族入侵，甚至经历了完全不同的西方文明的浸染，也没破碎幻灭。这显然是中华民族参与全人类认知革命的一部分，并且形成了几千年连绵不绝的巨型文明。

因此，人类要想形成这种大规模的文明协作，一定要经过认知革命。人类只有创造出抽象概念，并让大家都相信它，才能达成共识。比如说标致汽车的车标：一个站立的豹，现实中显然是不存在的。标致汽车通过这样的一个形象概念形成了标致品牌的共识，哪怕整个标致集团的办公室和工厂都被毁了也无所谓，这个共识仍然会存在。据说现在标致在全球的员工超过 20 万，年利润几十亿欧元，这首先应该归功于人们对于标致这个品牌的认知和共识。

这就是认知的革命，别的人种最多才能形成 150 人的小团体，但是智人却形成了上千人甚至上万人的大规模集团协同。这些人种之间互相竞争，究竟谁输谁赢？最后的结果我们都知道，历时几万年，智人统治

---

① 尤瓦尔·赫拉利，《人类简史：从动物到上帝》，中信出版社，2014 年。

了全球。这个理论对我们有巨大的启发，在亚当·斯密描述的全球自由市场，怎样让亿万人参加"等价交换，互通有无"的协同交易行为呢？人类当然需要认知革命，需要抽象出某种共同等价物。比如，交易的时候人们相互之间不认识，张三有苹果，李四有梨，李四要张三的苹果但张三不需要李四的梨，凭借物物交换的方式他们无法轻松实现大规模交易。但是用黄金却可以轻松进行交易，因为他们都相信黄金的价值。也就是说，人们互相不认识，但是对黄金有共识，认为它是财富，共同相信它的价值。需要注意的是，这是抽象的财富概念和共识。

2.2.3　过去的财富——贝壳与黄金

很多人认为黄金本来就有使用价值，因此才成为财富。这其实是一个错误的观念。事实上黄金在成为全人类财富共识之前，几乎没有使用价值，甚至连造兵器都不行。真正的战场上没有人会拿黄金、白银做武器，因为它们是最软的金属。

黄金、白银之所以能够在人类历史上成为财富共识，很大的原因是它们比较容易切割。除此之外，它们的物理和化学性质稳定，不容易氧化，再加上在地球上的分布比较分散。最后也是最重要的一点：它们天然稀缺，开采成本很高。

在古代，黄金、白银几乎没有使用价值，那么现代工业生产中需要大量的黄金吗？也不见得，几乎没有哪种民用品是使用大量黄金制造的。黄金成为人类共同的信用资源，成为财富的象征，并不是因为它本身有很大的使用价值，而是亿万人对它达成了某种抽象的认知共识。当然，也可以反过来推演，因为人类利用黄金的稀缺性达成了全球信用的共识，它作为财富的共识价值远远超出了它在其他应用场景的使用价值，所以就更加阻止了其在工业和其他行业的应用。

除了黄金，中华文明关于财富的认知革命中，更早期的一个共同等价物是什么呢？是贝壳。笔者参观王巍老师创办的金融博物馆的时候就发现，跟金融财富有关的字大部分是贝字旁的，例如，财、赊、账等（图2-1）。

图 2-1　与金融财富有关的字 ［笔者韩锋摄自王巍老师创办的金融博物馆］

汉字是人类文化历史的活化石，其他很多民族有文字的历史很短，有的才几百年，有的是借用其他民族的文字，而拼音文字是无法保留这些历史信息的。

因此中国人关于财富的认知革命实际上是从贝壳开始的，把贝壳作为共同等价物，也就是把贝壳抽象等价于交易中的价值，寄托交易中的信任、信用。

2.2.4　当下的财富——银行与纸币

前面我们分析了大规模人类市场交易协同需要信用共识，也就是财富，但是最早这些共识的形成主要依赖作为财富的天然资源的稀缺性和化学性质稳定性，比如贝壳和金银。但这种产生全球信用共识的模式，显然不适应后来工业革命时期更广泛更高效的全球贸易。因为工业革命的标志就是生产大爆炸，能用来交易的产品急剧增加。所以社会再往前发展，财富必然需要更好的流动性，这就产生了货币。

哈耶克的老师米塞斯说："货币不过是交易的媒介，如能使商品劳务之进行较物物交易更为顺利，即可谓已经完成其使命。"[1] 显然，按照米塞斯这个定义，货币是帮助亚当·斯密自由市场系统交易的信用资源。更具体地说，它是财富共识的度量，它还要为财富提供更好的流动性。

历史上，显然金银也曾经扮演部分全球货币的角色。但是，大规模携带金银终归是很不方便甚至不安全的，这样它们作为信用资源的流动性很快就会跟不上工业革命的步伐。而且，金银作为天然稀缺资源，一方面容易让人类形成财富共识，但另一方面也很容易造成信用资源稀缺，特别是在工业革命发生之后，因此，银行开始登上了历史舞台。

中国早期银行的雏形是钱庄，电视剧《乔家大院》就讲述了山西钱庄的历史。山西的乔家是做贸易的大户，需要长途贩运白银，而且贩运的量很多。这个过程风险很大，途经之地多为荒郊野岭，又经常跨越蒙古大草原，半路碰到土匪怎么办？镖局可以提供保护，但是每次信用流通成本高达 10%，因为镖局是拿命来保护财物的。按现在的金融服务标准来说，这个成本确实太高了。后来乔家的乔致庸有了一个创新性的想法，发行一个叫银票的东西：他开很多分号，比如说，张三只要有他发行的银票，就不用拿着银子从太原运到包头，拿着银票到他的包头分号就能够兑换银子。银票就好藏了，半途扮个叫花子也行，把银票缝在棉袄里也行，这就大大降低了风险，而且成本也大大降低了。

现代银行最早是从意大利开始的，银行的英文单词 bank 发端于意大利语 banca。banca 在意大利语中是板凳的意思，因为最早做金融的人都是拿着板凳坐在路边开展业务的。坐在 banca 上的那些人，本来开展的业务跟乔致庸是类似的，用支票兑换黄金。一开始是意大利的几个城邦之间进行交换，不需要长途贩运黄金，降低了运输风险和成本。

难为后期 banca 这帮人开动脑筋，开展了新的业务——借贷。怎么借贷呢？比如说，张三收到别人一百两黄金了，他就把这一百两黄金给那些想借黄金的人看，但是他不直接出借黄金，而是开张支票，拿着支票到他的其他分号也可以兑换。如果大家都相信也可以直接进行支付，支票就是纸币的前身。但是 banca 都想把业务拓展开来，绝不可能有

---

[1] L.V.Mises，《货币与信用原理》，杨承厚译，1962 年。

一百两黄金就只开出一张支票，他们慢慢越开越多了，最后一般就开出五张支票。这种行为让银行业变成了高危的行业。原因很简单，这一行业最怕的是挤兑。例如，他开出去五张支票，有两个人同时到他这里来兑换黄金，就兑不出来了，他就成了骗子。所以很长一段时间在欧洲，银行家是骗子的代名词，甚至被一些国家明令禁止[①]。

但是我们从财富的本质来看，为什么早期的 banca 能 "骗" 这么多人？这其实是自由市场的需要。当自由市场繁荣到一定程度的时候，传统的锚定金银，靠物的稀缺性产生信用共识已经不能为全球的贸易提供足够的信用资源。银行业实际上在为整个自由市场生产新的信用资源，仅仅利用一百两黄金，可以产生出五份甚至二十份一百两黄金的信用。

当然这种信用资源在开始阶段是很脆弱的，随时都有可能崩溃。如果不崩溃，banca 实际上也相当于在帮市场挖金矿，在为市场注入更多的信用资源，因为这些人拿着支票就可以进行交易。因此现在大家看到的现象是：银行可以发 "钱" 了。银行业从板凳开始发展到在最贵的地段盖大楼，中间也经历了长达几百年的过程。在人类历史上，为人类创造财富的这些人，创造信用共识的这些人，很多都是冒着生命危险去做的。比如华尔街的人曾经经常被骂为 "骗子"，尤其早期，因为操作不好就崩溃，一旦崩溃确实让很多人的利益受损。又比如中国晚清首富胡雪岩，据说就是因被挤兑而败落的，三天时间竟让这位首富完全破产，上无片瓦，下无立锥之地，妻妾没有住的地方，惨到那样的程度，最后潦倒而死。[②] 他真的是 "骗子" 吗？笔者觉得至少不能完全这么说，他实际上真的为社会创造了很大的财富，也确实为当时社会经济提供了很大的信用资源。

但是早期的这些行业由于经验不足，管理不完善，加之国家的法律提供的保护和监管也不足，更重要的是当时市场经济还很弱，没有足够多的产业利润为这些信用做支撑，流动性不够，因此很容易造成风险事

[①] 参考 history of banking（Italian bankers），https://en.wikipedia.org/wiki/History_of_banking。

[②] 高阳，《胡雪岩》，生活·读书·新知三联书店，2006 年。

件。就跟现在的"币圈"似的，自然就被骂为"骗子"。当然也确实有人故意行骗，这种可能也不能完全排除。但是就历史的发展来说，从长远的时间轴来看，基本上都是这么走过来的，都是一部血泪史，多少人为给人类创造财富赴汤蹈火，甚至付出了生命代价。华尔街多少人身败名裂，甚至包括美国南北战争的英雄格兰特总统，卸任后都深陷其中，最后患绝症而亡。[①]

但正确地看待整个人类历史的发展就会明白，这些人为人类创造了财富，创造了信用共识和价值，推动了全球市场协同和分工，为人类的文明、繁荣发展做出了贡献，这些人是值得我们正确的认识而且怀念的。

2.2.5　未来的财富——数字货币与数据

银行业经过几百年的发展，尤其像中国的很多大银行，作为市场创造信用资源的主力来发行货币，大家觉得这是天经地义的事情，但是阿里的副总高红冰就讲这一套有问题。2016年高红冰邀请我讨论区块链时，他认为银行的确为我们的贸易生产了信用资源，但成本太高了。的确，银行在最贵的地段盖大楼，员工都是名校毕业生，工资也是一流的，成本肯定高。

还有当年天弘基金要被阿里并购，本来天弘基金是满心希望"嫁"给阿里，但是这个谈判居然进行了一个月还没有进展。后来笔者就听到这个故事：天弘基金本来的用户门槛是五万块钱。想想也合理，基金公司一般也都在最贵的地方盖大楼，门槛肯定高，拿几块钱来玩儿肯定是做一笔赔一笔，所以设最低限额为五万块钱。但是阿里对它提的要求是必须把门槛降到一块钱，下降五万倍。天弘基金一开始觉得是天方夜谭，怎么可能门槛一下降这么多，下降个一两万也许还可以商量，下降到一块钱完全不可能。双方就吵，吵了一个月。据说阿里最后给天弘基金发话，说不降到一块钱，咱俩这"婚"就结不成了。后来天弘基金没办法，只有屈服。为什么？因为高红冰讲了，阿里认为它代表新的时代，数据和信息也能产生信用。注意，这确实是人类财富历史的一个新纪元。

---

① 约翰·S·戈登，《伟大的博弈》，祁斌译，中信出版社，2005年。

　　以前的财富都是实物，如黄金、白银，看得见摸得着，谁相信数字能够产生财富啊？以前不可能有这个概念的，随便在纸上写个数字，能说它是财富吗？不可能。首先要给大家说明，必须是大数据时代才能产生这种现象。为什么大数据时代数字能够产生财富呢？其实这并不难理解，数据多了，信用值当然就不一样。比如有一次笔者跟火币网的总裁李林交流。他说："你知道我的信用卡额度是多少吗？三万块钱。而且更可笑的是经常收到银行的短信，说祝贺我，今天临时额度调到五万。"这不开玩笑吗？根据胡润研究院"2020 胡润全球少壮派白手起家富豪榜"，李林身家 75 亿人民币。为什么会这样？因为银行没他的大数据，更没有他的数据资产，所以他的信用额度非常低。信用卡是一个好的生产信用资源的金融工具，我们现在都在用，也很方便，但额度太有限了，跟我们的实际财富状况，我们真正能生产财富、生产信用的情况严重不符，更关键的是信用产生成本还那么高。高红冰认为，未来大数据是可以产生财富共识的，而且成本要比现在的银行低很多。

　　我们顺着高红冰的逻辑思考，未来人类会开始走向数据产生信用、产生财富的时代。当时笔者就跟高红冰讲，现在不对的地方是数据还是公有制，互联网上的数据属于谁是不明确的。后来笔者到美国碰到一位芝加哥大学的博士 Jeffrey Wernick，他说全球的大互联网公司就是一种商业模式，就是拿着大家的免费数据赚钱。Facebook 每年依靠 20 多亿用户的数据，能获得 400 亿美元的收入。

　　但是数据公有制比私有制创造财富的能力要低得多，都是公有制的话，数据不属于我们每个人，我们的信用值的增长和财富的增长是严重受限的。同样的，余额宝也给不了多少，有的时候给的信用额度还没有银行多，远不能真实发挥数据产生财富的潜能。

　　这样我们就能明白比特币为什么会值钱了。中本聪最伟大的创造是什么？是私钥签名解决了数据所有权的问题，数据第一次能明确属于谁了。为什么叫加密数字资产？跟中国开始发房产证搞住房私有化是一个道理。紧接着以太坊搞一个不可停止的智能合约，都是为加密数字资产服务的。未来区块链时代最伟大之处，是能够让我们在互联网上的大数据确权到每个人，让每个人的数据能成为我们每个人的财富共识。

人类社会进步为什么需要财富？最根本的原因是人类文明的自由市场架构需要交易。但是在交易过程中，为了提高交易效率，让陌生人之间能够进行大规模的交易，需要认知革命，从而抽象创造出信用、信用资源或者信用等价物等共识，通俗地说就是"钱"，这类共识慢慢就抽象出财富的概念。不管是最早的贝壳、黄金、白银，还是后来银行发行的纸币、股票证券，包括虚拟货币、数据资产，万变不离其宗，只要能增加交易中的信用资源，能帮助市场中的大规模的交易更好地完成，它们就有机会形成全球信用共识。这是《人类简史：从动物到上帝》里说的人类的认知革命的一部分：价值的认知抽象。这也是当初智人战胜所有其他种群的原始人类的制胜法宝，是伟大的人类进化过程中最绚丽的篇章之一。

2.3　正确的财富观

如果一个社会无法创造财富，或者说无法创造出足够的信用资源，则整个文明是架构不起来的。亚当·斯密说的自由市场交易，人类的高度精细分工，各种资源的优化配置，人类大规模协同，社会的繁荣富裕，就都不可能实现。所以对财富，包括追求财富的行为应该有正确的认识。

举例来说，一个是西班牙在美洲发现大银矿，据《大国崛起》调查统计："1521 年到 1544 年间，每年西班牙从拉丁美洲运回的黄金平均为 2900 千克，白银平均为 30700 千克。1545 年到 1560 年间数量激增，黄金每年平均为 5500 千克，白银达 246000 千克。在入侵拉丁美洲的300 年中，共运走黄金 250 万千克，白银 1 亿千克。"[1] 这些真金白银直接给当时的欧洲市场注入了大量信用资源，也就是财富，最终成就了英国的产业革命，让人类文明迈进了一个全新的阶段。

另一个例子是美国加州发现大金矿，《伟大的博弈》中说："随着（加州）大量黄金突然注入经济之中，美国经济得以迅速发展，整个国家呈现一片大繁荣的景象。作为经济活跃程度标志之一的财政收入，在 1844

---

[1]　唐晋，《大国崛起》，人民出版社，2007 年。

年只有 2900 万美元，到了 1854 年已经超过 7300 万美元。"[1] 正是因为在加州发现了大金矿，给美国的整个自由市场注入了新的信用资源，才成就了美国整个大铁路时代经济的腾飞。很多人认为把铁路建起来，经济就能繁荣了，但并不是那么简单。如果没有真正的信用资源，无法促进大量的交易行为完成，一个现代的美国文明就无法建立起来。因此，我们认为正确的财富观应该是：

第一，追求财富决不仅仅代表贪婪，它还是人类文明的起点。一个健康的社会，一个法治的社会，一个现代化的社会，首先要保护人类创造财富的行为。

第二，财富一定要私有化。设想一下，如果所有的物都是公有的，不管是黄金、白银，还是土地等等价物，那对增加市场交易的信用资源并没有真正意义上的帮助。

财富只有私有化，才有真正的动力不断参与市场交易，才能真正有利于财富共识的产生，这些财富才能真正为增加市场交易的信用资源发挥作用，才能孕育出人类更高水平的分工和协同。如果财富都不能实现私有化的话，这个社会实际上没有财富，市场缺乏共识机制，对繁荣整个市场交易完全没有任何帮助。

有一本书对笔者很有启发——《资本的秘密》[2]，是秘鲁的总统经济顾问赫尔南多·德·索托写的，这本书就是想研究清楚第三世界国家为什么经济水平低下。最根本原因就是普遍没有很好的法律体系保护个人资产，这样的话，这个社会就不可能富裕，不可能走向繁荣昌盛，这个社会永远缺乏财富，永远缺乏信用资源，交易也就不可能高效地进行下去，更不可能参与全球性的大规模产业协同。

第三，资源不应该只掌握在少数人手里。因为从历史上看，世界范围内，包括中国，发生了很多次大的土地兼并，结果资源都集中在几位大户手里，普通老百姓手里没有资源。资源都掌握在大户手里，老百姓手里普遍没有财富，市场缺乏信用资源，交易也没法大规模进行。这样

---

① 约翰·S·戈登，《伟大的博弈》，祁斌译，中信出版社，2005 年。
② 赫尔南多·德·索托，《资本的秘密》，于海生译，华夏出版社，2007 年。

一来，自由市场又要崩溃了，百业萧条，发展停滞。

所以现在即使是发达的资本主义社会，都会利用法律限制，对垄断进行严厉的打击。为什么？因为财富过度集中在少数公司、少数人手里，一定不利于自由市场的运作，不利于大量信用资源在市场中的循环，不利于人类大规模协作发展，整体来说不利于人类社会的文明发展。在历史上发生的很多次人类危机也跟这个有关。

第四，未来区块链能让数据私有化并变成每个人的财富。认清财富作为市场信用资源的本质，认清抽象价值和"钱"是人类认知革命的延续，就能够纠正我们过去对财富的一些偏见，包括对追求财富这种行为的偏见。除了少数贪婪、占有太多资源却囤积不流通的人以外，我们对于历史上不断追求财富的人应该报以敬意。他们对于推动人类的文明发展起到了至关重要的作用。

总结一下，按《人类简史：从动物到上帝》的观点，人类认知革命保证智人能够创造出抽象的概念，形成大规模的共识，让成千上万人的协同成为可能，并战胜了其他原始人种成为地球的主导。在经济领域，人类的全球协作和分工需要大规模频繁交易，人类认知革命的延续就是把使用价值从具体的物品中抽离，创造出抽象的"财富"概念，逐渐形成价值共识，从而为全球自由市场不断创造出信用资源，发掘出"钱"的新来源，让人类分工协同向更高级的阶层迈进。从最早的贝壳，到金银，再到纸币，直到本书将重点分析的区块链让数据变成财富，人类"财富"观念和形态的演进，就是人类文明发展的一个缩影。

所以，通过财富概念产生的本质，以及历史演进的轨迹，我们发现：财富不是物，而是全球信用共识！

第3章 区块链的核心技术

习近平总书记强调，要强化基础研究，提升原始创新能力，努力让我国在区块链这个新兴领域走在理论最前沿，占据创新制高点，取得产业新优势。要推动协同攻关，加快推进核心技术突破，为区块链应用发展提供安全可控的技术支撑。要加强区块链标准化研究，提升国际话语权和规则制定权。要加快产业发展，发挥好市场优势，进一步打通创新链、应用链、价值链。要构建区块链产业生态，加快区块链和人工智能、大数据、物联网等前沿信息技术的深度融合，推动集成创新和融合应用。要加强人才队伍建设，建立完善人才培养体系，打造多种形式的高层次人才培养平台，培育一批领军人物和高水平创新团队。

要加快推进核心技术突破，首先就要了解区块链的核心技术。区块链主要用于解决交易的信任和安全问题，它的核心技术主要包括分布式账本技术、非对称加密和授权技术、智能合约技术和共识机制。

3.1 分布式账本技术

分布式账本是一种在网络成员之间共享、复制和同步的数据库。分布式账本记录网络参与者之间的交易，比如资产或数据的交换。这种共享账本消除了调解不同账本的时间和开支。交易记账由分布在不同地方的多个节点共同完成，而且每一个节点记录的都是完整的账目，因此它们都可以参与监督交易合法性，同时也可以共同为其做证。这里所谓的

"分布式"，既意味着数据的分布式存储，同时也意味着数据的分布式记录。换句话说，就是由系统中所有的参与者对数据记录的安全性进行维护和管理。

区块链的本质是分布式账本，是一个可以在多个站点、不同地理位置或者多个机构组成的网络里实现资产分享的数据库。简单地说，就是区块链能够实现全球数据信息的分布式记录、分布式存储。分布式账本其实也是区块链的一大颠覆性技术创新。所有经济活动记账、对账、分账的过程中都有区块链的应用。分布式账本可以通过广泛的应用场景来提高生产效率，并且有机会变革公共与私营服务的实现方式。

分布式账本中所存储的往往是那些在金融或者法律意义上定义的实体或电子资产，因此账本中资产的安全性和准确性是有一定的访问限制的，只有通过公开密钥或者签名的方法才能获得账本的访问权和掌控权，即将公钥或者签名作为一种密码，对分布式账本的安全性和准确性进行保护和维护。

通常情况下，一个网络里的参与者可以获得一个唯一的真实账本的副本，账本的任何更改，都会在副本中反映出来。这种反映往往是非常迅速的，通常只需要几分钟甚至几秒钟的时间。因此，对分布式账本进行随意篡改是极其困难的。只有在遵循网络中已达成的共识规则的基础上，账本中的记录才可以由一个人、一些人或者所有的参与者共同更改。也就是说，所有的参与者共同为账本做证。

分布式账本有非常广泛的应用前景，如帮助政府征税、发放福利、发放护照、运行等级货物供应链等，这样可以从整体上确保政府记录和服务的正确性。

利用分布式账本可以解决当前改善基础设施过程中出现的效率极低、成本居高不下的问题。当前，导致市场基础设施成本高的原因主要有三个：交易费用、维护资本的费用和投保风险费用。要求承保的费用包括交易对手风险、本金风险等，这些费用都是非常昂贵的，其中还包括了中心化供应商管理风险的费用。降低结算时间成本，即达到及时结算，可以有效降低风险，分布式账本技术就是一种非常有效的降低结算时间的可行性技术。在某些情况下，特别是在有高水平的监管和成熟的市场基础设施的地方，分布式账本技术更有可能形成一个新的架构，而不会完全取代当前的机构。

　　总的来说，分布式记账与传统的记账方式的不同点在于，没有一个节点可以单独记录账目，从而避免了单一记账人被控制或者被贿赂而出现记假账的可能性。另外，记录账本的节点足够多，也避免了个别节点对账本的破坏。从理论上讲，只有所有的节点都对账本进行破坏，才会出现账目丢失的情况，因此，分布式账本技术从根本上保证了账目数据的安全性和准确性。

3.2　非对称加密和授权技术

　　1976 年，美国学者 Dime 和 Henman 为解决信息公开传送和密钥管理问题，提出一种新的密钥交换协议，允许通信双方在不安全的媒体上交换信息，并安全地达成一致的密钥，这就是"公开密钥系统"。相对于"对称加密算法"，这种方法也叫作"非对称加密算法"。

　　与对称加密算法不同，非对称加密算法需要两个密钥：公开密钥（public key）和私有密钥（private key）。公开密钥与私有密钥是一对，如果用公开密钥对数据进行加密，只有用对应的私有密钥才能解密；如果用私有密钥对数据进行加密，则只有用对应的公开密钥才能解密（图 3-1）。由于加密和解密使用的是两个不同的密钥，故这种算法叫作非对称加密算法。

　　一方面，甲方可以

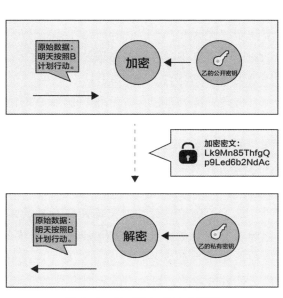

图 3-1　非对称加密技术图解

使用自己的私有密钥对机密信息进行签名后再发送给乙方，乙方用甲方的公开密钥对甲方发送回来的数据进行验签。另一方面，甲方只能用其私有密钥解密由其公开密钥加密后的任何信息。非对称加密算法的保密性比较好，它消除了最终用户交换密钥的需要。

3.2.1　非对称密码体制的特点

非对称密码体制算法复杂，安全性依赖于算法与密钥，正由于算法复杂，使得其加密和解密的速度没有对称密码体制快。对称密码体制中只有一种密钥，并且是非公开的，如果要解密就得让对方知道密钥，所以最重要的就是保证密钥的安全。而非对称密钥体制有两种密钥，其中只有一个是公开的，这样就不需要传输密钥了，从而大大增加了安全性。

3.2.2　非对称加密的重要性质

1. 加密的双向性

加密具有双向性，即公开密钥和私有密钥中的任何一个均可用于加密，此时另一个则用于解密。

使用其中一个密钥把明文加密后所得的密文，只能用相对应的另一个密钥才能解密得到原本的明文，甚至连最初用来加密的密钥也不能用于解密，这是非对称加密最重要的性质或者说是特点。

2. 公开密钥无法推导出私有密钥

必须确保公开密钥无法推导出私有密钥，妄想使用公开密钥推导私有密钥在计算上是不可行的，否则安全性将不复存在。

虽然两个密钥在数学上相关，但如果知道了公开密钥，并不能凭此计算出私有密钥。因此公开密钥可以公开，任意向外发布；而私有密钥不公开，决不透过任何途径向任何人提供。

注1：任何一种实现上面两条性质的不同方法，便是一种新的非对称加密算法。例如，RSA算法和椭圆曲线算法，其背后原理大不相同，但都满足这两个重要性质或者定义。这就好比欧式距离、马氏距离都满足了范数的定义，因此都是一种具体的范数。

注2：如果你第一次接触非对称加密，你可能会和我一样对上面两条

性质如何实现深感好奇，但目前你不必深陷于此，其背后的数学原理还是需要耐心钻研上几天的。现在仅仅牢记这两条性质就好，文末提供了一些优质的材料以供进一步学习。

3.3　智能合约技术

智能合约的理念可以追溯到 1994 年，几乎与互联网同时出现。因为比特币打下基础而受到广泛赞誉的密码学家尼克·萨博（Nick Szabo）首次提出了"智能合约"这一术语。从本质上讲，智能合约的工作原理类似于其他计算机程序的 if-then 语句。智能合约只是以这种方式与真实世界的资产进行交互。当一个预先编好的条件被触发时，智能合约执行相应的合同条款。所有记账节点之间怎么达成共识，如何认定一个记录的有效性，这既是认定的手段，也是防止篡改的手段。

3.3.1　智能合约的概念

在区块链上运行的程序，通常称为智能合约，因此人们也把写区块链程序称为写智能合约。虽然比特币上也能写智能合约，但是比特币所支持的语法仅与交易有关，能做的事情比较有限。因此目前提到写智能合约，通常指的是支持执行图灵完备程序的以太坊区块链。

3.3.2　智能合约的作用

目前最常见的智能合约是各种加密货币合约，开发者可以很容易地通过部署一个智能合约来提供运行于以太坊上的新加密代币。如果这份智能合约相容于 ERC20 标准，开发者则不需要重新开发从挖矿到交易的整个代币生态系，新加密代币就可以直接使用支持以太坊的电子钱包来收送，大大降低了建立新加密代币的门槛。

智能合约也可以用来运作各种公开公正的自动服务机构（DAO，权力下放自治组织）。透过分散在全球各节点上的智能合约，所有运作与决策都是公开透明的，降低了交易的不确定性。

智能合约和一般程序的差异主要包括以下四点：

1. 轻松整合资金流

一般的应用程序要整合资金流是件非常不容易的事情，相比之下，智能合约极容易整合资金流系统（使用以太币或自行建立的新代币合约）。

2. 无须维持费用

一般的应用程序需要提供网址让使用者下载，一般的网页应用程序也需要运行在伺服器上，开发者需要维持伺服器的运作以提供服务，这需要持续的资金投入（至于免费的伺服器或网页空间，那是因为厂商自行承担了费用）。程序开始运作后，除了维持费用外不需要额外的花费。

智能合约在部署时需要一笔费用，这笔费用将分给参与交易验证（挖矿）的人。而在合约部署成功后，合约会作为不可更改的区块链的一部分，分散地存储在全球各地以太坊的节点上。因此，智能合约在部署后，无须维持费用，同时查询已写入区块链的静态资料时也不需要费用。只有在每次透过智能合约写入或读取计算结果时，需要提供一小笔交易费用。

3. 存储资料的成本更高

一般的应用程序将资料存储在本机或伺服器上，需要资料时再从本机或伺服器上读取。而智能合约将资料存储在区块链上，存储资料所需的时间与成本相对昂贵。

4. 部署后无法更改

一般的应用程序改版时可安装新版程序，网页应用程序也可通过部署新版程序达成，而智能合约一旦部署到区块链上后，就无法更改。当然聪明的开发者通过加入额外的智能合约，也有办法避开智能合约部署后无法更改的限制。

3.3.3　智能合约的编写

以太坊上的智能合约需要使用 Solidity 语言来编写。之前还有其他能用来编写智能合约的语言，如 Serpent（类似 Python）、LLL（类似 Fortran），但目前看到的所有公开的智能合约都是使用 Solidity 语言编写的。官方宣传上说 Solidity 是一种类似 JavaScript 的语言，而且围绕 JavaScript 的各种开发工具链都是使用属于 JavaScript 生态系的 NPM

包管理工具来提供的。

写好 Solidity 代码（.sol）后，需要先将程序代码编译成以太坊智能合约虚拟机（Ethereum Virtual Machine，EVM）能读懂的二进制度合约字节码（Contract ByteCode），才能部署到以太坊的区块链上执行。部署到区块链上的合约会有一个和钱包地址格式一样的合约地址（Contract Address）。

部署后智能合约可自动执行。后续呼叫智能合约的时候，使用者可以使用部署合约的钱包地址(所有者账户)，或依据编写的智能合约条件，让其他钱包地址也能呼叫这个智能合约。 呼叫智能合约，其实就是向这个合约地址发起交易，只是交易的不只是代币，还可以是智能合约提供的呼叫方法。

3.4　共识机制

区块链是建立在 P2P 网络上，由节点参与的分布式账本系统，其最大的特点是"去中心化"。也就是说，在区块链系统中，用户与用户之间、用户与机构之间、机构与机构之间，无须建立彼此之间的信任，只需依靠区块链协议系统就能实现交易。

所谓共识机制，就是通过特殊节点的投票，在很短的时间内完成对交易的验证和确认；当出现意见不一致时，在没有中心控制的情况下，若干个节点参与决策，达成共识，即在互相没有信任基础的个体之间建立信任关系。

区块链技术正是运用一套基于共识机制的数学算法，在机器之间建立信任网络，从而通过技术背书而非中心化信用机构来进行全新的信用创建。

目前为止，区块链共识机制主要有以下几种：工作量证明机制、权益证明机制、授权股权证明机制、帕克索思算法（Paxos）、实用拜占庭容错算法（PBFT）、有向无环图（DAG）、dBFT。

3.4.1 工作量证明机制

1. 定义

工作量证明（Proof of Work，PoW）机制最早是一个经济学名词，指系统为达到某一目标而设置的度量方法。简单理解就是一份证明，用来确认你做过的工作，通过对工作的结果进行认证来证明完成了相应的工作量。

工作量证明机制具有完全去中心化的优点，在以工作量证明机制为共识的区块链中，节点可以自由进出。节点通过计算随机哈希散列的数值解争夺记账权，求得正确的数值解以生成新区块，这也是节点算力的具体表现。

2. 应用

PoW 机制最著名的应用当数比特币。在比特币网络中，在区块的生成过程中，矿工需要解决复杂的密码数学难题，寻找到一个符合要求的哈希值，该哈希值以若干个前导零开头，零的个数取决于网络的难度值。这期间需要经过大量尝试计算（工作量），计算时间取决于机器的哈希运算速度，哈希值运算过程如图 3-2 所示。

寻找合理的哈希值是一个概率事件，当节点算力占全网的 $n\%$ 时，该节点即有 $n/100$ 的概率找到合理的哈希值。在节点成功找到满足条件的哈希值之后，会马上对全网进行广播打包区块，其他节点收到广播打包区块会立刻对其进行验证。如果验证通过，则表明已经有节点成功解谜，自己就不再竞争当前区块，而是选择接受这个区块，记录到自己的账本中，然后进行下一个区块的竞争猜谜。网络中只有最快解谜的区块，才会添加到账本中，其他的节点进行复制，以此保证了整个账本的唯一性。

假如节点有任何的作弊行为，都会导致其

图 3-2　哈希值运算过程

他节点验证不通过，直接丢弃其打包的区块，这个区块就无法记录到总账本中，作弊的节点耗费的成本就白费了。因此，在巨大的挖矿成本面前，矿工会自觉自愿地遵守比特币系统的共识协议，从而确保了整个系统的安全。

3. 优点

结果能被快速验证，系统承担的节点量大，作弊成本高，从而能保证矿工自觉遵守共识协议。

4. 缺点

需要消耗大量的算法，达成共识的周期较长。

3.4.2　权益证明机制

1. 定义

权益证明（Proof of Stake，PoS）机制，要求证明人提供一定数量加密货币的所有权。

权益证明机制的运作方式是，当创造一个新区块时，矿工需要创建一个"币权"交易，交易会按照预先设定的比例把代币发送给矿工。权益证明机制根据每个节点拥有代币的比例和时间，依据算法等比例地降低节点的挖矿难度，从而加快了寻找随机数的速度。

2. 应用

2012 年，化名 Sunny King 的网友推出了点点币（Peercoin，PPC），是权益证明机制在加密电子货币中的首次应用。PPC 的最大创新之处是其采矿方式结合了 PoW 及 PoS 两种方式，采用工作量证明机制发行新币，采用权益证明机制维护网络安全。

为了实现 PoS，Sunny King 借鉴中本聪的 Coinbase，专门设计了一种特殊类型交易，叫 Coinstake。

图 3-3 所示为 Coinstake 的工作原理，其中币龄指的是货币的持有时间段，假如你拥有 10 个币，并且持有 10 天，那你就收集到了 100 天的币龄。如果你使用了这 10 个币，币龄即被消耗（销毁）。

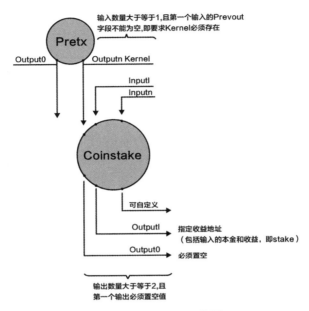

图 3-3　Coinstake 工作原理

3. 优点
缩短达成共识所需的时间，比工作量证明机制更加节约能源。

4. 缺点
本质上仍然需要网络中的节点进行挖矿运算，转账真实性较难保证。

3.4.3　授权股权证明机制

1. 定义
授权股权证明（Delegated Proof of Stake，DPoS）机制与董事会投票类似，该机制拥有一个内置的实时股权人投票系统，就像系统随时都在召开一场永不散场的股东大会，所有股东都在这里投票，决定公司决策。

DPoS 机制在尝试解决传统的 PoW 机制和 PoS 机制问题的同时，

还能通过实施科技式的民主抵消中心化所带来的负面效应。基于 DPoS 机制建立的区块链的去中心化依赖于一定数量的代表，而非全体用户。在这样的区块链中，全体节点投票选举出一定数量的节点代表，由他们来代表全体节点确认区块、维持系统有序运行。

同时，区块链中的全体节点具有随时罢免和任命代表的权力。如果必要，全体节点可以通过投票让现任节点代表失去代表资格，重新选举新的代表，实现实时的民主。

2. 应用

比特股是一类采用 DPoS 机制的密码货币。DPoS 引入了见证人这个概念。见证人可以生成区块，每一个持有比特股的人都可以投票选举见证人，得到总同意票数中的前 N 个（N 通常定义为 101）候选者可以当选为见证人。N 需满足：至少一半的参与投票者相信 N 已经充分地去中心化。

见证人的候选名单每个维护周期(1 天)更新一次。见证人随机排列，每个见证人按顺序有 2 秒的权限时间生成区块，若见证人在给定的时间片不能生成区块，区块生成权限交给下一个时间片对应的见证人。DPoS 的这种设计使得区块的生成更为快速，也更加节能。

DPoS 充分利用了投票制，以公平民主的方式达成共识，持股人投票选出的 N 个见证人，可以视为 N 个矿池，而这 N 个矿池拥有的权力是完全相同的。如果他们提供的算力不稳定、计算机宕机，或者试图利用手中的权力作恶，持股人可以随时通过投票更换这些见证人（矿池）。

3. 优点

缩小参与验证和记账节点的数量，从而达到秒级的共识验证。

4. 缺点

无法摆脱对于代币的依赖，不能完美解决区块链在商业中的应用问题。

第 4 章　区块链的标准化和规范化

在标准未落地之前，一千个人眼中就有一千种区块链。对区块链不同的理解，达不成共识、形成不了信任，阻碍了技术进步、应用展开。没有标准，不同的区块链公司使用各自开发的区块链，而这些区块链不具有支持互操作的标准和协议，彼此之间的竞争和割裂愈演愈烈，所谓"价值互联网"之说更是无从谈起。因此，区块链标准的制定成为区块链发展的必经课题，也是国际组织和各国关注的焦点。

2018 年 5 月 7 日，可信区块链推进计划第三次全体会议在江苏省南京市召开。会上，推进计划正式发布了 BaaS（Backend as a Service）标准《可信区块链：区块链服务技术参考框架》、安全标准《可信区块链：区块链安全评价指标》和《区块链电信行业应用白皮书》三项最新研究成果。

4.1　区块链国际标准，频现中国身影

互链脉搏统计了国际、国内 9 个组织和机构研究制定的 63 项区块链标准，并根据其研究阶段、标准所属类别、标准级别等属性进行了分类。区块链标准级别的分类占比如图 4-1 所示。

在区块链标准的级别划分方面，占比最多的是国际标准，共有 22 项；其次是团体标准和行业标准，分别有 16 项、13 项。其中，国际标准均由国际标准化组织（ISO）、电气电子工程师学会（IEEE）、国际电

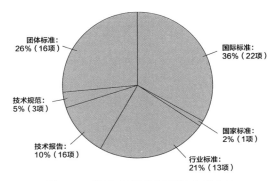

图 4-1　区块链标准级别的分类占比

信联盟（ITU）三个国际组织提出。2016 年 9 月，ISO 成立了区块链和分布式记账技术委员会（ISO/TC 307），并成立 5 个研究组（参考架构、用例、安全、身份、智能合约），制定全球区块链标准和相关支持协议。互链脉搏统计，截至目前，该组织共提出了 11 项区块链标准及相关规范、报告，多为基础标准相关的内容，如《术语和概念》《参考架构》《合规性智能合约》等。

同时互链脉搏观察到，中国也积极参与到 ISO 提出的几项标准的制定过程中，担任《分类和本体》（*Taxonomy and Ontology*）的编辑以及《参考架构》（*Reference Architecture*）的联合编辑职务。ISO 制定的区块链标准见表 4-1。

表 4-1　ISO 制定的区块链标准

机构	当前状态	标准名称	标准所属类别	标准级别
ISO	在研标准（委员会评议）	术语和概念（ISO/AWI 22739）	基础标准（术语和概述）	国际标准
	在研标准（新项目批准）	隐私和个人可识别信息（PII）保护概述（ISO/NP TR 23244）	信息安全标准	技术报告
	在研标准（委员会评议）	安全风险和漏洞（ISO TR 23245）	信息安全标准	技术报告
	在研标准（新项目批准）	用区块链和分布式记账技术的身份管理概览（ISO TR 23246）	信息安全标准（身份认证机制）	技术报告

续表

机构	当前状态	标准名称	标准所属类别	标准级别
ISO	在研标准（新项目批准）	参考架构（ISO TR 23257）	基础标准（参考架构）	国际标准
	在研标准（注册）	分类和本体（ISO TR 23258）	基础标准（参考架构）	技术规范
	在研标准（注册）	合规性智能合约（ISO TR 23259）	基础标准（智能合约）	技术规范
	在研标准（委员会评议）	区块链和分布式记账技术系统中智能合约的交互概述（ISO/CD TR 23455）	基础标准（智能合约）	技术报告
	在研标准（新项目批准）	数字货币托管的安全（ISO TR 23276）	信息安全标准	技术报告
	在研标准（新项目批准）	发现与互操作相关的问题（ISO TR 23258）	可信和互操作标准	技术报告
	在研标准（新项目批准）	治理指南（ISO TR 23635）	基础标准	技术规范

不仅如此，中国区块链企业、中国专家还参与了 IEEE 提出的《区块链在物联网领域的应用框架》（P2418.1）、《区块链系统的标准数据格式》（P2418.2）两项国际标准的制定。

IEEE 成立区块链工作组 P2418，重点针对区块链在物联网场景标准的研究，考虑未来区块链在物联网场景下的接口对接标准的确立。IEEE 已研究、制定 13 项国际区块链标准，其中有 11 项属于业务和应用领域，涉及交通、医疗、政务等多个方面。IEEE 制定的区块链标准见表 4-2。

表 4-2　IEEE 制定的区块链标准

机构	当前状态	标准名称	标准所属类别	标准级别
IEEE	在研标准	区块链在物联网领域的应用框架（P2418.1）	业务和应用标准（物联网）	国际标准
	在研标准	区块链系统的标准数据格式（P2418.2）	基础标准	国际标准
	在研标准	分布式记账技术在农业中的应用框架（P2418.3）	业务和应用标准（农业）	国际标准

机构	当前状态	标准名称	标准所属类别	标准级别
IEEE	在研标准	分布式记账技术在自动驾驶载具中的应用框架（P2418.4）	业务和应用标准（交通）	国际标准
	在研标准	区块链在能源领域的应用（P2418.5）	业务和应用标准（能源）	国际标准
	在研标准	分布式记账技术在医疗与生命及社会科学中的应用框架（P2418.6）	业务和应用标准（医疗）	国际标准
	在研标准	区块链在供应链金融中的应用（P2418.7）	业务和应用标准（供应链金融）	国际标准
	在研标准	区块链在政务中的应用标准（P2418.8）	业务和应用标准（政务）	国际标准
	在研标准	电力基础设施的可交换能源体系的互操作指南（P825）	可信和互操作标准	国际标准
	在研标准	基于信任和代理的数字普惠（IC17−002−01）	业务和应用标准（数字凭证）	国际标准
	在研标准	数字公民的连通性协调（IC17−011−01）	业务和应用标准（数字凭证）	国际标准
	在研标准	供应链技术与实施（IC17−012−01）	业务和应用标准（供应链）	国际标准
	在研标准	区块链资产交易（IC17−017−01）	业务和应用标准（金融）	国际标准

　　相比上述两个国际组织，中国更加深入地参与了 ITU 的区块链标准制定过程。ITU 是负责确立国际无线电和电信的管理制度和标准的国际组织。2016 至 2017 年初，国际电信联盟标准化组织（ITU−T）的 SG16、SG17 和 SG20 小组分别启动了分布式账本的总体需求、安全以及在物联网中的应用研究。据互链脉搏统计，该组织目前已提出 7 项区块链国际标准，中国参与了其中的 6 项。

　　中国信息通信研究院专家作为牵头人参与了《分布式账本的参考架构》和《分布式账本技术评估准则》两个草案的编写，并根据工作进展和讨论结果对草案进行了更新。《基于 ICN 和区块链技术的去中心化物

联网通信体系结构 》的文稿由网络与交换技术国家重点实验室（网国重室）牵头提交。

2018 年 9 月，由国家互联网应急中心（CNCERT）主导的《基于区块链的数字版权管理安全要求 》国际标准在国际电信联盟通信标准局安全研究组（ITU-TSG17）成功通过立项，同时 CNCERT 参与《分布式账本技术安全体系架构 》《基于分布式账本技术的安全服务 》两项 ITU-T 国际标准的编辑起草工作。ITU 制定的区块链标准见表 4-3。

表 4-3　ITU 制定的区块链标准

机构	当前状态	标准名称	标准所属类别	标准级别
ITU	在研标准	分布式账本的参考架构（FG DLT D 3.1）	基础标准（参考架构）	国际标准
	在研标准	分布式账本技术评估准则（FG DLT D 3.3）	业务和应用标准	国际标准
	在研标准	基于 ICN 和区块链技术的去中心化物联网通信体系结构	业务和应用标准（物联网）	国际标准
	在研标准	分散服务平台的物联网链框架	业务和应用标准（物联网）	国际标准
	在研标准	基于区块链的数字版权管理安全要求	业务和应用标准（版权）	国际标准
	在研标准	分布式账本技术安全体系架构	信息安全标准	国际标准
	在研标准	基于分布式账本技术的安全服务	信息安全标准	国际标准

在积极参与国际区块链标准制定的同时，国内各项区块链国家标准、行业标准、团体标准也在不断落地。区块链和分布式账本标准体系见表 4-4。

表 4-4　区块链和分布式账本标准体系

标准名称		标准所属类别	标准级别
区块链和分布式记账技术	术语和概述	基础标准	国家标准
区块链和分布式记账技术	参考架构	基础标准	国家标准
区块链和分布式记账技术	账本和编码标识	基础标准	国家标准
区块链和分布式记账技术	智能合约	基础标准	国家标准

标准名称		标准所属类别	标准级别
区块链和分布式记账技术	应用成熟度模型	业务和应用标准	国家标准
区块链和分布式记账技术	基于账本的交易规范	业务和应用标准	国家标准
区块链和分布式记账技术	交易服务质量评价	业务和应用标准	国家标准
区块链和分布式记账技术	BaaS 规范	业务和应用标准	国家标准
区块链和分布式记账技术	跨链通信机制	过程和方法标准	国家标准
区块链和分布式记账技术	跨链通信消息规范	过程和方法标准	国家标准
区块链和分布式记账技术	账本管理规范	过程和方法标准	国家标准
区块链和分布式记账技术	共识机制	过程和方法标准	国家标准
区块链和分布式记账技术	混合消息协议	可信和互操作标准	国家标准
区块链和分布式记账技术	区块链数据格式规范	可信和互操作标准	国家标准
区块链和分布式记账技术	链间互操作指南	可信和互操作标准	国家标准
区块链和分布式记账技术	开发平台参考架构	可信和互操作标准	国家标准
区块链和分布式记账技术	开发平台应用编码接口	可信和互操作标准	国家标准
区块链和分布式记账技术	分布式数据库要求	可信和互操作标准	国家标准
区块链和分布式记账技术	信息安全指南	信息安全标准	国家标准
区块链和分布式记账技术	身份认证机制	信息安全标准	国家标准
区块链和分布式记账技术	证书存储规范	信息安全标准	国家标准
区块链和分布式记账技术	KYC 要求	信息安全标准	国家标准

　　工信部在 2018 年 6 月发布的《全国区块链和分布式记账技术标准化技术委员会筹建方案公示》中表示，将继续开展标准研制工作，研究制定《区块链和分布式记账技术　术语和概述》《区块链　参考架构》《区块链和分布式记账技术　智能合约》等基础性的国家标准 3 项，研究制定《区块链和分布式记账技术　应用成熟度模型》《区块链和分布式记账技术　交易服务质量评价》等业务相关的国家标准 2 项，研究制定《区块链和分布式记账技术　共识机制》《区块链和分布式记账技术　账本管理规范》等过程相关的国家标准 2 项，研究制定《区块链和分布式记账技术　混合消息协议》《区块链和分布式记账技术　数据格式规范》等互

操作相关的国家标准 2 项，研究制定《区块链和分布式记账技术 工业应用参考架构》应用性的行业标准 1 项。

中国通信标准化协会（CCSA）是国内企事业单位自愿联合组织，经业务主管部门批准，国家社团登记管理机关登记，开展通信技术领域标准化活动的非营利性法人社会团体，该协会目前在研的区块链标准共有 4 项，其中国家互联网应急中心主导的《区块链平台安全技术要求》和《区块链数字资产存储与交互防护技术规范》行业标准于 2017 年成功通过立项。CCSA 制定的区块链标准见表 4-5。

表 4-5 CCSA 制定的区块链标准

机构	当前状态	标准名称	标准所属类别	标准级别
CCSA	在研标准	区块链平台安全技术要求	信息安全标准	行业标准
	在研标准	区块链数字资产存储与交互防护技术规范	信息安全标准	行业标准
	在研标准	区块链总体技术要求	基础标准	行业标准
	在研标准	区块链通用评测指标和测试方法	业务和应用标准	行业标准

团体标准多是由中国区块链技术和产业发展论坛和"可信区块链推进计划"提出的。中国区块链技术和产业发展论坛由工信部信息化和软件服务业司、国家标准委工业标准二部指导，中国电子技术标准化研究院、蚂蚁金服、万向区块链等重点企事业单位构成。中国区块链技术和产业发展论坛发布的 4 项团体标准分属于不同的标准划分领域，见表4-6。

表 4-6 中国区块链技术和产业发展论坛制定的区块链标准

机构	当前状态	标准名称	标准所属类别	标准级别
中国区块链技术和产业发展论坛	已发布	区块链数据格式规范	过程和方法标准	团体标准
	已实施	区块链隐私保护规范	信息安全标准	团体标准
	已实施	区块链智能合约实施规范	基础标准（智能合约）	团体标准
	已实施	区块链存证应用指南	业务和应用标准（数字凭证）	团体标准

　　除此之外，中国区块链测评联盟(CBTCA)此前也发布了《区块链与分布式记账信息系统评估规范》团体标准。该联盟是在中国科学院郑志明院士倡议下，由中国电子学会、北京航空航天大学、工信部电子第五研究所作为核心发起单位发起筹备的。据了解，该联盟还邀请成员参与《政务区块链行业应用》标准的制定。

　　中国信息通信研究院于 2018 年 4 月，联合 158 家企业，牵头启动的"可信区块链推进计划"，截至目前已经推出 20 项区块链行业标准、团体标准。这些标准多集中于业务和应用标准类别，且多与数字凭证和溯源相关。如《区块链应用技术要求　警务数据共享》(H–2018008861)、《区块链应用技术要求　司法存证》(H–2018008856)、《可信区块链应用技术规范：产品追溯》等。"可信区块链推进计划"制定的区块链标准见表 4–7。

表 4–7　"可信区块链推进计划"制定的区块链标准

当前状态	标准名称	标准所属类别	标准级别
报批阶段	区块链总体技术要求（2017–0943T–YD）	基础标准	行业标准
报批阶段	区块链通用评测指标和测试方法（2017–0942T–YD）	业务和应用标准	行业标准
在研标准	区块链应用技术要求　供应链金融（H–2019009114）	业务和应用标准（供应链金融）	行业标准
在研标准	区块链应用技术要求　警务数据共享（H–2018008861）	业务和应用标准（数字凭证）	行业标准
在研标准	区块链应用技术要求　溯源（H–2018008858）	业务和应用标准（溯源）	行业标准
在研标准	区块链安全　评测指标和评测方法（H–2018008857）	业务和应用标准	行业标准
在研标准	区块链应用技术要求　司法存证（H–2018008856）	业务和应用标准（数字凭证）	行业标准
在研标准	区块链服务技术要求（H–2018008855）	基础标准	行业标准
在研标准	区块链评测要求　性能测试（H–2018008854）	业务和应用标准	行业标准
报批阶段	可信区块链技术：区块链技术参考框架	基础标准	团体标准

续表

当前状态	标准名称	标准所属类别	标准级别
报批阶段	可信区块链技术：总体要求和评价指标	基础标准	团体标准
在研标准	可信区块链技术：区块链服务参考架构	基础标准	团体标准
在研标准	可信区块链技术：功能测试方法	业务和应用标准	团体标准
在研标准	可信区块链技术：性能基准评估方法	业务和应用标准	团体标准
在研标准	可信区块链技术：区块链服务测试方法	业务和应用标准	团体标准
在研标准	可信区块链技术：安全评测方法	信息安全标准	团体标准
在研标准	可信区块链应用技术规范：产品追溯	业务和应用标准（溯源）	团体标准
在研标准	可信区块链应用技术规范：司法存证	业务和应用标准（数字凭证）	团体标准
在研标准	可信区块链应用技术规范：供应链金融	业务和应用标准（供应链金融）	团体标准
在研标准	可信区块链应用技术规范：警务数据共享	业务和应用标准（数字凭证）	团体标准

据悉，目前不仅是中国的组织机构，美国国家标准学会（ANSI）、万维网联盟（W3C）等机构也在关注区块链标准制定的发展方向，美国、日本、澳大利亚等国家均在抢占区块链标准的国际赛道。

此前接受"人民创投网"采访时，中国电子技术标准化研究院软件工程与评估中心主任、区块链国家标准制定负责人周平曾表示，标准是公益性的，谁都可以拿来用，但是区块链也存在标准之争。这是因为标准背后一定会存在技术专利，对于各国企业来讲是个战略高地，哪国在相关标准上的贡献大，哪国企业在相关领域就占据优势；哪国在标准上有话语权，事实上也就意味着哪国企业对相关领域有主导权。而中国已大跨步迈入区块链标准国际话语权之争的赛道。

4.2　区块链标准应用领域焦点：数字凭证、金融

除从级别对区块链标准进行划分，互链脉搏还根据工信部公示的"区块链拟定标准体系框架"，对上述 63 项区块链标准进行分类，并对其进

行进一步的分析。统计数据中区块链标准类别占比如图 4-2 所示。

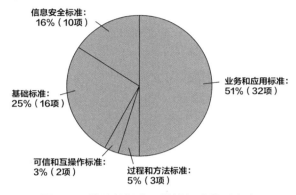

图 4-2　统计数据中区块链标准类别占比

其中，51％属于业务和应用标准；25％属于基础标准，包括 ISO 的《术语和概念》和《参考架构》、中国电子技术标准化研究院的《区块链和分布式账本技术　参考架构》等；16％属于信息安全标准，如 CCSA 的《区块链平台安全技术要求》和《区块链数字资产存储与交互防护技术规范》、中国区块链技术和产业发展论坛的《区块链隐私保护规范》等。

若进一步对业务和应用标准进行划分，可见数字凭证和金融是标准制定关注的重点，分别有 8 项和 4 项相关的标准。数字凭证主要是指警务数据共享、司法存证等方面，金融的重点则是供应链金融。业务和应用标准的应用领域细分图如图 4-3 所示。

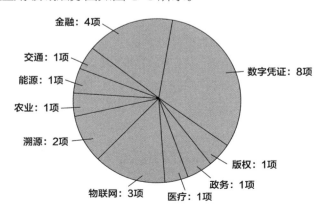

图 4-3　业务和应用标准的应用领域细分图

通过观察我国和国际组织对区块链标准领域的布局，不难感知，区块链标准的制定，不仅关乎未来行业的顶层设计，更关乎未来区块链标准国际化的主动权。

4.3　区块链的标准化和规范化

作为一种新兴的技术应用模式，区块链在近几年备受关注，标准化有助于推动其在各行业的应用落地。如在内容分发领域，基于区块链技术打造的传播链，无论是在技术架构方面还是在运作模式等方面都有一套规范的机制，在此基础上推出的内容分发平台"资讯宝"，因而也得到了内容创作者、消费者等广大用户的认可。

从所使用的技术来看，区块链实质上是分布式存储、点对点传输、加密算法等技术在互联网时代的创新应用模式，提供了一种新的社会信任机制，是数字经济各领域创新发展的重要基础，在全球多个国家引发了新一轮的"军备竞赛"。早在 2016 年初，英国就发布了研究报告《区块链：分布式账本技术》，从国家层面对区块链技术的未来发展应用进行分析，并给出了研究建议。此外，美国、俄罗斯、欧盟、澳大利亚等众多国家和地区也相继推出了一系列措施，引导区块链技术与应用规范化发展。

在我国，标准化工作同样是推动区块链发展的重点任务。根据《"十三五"国家信息化规划》，区块链已被列为战略性前沿技术，需要加强基础研发和前沿布局。2016 年，工信部联合相关企业单位编写、发布了《中国区块链技术和应用发展白皮书》，总结区块链发展现状及趋势，并首次提出我国区块链标准化路线图。在技术架构方面，白皮书还明确了共识机制、网络协议、加密算法等方面的多项核心关键技术。

具体到应用落地方面，产业界也很重视区块链技术、模式的规范化应用。比如传播链基金会开发出的传播链系统，在技术架构上设计了多个层次，其中基础数据层包含区块结构、链式结构的定义，还有非对称加密、数字签名等相关安全技术。在核心的共识层里，利用 DPoS ＋ PoW 的共识机制实现区块链账本的共识。此外还有网络层，包含了点对点网络消息传播机制，以及 News Token 交易的验证机制。我们可以看到，传播链采用的技术以及架构，与白皮书上的核心关键技术、目前业界认可的架构都非常契合，为其投入应用及后续可扩展打下了坚实的基础。

4.4　标准化保障规范化，传播链丰富内容生态

作为一种具有普适性的底层技术架构，区块链正广泛渗透到互联网、金融、制造业等众多领域。知名研究机构 Gartner 的预测数据显示，到 2020 年，基于区块链的业务将达到 1000 亿美元，而且制造业、供应链管理等行业也将为区块链带来万亿美元级别的潜在市场。随着区块链技术及相关产业的快速发展，标准化对于企业、行业乃至管理部门都更为重要。由此也可以看到，传播链基于标准化技术、应用模式打造的共有区块链网络，一方面有利于平台自己的规范化运营，另一方面也可帮助后来者借助标准化快速接入区块链网络，从而形成可持续发展的内容分发生态体系。

第5章 国内外区块链发展概况

5.1 区块链的价值发现

5.1.1 创新中国价值链

2019 年 10 月 24 日，中共中央政治局就区块链技术发展现状和趋势进行第十八次集体学习（以下简称"1024 会议"），区块链技术受关注程度随之空前提升，以至成为全社会关注的焦点。

从几年前比特币的概念渐渐为公众所知晓，到如今以区块链技术为背景的创业公司如雨后春笋般不断涌现，再到这一"高深莫测"的技术逐渐走入日常生活，老百姓对区块链产生了更多好奇：它的优势在哪里？它将给日常的衣食住行带来哪些改变？未来会在哪些应用场景里见到它……

1. 智能合约保障全流程智能化

区块链提供了一个永久的记录及数据存储，具有不可变性。区块链所运用的分布式账本技术，能够构建可视性机构，保证数据不被更改。因此区块链是非常透明、可以信赖的。这也是很多人对这一技术的第一印象。专家认为，除了数据存储功能之外，区块链的智能合约功能同样非比寻常。

什么是智能合约？举一个简单的例子：开发商盖一栋楼，可能会有

1 万多份合同，由总承包商和其余各级承包商分包下去。然而，当总承包商收到钱款的时候，如何能够保证其余各级承包商都能拿到钱，这就需要区块链的保障。

智能合约会在代码上写明在什么条件下执行什么动作，然后把合同放到区块链上，任何人都无法更改。只要总承包商收到钱，后续的转账行为就会自动开始。

2. 创新技术发展广泛惠及民生

在浙江省湖州市德清县举行的 2019 国际区块链大会上，多位区块链领域的专家指出，要加快推进区块链技术产业创新发展，大力推进区块链和经济社会深度融合。

区块链具有独特的技术优势，既能够在数字金融领域扮演重要角色，也能够在教育、医疗健康、食品防伪、精准扶贫等民生领域发挥重要作用。

在医疗健康领域，很多熟悉的场景都可以运用区块链技术。比如，很多患者在不同的医院里都有医疗数据，但是不同医院之间的数据无法共享。虽然电子病历正在普及，但在实际运用过程中，由于缺乏人工智能集成，电子病历与健康档案可能并非以患者为中心，而是以碎片化方式存储在不同的数据库当中。区块链要做的是提供一个非常全面且完备的数据，并以患者为中心提供个性化医疗，让患者决定自己的信息分享给谁。一旦建成这种全面的数据库，医疗质量和效果都能够得到提升，医生可以为患者提供更全面的诊疗建议，这就是区块链在医疗健康领域的应用前景。

对于"舌尖上的安全"，区块链同样能够发挥作用。利用区块链的可追溯功能，可以在食品供应链上实现全链条的可追溯防伪，从而保障食品安全。供应链是企业的命脉，实现供应链的科学管理，能够为公众的食品安全再加一道保护锁。

3. "区块链＋政务"赋能更多应用场景

区块链的分布式、点对点的特性非常适合政务领域。客观上看，虽然现阶段政务数据的信息化程度很高，但还是没能解决"数据孤岛"的问题。引入区块链，就是为了实现数据的"三权分立"——确定数据"拥有方""使用方"和"执行方"的关系，使其符合国家在数据的规范管理和使用方面的基本要求。

将政务数据编制成目录，再将目录上链。运用区块链的政务平台建立后，将向全社会提供公共服务，无论是个人还是企业，都可以根据自身需求到平台寻找相应信息，得到相应验证。

以海南自贸区为例，自贸区的银行资金数据、物流数据、机场客运数据、公安部门数据、海关数据……统统需要协同起来，而通过区块链，可将"三流"（人流、物流和资金流）打通。比如寄包裹，首先通过公安系统对寄件人身份进行判定，随后通过银行数据确保资金行为正常，最后再追溯物流动态。人流、物流和资金流的任何一项变化，都会触发对其余两项的追溯，从而提高安全效能。

4."链＋链"全方位提升服务层次

挪威工程院院士容淳铭就曾指出，区块链可以促进数据共享，可以建设可信体系。两者与互联网服务结合，可以搭建新的平台。"区块链＋互联网"可以让人们的生活方式更丰富。

我们需要重新考虑如何对生活中各式各样的互联网服务进行"再塑造"，特别是如何利用人工智能、5G 等技术，将可信体系与数据共享到互联网服务中，从而提升服务层次。

未来区块链应注重三个方面：一是提升性能，改进共识模型、运行引擎和存储系统；二是增强功能，优化智能合约语言，加强约束检查；三是友好交互，采用声明式编程语言。

互联网的构成是"网络＋网络"，区块链同样也不会仅通过一条链来实现所有的服务。我们要做到的是"链＋链"，实现各种链之间的结合。区块链有云计算，云计算中最主要的是数据流，如何管控好数据流，再将计算加进去，这是我们新的研究课题。区块链会为今后的信息服务带来新变革，既能进行身份认证，也可以与人工智能相结合，为企业提供信息服务，帮助企业管理好数据的生命周期。

5.1.2　植入工业制造领域

作为一种数字技术，率先在金融领域落地的区块链，已延伸到物联网、智能制造和供应链管理等多个产业领域。在中国工程院院士陈纯看来，未来区块链技术在中国最重要的应用空间当数工业制造等领域。

那么，区块链技术究竟能给制造业带来什么？又如何与制造业技术改革相结合？

1. 数据可溯源、报告可验证，为制造业构建"信用网"

在广州黄埔区新欧机械有限公司的生产车间，几台大型液压马达检测设备正在为汽车进行"体检"——透过连接的管道，检测设备周身密集分布着 20 多个传感器，实时采集液压马达的压力值、流量和温度等数据并联网上链，牢牢记录在云端，供客户查验。

质量检测，是工业生产链中必不可少的一环。作为第三方检测服务商，检测结果是否公正可靠，对于促成交易至关重要。

在承接过上百家制造商的检测订单，听了不少客户的意见后，新欧机械有限公司董事长王起新谈起区块链，有些相见恨晚。过去做设备检测，采购商不信任检测中心，经常派人来现场监督，有些采购商甚至从外地大老远地飞到广州，一来一往，耗时长、成本高不说，效率也低。设备联网后，运用区块链技术不仅能实时采集检测数据，更重要的是，原始数据可溯源、报告可验证。如今采购商坐在家里就能在终端获取可信报告，区块链真正在器件供应方、设备检测方和终端用户之间建立起一个跨时空、低成本、高效率的互信机制。

整体上看，制造业是由信息流牵引实物流，但产业链上各环节间的信息很难隔环共享，供需双方信息不对称现象严重，使得实物流阻力很大。区块链基于分布式网络记账，无须通过第三方即可进行点对点交易，大幅降低了产业链各环节之间的交易成本，提高协同效率。

在区块链企业，信用成为企业家挂在嘴边的高频词。事实上，在工业互联网平台上运用区块链技术，正在为传统制造业转型发展构建起一张巨大的工业"信用网"。

实现智能制造，工业互联网解决了设备上网的问题，而区块链技术则通过破解信息不对称和实现数据可靠性，解决了数据的信用问题。

广东中设智控科技股份有限公司副总经理杜书升认为，工业互联网本质上是一个工业信用载体，区块链是一种技术支撑手段。工业信用可以说是制造类企业的生命。通过构建工业信用，将大大减少供需双方的信息不对称，采购商在选择产品时，数据背后反映出的工艺水平和使用维护情况真实可靠，而供应商则不需要品牌推广便获得了品牌价值，从而将精力从打广告更多转向制造和研发上，专注于提升整体工业水平。

2. 数据防篡改，给设备上"锁"，促智能化改造提速

随着制造业向数字化转型，大量智能设备将形成海量信息流。如何保证在线数据安全，成为越来越多的制造类企业所关心的问题。

在智能化时代，设备的安全性反映在运行数据中，运用区块链技术，保证了数据真实与透明，在一定程度上为设备上了一把"锁"。如今，越来越多的制造类企业表现出强劲的需求。

"目前明珞装备正在推进智能体系建设，以寻求时机对接相应成熟的区块链技术，对设备运行、维护保养、供应链交易等每一个环节进行有效管控，"明珞汽车装备公司的姚维兵说，"未来设备实时监测的各项运行数据将全部上链，建立全过程追溯与管理制度。"

"组建高效、低成本的工业互联网，是企业构建智能制造网络的关键环节。"中国工业经济联合会工业经济研究中心经贸室主任何岸说。但在传统的组网模式下，所有设备之间的通信必须通过中心化数据中心实现，不仅提高了组网成本，可扩展性和稳定性也较差。区块链技术可以将计算和存储需求分散在各个设备中，既显著降低了数据中心的维护成本，也能有效避免任何单一节点被恶意操控的风险，实现全流程透明可追溯。

3. 潜能待挖掘，融合须加快，更多应用场景待探索

在与制造业的融合上，不少企业先行先试，区块链技术的应用场景已初现端倪，成为企业提升数字经营能力、加快转型升级的一股新动力。

同时，一批致力于区块链技术研发和应用探索的产业园区正如雨后春笋般拔地而起。根据《中国区块链产业园区发展图谱》研究报告，目前全国已有超过 20 个区块链产业园区，其中物联网、智能制造等领域成为主要发展方向，这些园区通过与地方政策、产业基金结合，为企业成

长赋能。

制造业＋区块链潜力十足。目前我国"两化"融合在加快，工业互联网正在引领制造业高质量发展，未来的制造业应该是数据驱动、智能控制。同时，制造业的数据不仅量大，而且精准可控，这样的数据特征更有利于直接转化为生产力。此外，制造业环节众多，参与主体复杂，需要多主体联动，因此必须依赖协同机制，这些都让制造业与区块链的携手成为可能。

5.1.3 赋能农业溯源管理

随着农业生产集约化、工业化水平不断提升，农产品质量及安全问题已成为行业发展的瓶颈。近年来，物联网、区块链等新技术的发展催生了产品溯源模式的形成，用农产品溯源系统来加强农产品质量安全监管，实现全程追溯，成为农产品规范化、品质化发展的重要助力。

2018 年，江苏省南京市六合区信用办与区农业局合作，联合商务、金融、科技、市场监管等单位，将区块链技术应用于农产品溯源系统中，溯源平台实现对产品生产、加工、流通与消费各个环节"追根溯源"。通过去中心化、不可篡改的记账方式，运用区块链技术解决了生产、物流、销售过程中极为重要的信任问题，真正实现了"从田间到舌尖"的全流程品控监管。

2019 年，南京市六合区以天纬农业科技有限公司为示范点，建成基于区块链技术的农产品全产业链融合溯源服务平台，全流程浏览农产品在生产各环节的信息，将信用承诺、信用档案管理、农户信用分级评价、数据信用监测等信用产品广泛应用于生产流程中。该溯源服务平台涉及种子、肥料等 36 家农产品企业，土壤酸碱度、空气湿度、颗粒饱满度等 106 项检测指标，以及 211 个农户信用分级评价信息。平台收集的全产业链信用大数据与六合区市场监管平台、信用信息服务平台实现联通，签订合同、仓储、委托承运、结算、融资、保险缴付等农产品交付信息均加密上传至区块链，实现了区块链技术的全场景应用。

同时，平台针对六合区农产品的分析结果，也在六合区农业行业信用监测、预警及治理工作中起到了重要作用。传统的监测技术工作效率低，适用场景少，获取到的数据实用价值不高。目前，南京市六合区正在探索建设基于区块链技术的信用大数据平台，让监管部门的"视角"贯穿整个产业链流程。平台对每一个环节的数据进行前后交叉比对，形成不可篡改的、带有时间线和清晰责任人的可信过程数据。实时过程数据的价值远远大于传统监管数据，一切数据都在平台上显示，大大降低监管成本，提高了监管效率和精度。

天纬农业科技有限公司相关负责人表示："信用大数据农产品溯源服务平台有了区块链技术的加持，农产品的下种、生长、物流、仓储、投放农贸市场、出口等所有环节信息均被实时记录，可从区块链平台上直接获取，大大减少人力操作，避免传递过程中造成的错误和遗漏，提升企业产品的信誉度，为企业带来实实在在的效益。"

5.1.4　助力打通中小企业融资"肠梗阻"

"白酒经销商遇到压货、资金困难等状况时，难以获得贷款，因为银行无法确认货源真假。"泸州老窖的高管认为，区块链技术可以让产业链上的数字资产可移动、可保证、可追溯，银行确证"可信"、放心放贷，产业链上的资产得到最大变现，从而实现厂家和经销商的良性互动。

因具备信任传递的功能，区块链可将核心企业闲置的信用额度授信给下游，打通信用"肠梗阻"，为中小企业融资难、融资贵的"老大难"问题提供破解途径。据全球区块链企业发明专利排行榜统计显示，中国平安、微众银行、工商银行等多家银行保险机构已有区块链应用场景落地。

大数据、人工智能、区块链的爆发式增长，正在重构当下产业发展格局，也为中小企业带来了新的发展机遇。作为区块链技术的核心价值，"可信"数字经济时代的春天刚刚到来。中小企业主体信用难认定，区块链技术的确权和增信属性，可以破解中小企业融资难题。

中国信息通信研究院云计算与大数据研究所副所长魏凯称，区块链技术通过供应链贸易数据上链后不可篡改的特性，记录交易、运输等各节点信息，降低了造假风险；而作为智能合约的执行引擎，固化资金清算路径，又能极大地减少资金挪用和违约行为的发生；区块链技术生成的电子凭证，则可实现灵活的多级拆分、流转、融资，将核心企业信用传递至末端供应链，解决小微供应商融资难问题，从而实现对实体经济的赋能。

《2019 腾讯区块链白皮书》显示，近年来区块链产业发展迅猛，中国区块链专利数量占全球新增专利的比重逐年升高，中国区块链公司数量连续两年增幅超 250%。区块链得到了广泛应用，随之而来的，是生产关系的变革。

数字经济赋能实体经济，意味着产值的提高可以更多地依靠数据生产关系的改变。发展区块链，更需要的是政策环境的构建和产业生态的打造。区块链给中小企业带来了新机会，他们要做的就是增强自身核心竞争力。政府、国有企业应有担当和责任，在"可信"生态重塑过程中，为中小企业提供更大的发展空间。

5.1.5　解决工业互联网安全问题

中国科学院院士尹浩认为，"区块链作为点对点的网络，包括密码学、共识机制、智能合约等多种技术的集成创新，提供了一种在不可信网络中进行信息与价值传递交换的可信通道"，对解决工业互联网安全问题是十分有价值的。

尹浩院士在谈到工业互联网面临的安全风险和应对政策时指出了区块链、人工智能、5G 等对工业互联网安全的影响。他认为，区块链与工业物联网的结合应用主要体现在大数据管理、安全性、交易流程监管三个方面。区块链通过建立信任、增强安全性、降低成本、加速交易、提升供应链效率，从而在工业物联网中发挥重要作用。

他指出，"工业互联网已经成为国家关键信息基础设施的重要组成部分，工业互联网打破了工业相对封闭、可信的制造环境，其面临的安全挑战威胁日益严峻。"他强调，建立工业互联网安全保障要运用体系化的思维，从设备安全、网络安全、控制安全、应用安全、数据安全五个方面，构建五位一体的工业互联网安全保障体系。

5.1.6　在军事应用上方兴未艾

同其他新兴技术产生后必然运用于军事领域一样，区块链技术在军事领域同样有着广阔的应用发展前景。

1. 区块链技术在军事领域的潜在价值

区块链技术的去中心化、不可篡改、全程留痕、可以追溯、集体维护、公开透明等特点，使其除了在数字货币、资产认证、供应链等民用领域得到广泛应用外，在军事领域同样有重要的潜在应用价值。

（1）分布式结构、去中心化的特性使网络架构更可靠。现代战争对抗愈加激烈，指挥机构、通信枢纽及其存储的关键信息，已经成为作战双方重点摧毁的首选目标。建立可靠的网络架构，成为未来战争制胜的关键因素之一。区块链技术采用分布式的对等网络，具有良好的抗毁性、容错性和扩展性，其去中心化特性，符合现代战场网络部署特点。运用区块链技术必将加速推动部队指挥结构从树状结构向网状结构转化，在该结构下，部分节点被破坏后，仍可保存数据存储能力和网络计算能力，并通过共识算法维持网络的正常运行，可有效避免在精确打击下被敌方"一锅端"。

（2）可以追溯、不可篡改的特性使指挥信息更可信。军事行动中的信息传输过程，经常遭到敌方干扰、破坏和伪造，如何验证网络信息的真实性、保证信息的安全准确传输是一大难题。区块链在构建时就假定网络中各节点不是完全可信的，从底层上被设计用于在竞争性、不可靠的网络环境中运行维护数据，使数据改写过程全程可追溯，恶意攻击者除非同时修改超过 51% 的节点，才可能篡改破坏信息。运用区块链技术，既可提升作战数据收集、传输、处理的能力水平，也可为作战数据信息的传播提供更加安全、可靠、便捷的技术通道，避免敌方采取各种信息插入手段发布假命令，扰乱指挥体系。

（3）透明开放、集体参与的特性使共享信息更安全。区块链的任何参与者都是一个权限平等的节点，各参与者除对私有信息加密外，数据对所有人透明公开，并基于协商一致的规范和协议，自动安全地验证和交换数据。第二代区块链还引入人工智能判决方式，对网络节点行为进行分析，智能识别网络中潜在的窃密者和攻击者。基于上述特点，区块链应用于军事领域，使得每一作战单元或平台在可能遭受敌方软硬复合攻击的非完全信任网络中，无须依赖第三方认证，即可根据权限随时安全地获取和发布信息，从机制上强制性打破各军、各兵种、各部门之间的信息壁垒，尽可能地优化资源配置，实现不同作战平台的系统融合，在更大程度上巩固己方的军事优势。

（4）智能合约、网络共识的特性使反应机制更高效。传统指挥体制下，军事行动信息通过树状网络结构，在汇总、上报、下发、执行各环节均会产生延迟，甚至贻误战机。区块链技术通过快速网络运算、智能合约及网络共识机制，可减少指挥过程中人为因素带来的不确定性、多样性和复杂性，实现组织信息传输和处理的网络化，缩短"决策—指挥—行动"的周期，提升快速反应能力。尤其是随着智能化战争的来临，部队将广泛使用具有自主性的智能装备，区块链通过智能合约，模拟群聚生物的协作行为与信息交互方式，以自主化和智能化的整体协同方式完成作战任务，大大提高部队作战效能。

2. 国外对区块链技术应用于军事领域的探索

近年来，基于区块链技术在军事领域的应用潜力，外军纷纷探索区块链技术的军事应用，以期在新一轮军事革命大潮中占据先机。

（1）探索国防基础网络安全防御新手段。利用区块链技术的去中心化、强加密性等特点，提升国防基础网络的安全性和抗毁性，增强防御体系的弹性和韧劲。比如，美国国防部提出"区块链网络安全之盾"四年计划设想，并在2020年预算中投入96亿美元，以确保海量国防数据安全。俄罗斯国防部组建区块链研究实验室，探索开发以区块链技术为基础的智能系统，检测并抵抗对重要数据库的网络恶意攻击。波兰研制"无钥签名基础设施"，快速检测国防系统面临的高级持续性威胁，及时跟踪系统被查看或被篡改的情况。

（2）探索国防供应链物流体系管理新模式。利用区块链技术的全程留痕特点及机器信任机制，促进国防供应链、采购、物流系统实现高效的全寿命周期管理。比如，美国海军采用区块链技术提高增材制造系统的安全性，全程跟踪管理组件设计参数、试验数据、维修记录等信息，并在组件损坏或生命周期结束时发出警报。又如，美国穆格公司开发的基于区块链的VeriPart分布式交易系统，可对增材制造的部（组）件进行溯源和质量控制，提高售后服务效率和安全性，为国防部建立安全可追踪的智能数字供应链。

（3）探索复杂战场环境军事通信新方法。利用区块链技术的分布式特性，力求构建覆盖范围广、容灾性强、安全性高的通信系统，探索在任意时刻、任意地点的安全通信。比如，美国《2018财年国防授权法案》明确要求国防部对区块链技术展开全面研究，美国国防部高级研究计划局（DARPA）开展了利用区块链技术解决复杂战场安全通信问题的计划。俄罗斯将量子密码的防窃听、防截获特性应用于区块链网络，可大幅提升区块链网络的防御功能，将对现有信号截获、破译、侦收产生颠覆性影响。

3. 国内对区块链技术应用于军事领域的积极推进

恩格斯曾指出："一旦技术上的进步可以用于军事目的并且已经用于军事目的，它们便立刻几乎强制地，而且往往是违反指挥官的意志而引起作战方式上的改变甚至变革。"为此，我们要强化科技是核心战斗力的思想，加快推进区块链技术在军事领域的应用，不断拓展其应用的广度和深度。

（1）加强顶层设计和整体规划。区块链部署是集群部署而非单点部署，通常需要跨军种、跨部门、跨领域。鉴于此，为避免各军种在同一建设领域内重复研发，造成有限资源的浪费，应加强统筹规划，注重顶层设计整体规划。一方面，要深入开展区块链军事应用的研究论证，细致分析区块链军事应用的优先领域及其必要性、可行性、预期军事效益和可能风险，形成区块链军事应用路线图，并纳入军队建设相关发展规划。另一方面，要立足联合作战需要，结合智能化战争军事需求，明确应用项目的牵头部门、参与单位、任务分工、工作机制以及技术体系架构、技术方向和技术标准等，从整体上规划建设，确保各级在区块链技术军事应用上协调一致、有序推进。

（2）规范研发标准和运用模式。在民用领域，区块链技术除比特币外，目前尚没有非常成熟的应用案例；而区块链军事应用也处于起步阶段，还存在高冗余度、高能耗等弊端，现有共识机制和加密算法等也存在技术瓶颈，距离军事需求还有较大差距。因此，一方面要针对军事领域对区块链应用的特殊要求，加快区块链和人工智能、大数据、物联网等前沿信息技术的深度融合，弥补区块链性能上的不足或弱点，提高区块链系统的运行效率。同时加大共识机制、智能合约、分布式通信与存储等底层技术开发力度，紧扣去中心化、安全、性能与效率三项要求，使区块链系统性能达到军用级标准。另一方面要尽快把握区块链运行机理、技术特点和发展水平，进一步挖掘、细化和拓展区块链的军事应用领域，可选风险小、见效快的应用领域进行先期试验、试点，探索区块链军事应用的软硬件环境要求、运行规则、配套机制等，形成成熟的模式后加速向多领域扩展。

（3）注重搞好军地协作开发。现代战争中，制信息权、制智能权是决定战争最终胜负的关键性因素。在信息与知识获取方面，区块链技术高度契合这一军事需求，它的发展将促使不对称信息军事博弈转变为对称信息博弈。鉴于区块链技术作为一种底层的技术框架，本身并不存在明显的军民界线，无论是应用于民用领域还是军事领域，其基本的算法与设计思路是相同的。因此，一方面可以采取军地合作方式共研共用，从整体上带动军队信息化、智能化发展。另一方面要注重深度整合民用技术，通过"拿技术、拿产品、拿人才"等方式把民用市场上的先进技术、成熟产品和优秀人才吸纳进来，形成军事区块链应用的人机结合、知行合一、虚实一体新时代洪流，全面推进军队智能化发展，不断提高基于信息网络体系的联合作战能力。

5.1.7 创新金融发展模式

新时代呼唤新金融，新金融服务新时代。金融科技的发展，显著提升了新金融的服务内涵与服务能级，而区块链也凭借其独特的魅力，成为践行新金融的新动能。

1. 金融科技赋能新金融

当前，全球新一轮科技革命和产业革命初露雏形，数字经济正深刻影响着世界发展格局和人类的生产生活方式，数据已经成为关键生产要素。互联网和大数据推动了经济发展结构转型升级，催生了科技创新和金融创新。区块链、人工智能和物联网等新技术的蓬勃发展，加速了金融与科技的融合，科技已经成为核心生产工具。

金融体系逐渐从扩张型向价值型转变，客观上要求新金融资源更加普惠，发展成果在更大程度上实现共享。新金融体系下，平台生态将成为主要发展方向，以区块链为代表的金融科技发展使得新金融的功能和生态得以实现，区块链不仅是一种技术创新，更是一次理念变革。按照十九届四中全会提出的共建共治共享的发展理念，社会协同、公众参与、科技支撑，区块链很好地体现了兼顾效率与公平的价值取向。以建设银行的"住房链"为例，区块链技术为住房租赁综合服务平台的租赁合同数据上链、租赁房源信息同步更新等功能提供了技术支撑，给政府监管部门、租赁企业、中介机构、出租人、承租人及金融服务机构等各方构建起一个可信可靠、互利共赢的住房租赁生态圈，形成了科技赋能金融、金融赋能社会的良性循环。

2. 积极推动区块链技术应用落地，持续提升贸易金融服务效能

贸易金融是银行服务实体经济的重要领域，潜在市场需求高达数十万亿元。贸易金融需要通过对物流、资金流、信息流进行整合，以提供精准金融服务。但参与方多、交易流程长、信息交互复杂的特点，导致传统贸易金融在身份认证、信息传输、数据安全等方面存在诸多痛点，如交易透明度不足、效率低下、单据易伪造等，加上金融机构自身全流程管控能力欠缺，传统贸易金融难以惠及中小企业。

区块链的特征与贸易金融的应用场景高度契合。区块链的核心价值体现在分布式存储、点对点传输、加密算法，共识机制增加了系统透明度，切实保障了数据不可篡改、可追溯，并有效提升了协作效率。2017 年建设银行在"区块链＋贸易金融"领域进行了有益的探索，打造了业内领先的区块链贸易金融平台，先后将区块链技术应用于国内信用证、国际保理、再保理、物流金融等交易场景。该平台运用区块链技术较好地解决了传统贸易金融服务不充分、需求难满足的缺陷，同时也形成了更高效的风控体系，上线以来累计交易量近 4000 亿元，让越来越多的市场主体与新金融"牵手"。中国建设银行还发布了"BCTrade2.0 区块链贸易金融平台"，升级平台功能，丰富平台场景，提供体验感更好的贸易金融服务。

3. 深化区块链物联网新技术运用，构建"两圈一链"新生态

区块链技术支持市场主体多方平等参与，这与新金融开放、共建、共享的生态理念不谋而合。为了更好地赋能同业、赋能企业，与社会共享新金融成果，建设银行正在构建"两圈一链"新生态，即依托区块链技术，构建"同业贸易金融生态圈"和"物流金融生态圈"。

依托区块链贸易金融平台，中国建设银行已初步建立起覆盖 40 余家同业和 50 余家境内外机构的同业生态。2019 年 7 月，银保监会发文鼓励运用区块链和物联网等新技术，创新发展在线金融产品和服务。中国建设银行的"区块链＋物流金融"率先在青岛落地，针对大宗商品交易虚假仓单、重复抵质押等问题，通过区块链加密资产的方式实现物权流转，通过移动感知视频和电子围栏等方式进行货物监测，实现全流程线上可视化交易，增加监管透明度，提升智能风控水平。

20 世纪开始的互联网技术已经深刻改变了金融生态，以区块链、人工智能、5G 为代表的新技术也将会对金融业态进行重塑，践行普惠性、科技性、共享性的新金融模式。随着链上链下数据协同不断融合，监管体系不断完善，区块链在高性能、高可用性、高可扩展方面将会给人们带来更多的惊喜，这对维护国家金融安全、优化社会治理体系也有着重要意义。

5.1.8 破解传统版权保护困境

版权保护的核心，即正确的用户拥有正确的作品，以正确的方式发布，并且以合理的方式呈现，一般涉及内容的权属界定、保护措施和侵权鉴定。传统的保护措施包括身份认证信息、内容加密技术、水印技术等。由于区块链采用分布式账本数据库，具有去中心化、信息不可篡改、集体维护、可靠数据库、公开透明等特征，被业界认为是天然适合版权保护的技术。目前，区块链技术在版权登记确权、版权交易、涉版权案件司法审判、证据链保存等方面均有应用。

市场主体也结合自身情况对区块链应用方面表明了观点。爱奇艺公司法务总监指出，区块链在版权保护上的应用主要分为确权类和侵权类，确权类存证场景分为知识产权权属证明和平台公告证明，侵权类存证场景分为侵权结果状态的取证和对侵权行为过程取证。

西安纸贵科技有限公司海外运营总监认为，在区块链存证、取证、版权出海及孵化、版权融资等领域，如何利用区块链产品进行弯道超车，未来非常值得期待。同时呼吁各方携手并进，共同制定具有普适性的区块链标准，推动区块链世界的基础设施建设，做出更加高效易用的产品和服务。

当前，版权内容市场存在确权存证可信度低、维权溯源举证困难等问题。北京邮电大学区块链实验室主任说，高可信版权区块链通过设计取证节点、维权节点、确权节点、可信第三方节点，加上加密手段，具有认证能力和安全存储能力。链上信息可以查询基本内容，但是不会暴露商业敏感信息和用户隐私。

区块链的标准化、效率、安全与隐私、创新应用、底层的密码技术支撑等方面，是学界和业界共同关注的问题。中国传媒大学姜正涛说，区块链的研究目前局限于确权、存证方面，而对保密、隐私等方面考虑得比较少，这方面的发展会引进一些密码协议。

区块链技术能够以较低成本提供多样化授权的可能性。它的去中心化特点不仅体现在确权模式上，将来在知识产权领域也会更好地体现在交易环节中。中国人民大学姚欢庆认为，区块链若想在确权阶段真正发挥作用，不应是平台自己做区块链，而是行政机关更好地结合区块链技术降低作者的确权成本。

区块链认证是目前法官采信证据的一个痛点。法官往往兼具鉴定人身份，不可避免地要先判断区块链平台的真伪。北京互联网法院张博介绍说，高达 80% 的与版权有关的侵权案件中，当事人基本上是采取可信时间戳、区块链第三方存证公司存证以及公证处存证等手段进行取证、固证。虽然确定了区块链取证技术，但在实际操作中还是发现有很多问题，如学术积累薄弱、立法缺失，没有区块链规范的技术标准和准入制度，行业监管缺失等。

中国人民公安大学苏宇说，区块链技术的市场应用面临着链的选择、价值中介以及技术标准等方面的挑战，如果要进一步发展区块链产业市场，需要建立相关法律和政策，即清晰的法律认证规则，制定合理的交易平台标准、动态监测与规制措施、一定范围内的通证应用规则。

5.1.9 描绘知识产权保护新图景

区块链与知识产权治理目前均处在前所未有的大发展风口期，我们应牢牢把握历史机遇，发挥区块链优势，突破长期困扰知识产权治理的痛点、难点问题，积极探索有利于推进知识产权治理现代化建设进程的体制机制。同样，区块链作为新兴技术手段，无疑也将在知识产权行政管理、侵权赔偿制度改革等领域扮演重要角色，"链动"知识产权治理现代化进程。

1. 区块链是推进知识产权治理现代化的有效手段

知识产权之所以成为治理难题，是因为技术方案、作品、标识等知识产权的客体是一种信息、数据，隐于无形、易于复制、难以追溯、比对困难，此种特性给知识产权的成立、交易、侵权举证带来诸多困难，具体表现在利益相关方之间难以就无形的知识产权资产的内涵和外延达成互信。而区块链的诞生，源于解决数据互信的问题，其初心是在利益相关方相互不信任的场景下建立互信关系。区块链为此集成了加密算法、共识机制、分布式数据存储和点对点传输等诸多先进、前沿、有效的技术。现在区块链成为知识产权违法行为的克星，可以给知识产权注册管理带来历史性变革，在源头上筑起有效遏制知识产权违法行为的金盾。区块链还具有分布式、不可篡改、可溯源、可验证、多方协同等技术特点，正被创新性地应用于知识产权密集型产业，在注册管理、数字版权交易、品牌保护、侵权举证等方面发挥重要作用。

2. 区块链可以提升管理效率

区块链把传统知识产权升级为智能知识产权。利用区块链创建"智能知识产权注册平台"，记录专利权、商标权、著作权等知识产权的申请或登记时间、使用时间、转让时间等信息，为知识产权人储备维权证据。权利从产生、使用到转让、消亡，每一个事项的变动都记录其中，覆盖知识产权的整个生命周期。区块链的不可篡改性让这些记录不可逆，保证数据的安全和权威，让存储、核对、比对、即时提取这些数据变得不再困难。知识产权全生命周期信息无论是对于知识产权的确权程序，还是对于知识产权的侵权诉讼，都十分重要。精准、高效、完整地管理好知识产权全生命周期信息，为确权程序和侵权诉讼提供强有力的支撑，是知识产权治理现代化建设的基础性工程。

3. 区块链可以强化商标权保护

在商标侵权诉讼中，商标权人需要证明商标的注册时间以回应侵权人的在先使用抗辩，需要证明商标近几年在经营活动中使用的事实以避免因未使用而被撤销，需要证明商标因使用而积累的商誉以遏制"傍名牌"行为，需要证明商标许可他人使用的使用费以获得损害赔偿金。此类信息在智能知识产权注册平台触手可及，易于获取，知识产权全生命周期信息可以大幅减轻商标权人的举证负担，加快商标权确权和维权的进程。

技术和法律都是人类智慧创造的结晶，都具有可塑性，我们不仅要在区块链研发方面坚持核心技术与应用技术并举，在知识产权应用场景方面坚持政府投入为主的智能注册平台与市场导向为主的智能交易平台并重，还要在体制机制创新方面积极探索一条有利于区块"链动"知识产权治理的新路子。

我们要在区块链技术先行先试中变可期"未来"为"未来"可期。我们既要看到区块"链动"知识产权治理的美好前景，也要认识到区块"链动"知识产权违法行为的负面效应。互联网让数字作品大规模传播变得轻而易举的同时，知识产权的网络侵权现象也屡见不鲜。区块链有类似的光与影，让知识产权人维权变得更加容易的同时，也有可能让侵权的影响变得难以消除，违法上传至区块链的作品因为区块链的不可逆性和匿名性，有可能成为知识产权人治不了的"隐痛"。区块链带给我们的喜忧将何去何从，很大程度上取决于技术的革新与进步，我们既不能因噎废食，裹足不前，也不能盲目乐观，故步自封，而要齐抓共管，扬善去恶，把区块链的好处最大限度地释放出来，将区块链的缺点最大限度地消除于未然。

区块链是治理知识产权违法的有效手段，在此意义上，区块链的"未来"可期；区块链在知识产权违法行为治理中的实际应用尚处于理论向实践转化阶段，实际应用中的痛点、难点还有待在实践中总结，在此意义上，区块链的"可期"尚未来到，即可期"未来"。这就要求我们针对区块链可期"未来"与"未来"可期的特点，在区块链的"可期"尚未来到的时候发扬敢闯敢干的精神，在先行先试中大踏步迈向新征程，让区块链的"未来"可期。我们要把区块"链动"知识产权治理现代化进程的责任记在心中、扛在肩上、落在实处，积极推进区块链与实体经济相结合，与知识产权产业相结合，与知识产权治理现代化相结合，俯下身子，迈开脚步，在实践中发现问题，在实践中总结问题，在问题解决中推动实践向改革深水区迈进，在培育新动能、创新科技成果转化机制方面继续发挥示范带头作用。

5.2 国内区块链推进工作进展

5.2.1 山东青岛：区块链＋实体产业打造创新应用高地

区块链被视为互联网之后可"再次改变人类生活"的核心技术之一。早在 2017 年，青岛链湾率先引入区块链，使得青岛成为最早发展区块链产业的城市之一。经过三年发展，青岛初步形成了区块链＋实体产业的发展模式，发展水平居全国前列。业内人士认为，抓好机遇，青岛有机会在区块链赛道上与"北上杭深"一争高下。

1. 解决企业难题迎来"新政"

在石墨烯行业深耕多年的高新企业——青岛瑞利特新材料科技公司从 2018 年开始在营销领域遇到了难题，传统的代理商销售方式已不能满足公司业务拓展的需要。针对同样的问题，岛城一家名为猎城网络的公司却轻松解决了。

究其原因，猎城网络是依托区块链技术才让难题迎刃而解。"用区块链打造了'智能营销系统'，它可以快速精准锁定分销领域，免去了传统经销商层层'铺货'带来的资金压力，进而有效地帮助企业控制营销渠道成本，"猎城网络董事长毛广收说，"使用这套系统后，瑞利特近两个月每月销量都有超过 30% 的提升，效果很明显。"

像猎城网络这样的区块链企业可以在青岛高新区申请高新技术企业

补贴，并且这个高新技术企业补贴是整个青岛市补贴力度最大的，三年可以拿到 60 万元。作为汇聚各类高端创新要素的"强磁场"，青岛高新区还与微软（中国）共同打造信息技术孵化基地，每年为区块链企业提供价值 10 万至 30 万元的微软云服务资源支持的同时，免费为入园项目提供创业导师、企业注册、补贴申请、人力资源、专家指导、水电物业等一系列配套服务，助力企业做大做强。

2. 综合实力向"全国引领"迈进

青岛市发展区块链产业较早，2017 年，青岛链湾发布白皮书，介绍了区块链创新发展模式、如何打造区块链创新产业生态平台等，链湾打造区块链产业生态由此发端。彼时，全国对区块链产业的关注才刚刚萌芽，链湾之前，只有工信部以及贵阳市政府发布过区块链相关白皮书。

最初阶段，由于受比特币和"币圈"影响，区块链以及从事区块链行业的"链圈"在过去较长一段时间内经常被误解。一些最早入驻链湾的企业，在早期都要经常向别人解释："我们是做区块链技术产业应用的，跟比特币无关。"

经过几年发展，青岛初步形成了"区块链＋"产业生态圈，区块链发展水平处于全国前列。2018 年底，赛迪（青岛）区块链研究院发布的《中国城市区块链发展水平评估报告》显示，青岛排名第八。这份报告从城市政策环境、科研实力、产业基础、资本支持等维度进行评分。排名前五位的城市分别为北京、杭州、上海、深圳以及贵阳。根据赛迪（青岛）区块链研究院研究结果，目前全国主要有四大区块链产业集聚区，其中之一的环渤海区块链集聚产业区内，青岛是重要支撑，辐射山东地区。

3. 产业已初现集聚发展态势

青岛区块链产业已初现集聚发展态势，市北区和崂山区是主要集聚地。在市北区大本营链湾，汇聚有 70 余家区块链企业，包括产业研究院、中检联浪潮质量认证平台、互信区块链应用中心、中航信华东研发中心、青岛基金港、中英金融科技孵化器以及尚疆智能科技、布比科技、PDX 等区块链底层技术项目。

4. 全力打造创新应用高地

根据发展方向不同，区块链企业一般分为两类：一是底层技术企业，二是上层应用企业。综观青岛这几年的发展情况，目前近百家区块链企业中，以上层应用开发企业为主，通过探索区块链技术与实体行业的深度融合，从而推动实体经济转型升级。

赛迪（青岛）区块链研究院院长刘权介绍，目前青岛本地企业中涉及底层技术的约有 2 ～ 3 家，主要围绕智能合约和共识机制，在其他企业技术基础上进行局部创新。加密算法、共识机制以及底层架构是区块链底层的三大关键核心技术。区块链底层技术企业目前主要分布于北京、杭州、深圳等地。

2018 年以来，区块链在越来越多场景中实现应用落地，但与"链圈"人的设想相比，这些场景还太少，区块链亟待在更多领域中取得应用突破。

在企业纷纷试水的同时，政府也在身体力行尝试"上链"。据悉，青岛相关部门正在推动试点探索区块链政务应用，通过政务"上链"实现各职能部门的数据互享互用，提高办事效率，从而让百姓"少跑腿"，同时利用区块链技术建立信用和资料档案，为信用社会提供依据。可以说，在利好政策的扶持下，"区块链＋"应用创新正成为引领青岛新一轮发展的动力。

下一步，在鼓励企业继续加强区块链理论研究和底层技术的突破创新的同时，青岛政府表示还将围绕政用、民用和商务领域的重大需求和主要痛点，推动区块链技术在政府管理、民生项目、跨境贸易、金融投资、企业信息化管理等行业开展先试先行，努力建设立足青岛、面向全国的区块链产业应用高地。

5.2.2 深圳宝安：区块链技术驱动工业互联网向工业互信网转型升级

作为一种数字技术，区块链在物联网、智能制造和供应链管理等多个产业领域正发挥着重要作用。

1. 区块链技术落地宝安，助力传统产业升级

宝安区是深圳的产业大区、智造强区，在推动区块链技术的研发和落地上有着强大的产业基础。2018 年 8 月，在宝安区科创局的指导下，

欣旺达电子股份有限公司（以下简称欣旺达）联合深圳点链科技有限公司等几家宝安科技企业成立宝安区区块链技术联合会，欣旺达为会长单位，目前联合会已吸纳正式会员 150 余家。区块链技术的应用，为宝安产业转型发展带来了全新思路。

行业龙头企业欣旺达是传统制造企业，对新一代信息技术及工业互联网与传统制造业深入融合，助力企业高质量发展的需求较为迫切。2018 年，欣旺达与深圳点链科技有限公司共同合作建成了链链通工业互联网平台，探索区块链技术在实体经济中应用落地解决方案。

区块链技术是如何服务制造业的呢？欣旺达相关负责人表示："区块链技术是互联网技术发展的一个新产品，具有公开、透明、可回溯、难篡改等特点，可以通过层层的消息回溯，直接证明和确认某一主体的所有行为，从而确定性地解决了信息真实问题。"他认为，过去的企业间交易、产品生产制造等环节中，往往存在数据篡改、不透明等情况，数据可信度无法甄别，易造成纠纷，而区块链技术正好解决了这一问题，在产能管理、品质管理、资金管理等方面提供技术支持。

在产能管理、品质管理方面，区块链平台同样发挥着重要作用。通过平台，欣旺达能够实现对供应商的产品完成情况和数据等信息的实时掌握，做好提前规划，进行产能余缺调节，产能管理有效提升了企业之间的协同能力的同时，也有效地保障了产品质量。过去一批产品如果出现了问题，往往需要花费至少一周时间才能寻找到品质问题根源，而且存在相互扯皮、推卸责任的情况，而借助平台的可追溯、难篡改特性，可以清楚了解到每一笔货的发货人、物料批次等信息，有效避免了争议纠纷的出现。

截至 2019 年年底，宝安区企业间的业务已累计开出由区块链技术支持的发票 3.6 万张，累计开票金额达 60 亿元人民币，发票开出可直接付款，加快货款回笼，提高资金使用效益。

2. 4000 余台设备上"链"，构建制造业"信用网"

链链通工业互联网平台利用区块链技术中的分布式记账方式、多方参与的共识机制、非对称加密和智能合约等多种技术手段建立强大的信任关系和价值传输网络，已深度融入传统产业中。

在欣旺达，生产线各个设备数据实时采集并联网上"链"，牢牢记录在云端，包括设备（生产线）稼动率（使用情况）、设备（生产线）生产产品合格率、生产产品计划完成情况、生产产品物料明细信息等方方面面，可以实现随时调用，供客户查验。截至 2019 年年底，150 家会员企业已实现了 4000 余台设备的上"链"，真正实现公开透明化，重塑生产制造流程。

3. 区块链＋供应链，助力宝安中小企业融资

区块链本质上是一种去中心化的分布式数据库，是分布式数据存储、多中心的点对点传输、共识机制和加密算法等多种技术的应用。

区块链在经济金融领域的一大应用就是纾解供应链上的应收账款沉淀问题。区块链可实现信用传递、债权资产电子凭证的流转真实有效，通过电子凭证流转实现支付、融资、清算，做到非现金支付，解决三角债问题。

融资难、融资贵一直是制约中小企业发展的一大瓶颈，而对于银行来说，由于对中小企业情况掌握不足，如企业经营情况如何、融资风险高不高等很难全面掌控，因此发放贷款顾虑重重。链链通工业互联网平台利用区块链技术有效解决了金融领域征信及办理金融贷款业务信任、风险控制、办理难度大等问题。企业只要入驻链链通工业互联网平台，生产、交易、债务等信息一目了然，银行就可以有效、及时地对企业进行评定，决定是否发放贷款。据介绍，目前该平台已经实现了多家银行的对接。

4. 扎实推进研究工作，探索应用场景

经过一年多时间的摸索，宝安区制造业在区块链应用场景的研究上已经取得了不小的成绩，在助力企业产能管理、品质管理、融资等方面都有了初步成效，成为推动宝安制造业产业转型的一股新力量。

关于如何抓住机遇，让区块链更好地为制造业发展赋能，宝安区区块链技术联合会还在进行一系列探索。例如，政府部门、国有企业使用该平台进行阳光采购，国有企业的上级主管部门使用该平台对国有企业经营规范性进行管理，并可用到政府采购招标等环节。该平台支持各种行业、技术与场景深度融合，除了关键核心技术的攻关，更需要区块链

平台建设与维护，促进更多应用落地服务制造业。

5.2.3   浙江台州：首创"物联网＋区块链"系统，破解治污难题

2019 年 12 月 15 日上午 9 时 55 分，一艘运污船驶入椒江中心渔港，将收集来的含油废水倾倒入岸边一个巨大的"黑盒子"中。随即，"黑盒子"的数字显示屏上出现详细信息：2019 年 12 月 15 日 9 时 55 分，含油废水，110 千克。这个"黑盒子"是一个回收装置，叫"海洋云仓"，运污船工作人员把收来的危险废弃物全部交给它来处理，方便又高效，两天时间就回收了近 4 吨含油废水。"

危险废弃物的回收处置，是打赢污染防治攻坚战的重点和难点，浙江台州在全省首创"物联网＋区块链"回收系统，找到了破解之法。

"海洋云仓"能够自动记录投放污染物的时间、数量和种类，并对投放的污染物进行浓缩过滤等减量化处理，是台州危废系统的回收装置之一，也是该系统的物联网终端。该系统的应用解决了危废传统处理模式中收集处理不及时、分类处理成本高等痛点。

"海洋云仓"的另一个作用是分析、计算减量后的污染物种类和总量，然后规划运送路径，将这些污染物靶向运送到有相关资质的处置企业。

"过去，危险废弃物都是不定时多批次转运到我们公司，现在可以一次性从源头直接运到生产厂区，我们提前知道数量和运输时间，可以合理地安排生产计划。"浙江绿保再生科技有限公司负责人说。随即，该负责人登录"物联网＋区块链"回收系统，系统显示：台州市椒江区 12 月预计产生 220 吨含油废水，将于 12 月 21 日运输 30 吨、30 日运输 27 吨。有了系统支持，处置企业可以提前了解产废量，合理安排仓储、生产计划，大幅降低成本，提升处置效率，相比传统流转方式节约人力 94%、减少费用 84%。

在全过程的数据监管上，"物联网＋区块链"回收系统引入区块链技术，让危险废弃物全流程信息可视化，并将危险废弃物与其运输、处置、监管、市场等关联方链接起来，实现危废低碳化、标准化、安全化回收处置。

5.2.4　广东深圳：首个医保区块链电子票据服务平台上线

从深圳市财政局获悉，为加快推进财政医疗电子票据管理改革，2019 年 12 月，深圳市财政部门与深圳市医保部门通力配合，通过应用区块链技术，成功上线应用深圳市医保区块链电子票据服务平台，实现医保部门与财政部门、医疗机构之间的信息互联互通，为群众网上办理医保报销提供便捷、高效的服务。这是广东省内首个上线应用的医保电子票据管理平台，也是深圳市着力建设中国特色社会主义先行示范区，构建"病有良医"配套体系的重要一环。

据悉，深圳市医保区块链电子票据服务平台上线应用，创新了医疗收费电子票据在医保部门资金结算、业务监管、票据存储、报销入账等方面的应用。

其一，实现了就医费用网上报销入账。据介绍，该平台通过引入区块链技术，打通了医疗收费电子票据系统在深圳医保部门、医疗机构及财政部门之间的数据共享和应用渠道。借助电子票据在区块链上具有防伪可信、不可篡改等特征，为医疗收费电子票据报销提供了安全可靠的保证，可在线实时验证票据的真伪，实现网上报销入账，使得报销审批工作更加准确、方便、高效。

其二，该平台还实现了对医疗收费电子票据的全生命周期智能化监管。即通过区块链的智能合约将电子票据的生成、传送、存储及社会化应用全程"上链"，实现操作有痕迹、过程可跟踪、结果可追溯的全生命周期智能监管新模式，同时也为医保电子票据大数据大面积应用夯实了基础。

与此同时，该平台还可进行自动核算，实现精准报销。区块链电子票据服务平台的应用，改变了传统审核结算单以及纸质票据的方式，可通过读取电子票据数据进行核算，无须打印，取之即用，经办系统改造后可通过该系统自动核算，提高医保报销的效率和精确度。

此外，基于区块链安全可靠、防抵赖、全流程数字化跟踪等特性，建立报销入账信息统一反馈平台，形成医疗机构—医保—财政入账信息的实时同步，通过技术手段防止重复报销现象的发生。同时电子票据以数字档案的方式长期存放、灵活调取，避免了烦琐的仓库存放、人工查找等，减少了纸质票据存储，很大程度上实现了低成本和绿色环保运营。

下一步，深圳市财政局、深圳市医保局将继续深化应用区块链医疗电子票据在医保领域的应用，通过与"i 深圳"等政务服务入口对接，优化医保政务服务，实现医保报销审核的"全流程网办＋秒批"，为市民生活带来更多福祉。

5.2.5　广东深圳：前海区块链税务管理服务云平台上线

2020 年 1 月 10 日，深圳市前海税务局党委书记、局长陈维忠宣布，前海区块链税务管理服务云平台正式上线试运行。上线当天，顺诚融资租赁（深圳）有限公司成为第一位登录该平台的纳税人。"我试用了该平台的'一链申报'功能，在上传财务数据之后，平台自动根据财务数据信息生成申报表，确认后直接就可以申报了，非常方便！"该公司办税人员张峥说。

除了"一链申报"，该平台还上线了数据上链、税企互动等多个功能，后续还将推出智能咨询等功能。在体验"超限量发票领购申请"功能时，共识传媒（深圳）有限公司办税员田甜女士发现，如果申请资料不全，只需要通过云平台上传资料，再也不需要特地跑到税务局补交资料了。"这样一来，不但纳税人节省了时间、精力，税务人员也可以及时反馈，即时审批，给双方都带来很大便利。"

"这个平台与电子税务局最大的区别有两点，一个是实现了政府部门间的信息共享，云平台将企业、税务、政府监管部门链接起来，形成齐抓共管的局面，而不仅仅是税务系统内部的单独系统；另一个是由于利用了区块链多中心、不可篡改的技术特征和优势，再加上运用国产操作系统——麒麟云桌面，数据防伪防篡改的级别更高了，这对征纳双方都很有好处。"前海税务局征收管理科科长江曼鹏介绍说。

据了解，该平台具有三大优点：第一是税企实时互动。通过云平台，纳税人与税务机关实时在线互动，税务机关可为目标纳税人精准推送政策介绍，及时为纳税人普及政策。第二是打破办税界限。纳税人可在线办理纳税申报、发票申请、退税申请、对外支付备案、优惠备案等业务，税务部门可远程进行资料核查补正、账务查询、情况核实等，所有业务资料全程留痕，不可篡改。第三是政务监管协作。前海税务部门与前海自贸片区各执法、监管部门实现互联互通，各部门可在线加密传递文书、函件、资料，实现工作实时互动、协作，以跑"网路"代替跑"马路"，有效提升整个前海片区的政务管理效率。

"目前云平台已正式开始试运行，我们会不断完善平台功能，下一步配合人脸识别等技术，通过云平台，纳税人可在世界任何一个有网络的地方办理前海的税收业务。"据前海税务局党委副书记、副局长万春生介绍，以云平台上线为契机，该局将按照三年规划实现以简约办税、集约征管、精准风控、数字管税为目标的"前海税收模式"：第一年（2020年）建设、优化云平台，实现数字管税；第二年（2021年）变革征管、纳服、风控流程，实现简约办税、集约征管、精准风控；第三年（2022年）巩固提高，建成引领示范的前海税收模式。

5.2.6 雄安新区：首个财政建设资金管理区块链信息系统上线运行

为有效避免资金截流、挪用、拖欠等问题，保障建设者的合法权益，雄安新区联合中信银行、工商银行、建设银行等单位，在多个科研团队、数百名研发人员协同攻关下，搭建了一套技术领先、安全可信的区块链系统——财政建设资金管理区块链信息系统。该系统能够发挥区块链上链数据不可篡改、可追溯等特点，将资金及时、足额支付到建设者、材料供应商的账户，在有效保证资金安全高效运行的同时，也在创造"雄安质量"、建设"廉洁雄安"方面做出了新的实践。

2020年1月20日，该系统上线运行，在雄安新区党工委委员、管委会副主任吴海军，雄安新区首席信息官张强以及雄安新区改革发展局、雄安集团、商业银行、项目承建单位等相关负责人的见证下，该系统成功完成了建设者工资和供应商材料款的穿透式支付。

第一笔建设者工资款，在完成全部信息上链后，经过总包公司账户、劳务分包公司账户以及建设者工资账户，跨行穿透支付，10分钟内，36万元工资款发到29位建设者的工资卡中。第二笔5万元工程材料款，同样经过多级跨行账户穿透支付，在15分钟内到达材料供应商的账户中。

这标志着雄安新区在区块链应用落地方面取得了重大突破。

据了解，雄安新区财政建设资金管理区块链信息系统的上线也是雄安新区金融科技协同创新发展的第一步。后续，各家商业银行、金融科技企业、科研院所将在前期合作的基础上，共同探索科技助力金融服务创新的新路径和新模式，为参与新区建设发展的企业提供便捷、高效、可及的金融服务，助力新区打造金融科技发展的全国样板。未来，雄安新区将强化政策引导，不断拓展区块链在住房租赁、住房公积金、社保养老、居民理财、医疗、社保、电子票务等场景的应用，并在要素流通机制、新型生产关系、要素资源配置、产业集聚发展模式等方面积极探索，持续打造数字经济发展的创新生态。

5.2.7　雄安新区：区块链技术保障外来务工人员工资支付

雄安新区大规模开发建设已全面展开，大量外来务工人员来到新区参与建设。为全面落实中央、河北省关于根治拖欠外来务工人员工资工作要求，雄安新区充分运用区块链等信息化手段实现工资透明支付，保障了广大外来务工人员的劳动报酬权益。

区块链资金管理平台的一项重要功能就是对外来务工人员劳务工资拨付情况进行监管，工资拨付时间、金额以及人员信息在这里一目了然。区块链资金管理平台依靠银行拨付信息上链，全程链上留痕工资发放情况，实现外来务工人员工资透明拨付。

平台负责人介绍，每月 15 日下午是规定的各建设单位给外来务工人员发工资的最后期限。如届时仍未发放，新区的区块链智能合约就会自动触发代付机制，自动从建设单位预存的工资保证金中将工资划拨到外来务工人员工资账户，实现无感支付。未按时发放工资的建设单位还会被问责。

雄安新区还利用 BIM 管理平台直接与参建责任主体人员实名制系统、银行劳务用工工资系统、考勤系统等对接，掌握源头数据并作比对，实现了对劳务用工人员工资发放情况的监管。此外，通过人脸识别、监控、定位技术实现人员进出场、考勤到岗、劳务人员实名制的全面监管，同时把企业发放工资的账户和外来务工人员工资账户，通过银联通道直接打通，保证了工资的及时发放。

截至目前，雄安集团已对 76 个项目应用区块链平台进行项目管理和资金流监管，累计上链企业 1843 家，管理资金约 36 亿元。2019 年以来，雄安集团累计发放外来务工人员劳务工资约 2 亿元，累计发放人次已达 11.5 万次，在建项目外来务工人员工资均支付正常。

5.3　国外区块链推进工作进展

从全球来看，欧美各国政府目前对区块链应用尝试的热情都非常高。2018 年 4 月，包括法国、德国、挪威、西班牙和荷兰等在内的 22 个欧盟国家宣布建立新的欧洲区块链合作伙伴关系，目标是希望欧洲在分布式账本技术获得前沿优势，欧盟官员表示未来所有公共服务都将使用区块链技术。表 5-1 列出的是部分国家的政府部门应用区块链项目的情况。

表 5-1　部分国家的政府部门应用区块链项目的情况

国家	领域	简况
加拿大	旅客身份识别	生物识别和区块链技术在民航的应用，加速通关
美国	数据保护，政府采购	政府数据保护与安全，政府采购流程
韩国	关税	区块链实时共享信息，防止走私和贸易融资欺诈
日本	政府招标，土地登记	政府项目招标的区块链平台，将房地产和土地登记统一到一份账单上
芬兰	社会保障	就业办公室在所有中介服务系统中查看就业的进展，确认员工是否符合福利标准
瑞典	土地产权交易	瑞典土地登记处 Lant teriet 正式开始利用区块链技术进行土地和房地产登记
丹麦	社会保障	对外救援资源分配，摆脱中介机构
爱沙尼亚	电子身份	电子居留项目使用电子身份证号码享受线上服务，全球 27000 人成为爱沙尼亚电子公民
俄罗斯	选举	建立总统选举区块链投票站
泰国	银行间结算	泰国中央银行将数字货币作为银行间交易的清算结算方式

续表

国家	领域	简况
乌克兰	电子政务、房地产交易	在政务电子服务流程、跨境支付、房地产交易市场中运用区块链
英国	档案管理、太阳能、慈善捐献	投入 1000 万英镑在国家档案馆实施基于区块链的记录共享
荷兰	废物治理	将区块链和移动应用程序相结合，消除废物治理流程中人工监督的环节
法国	传统证券交易	使用区块链支持交易特定传统证券
墨西哥	政府招标	将公开招标信息输入智能合约，信息透明，公开验证
巴西	身份认证	以区块链系统存证婴儿出生信息的记录
智利	能源	将数据提交给公开的以太坊账本，追踪能源部门的统计数额
缅甸	小额信贷交易	缅甸最大的小额信贷机构 BC Finance 正与日本公司在区块链上的交易方面展开合作
新加坡	国际支付业务	新加坡金融管理局已经与加拿大银行合作，并通过两家央行发行的加密令来测试和开发跨境支付解决方案
巴林	车辆登记	降低维护车辆登记数据的成本

5.3.1　加拿大的私营部门正积极拥抱区块链

加拿大新的"服务和数字政策"（*Policy on Service and Digital*）对该国政府服务未来的方向进行了概述，其中区块链技术和人工智能是帮助推动政府部门数字化转型的首选技术。加拿大数字政府部长乔伊斯·默里（Joyce Murray）表示："通过使用现代化手段来运营政府，同时提高我们创新和试验新技术和解决方案（如人工智能和区块链）的能力，加拿大人将能够获得易用、安全且高质量的政府服务，最重要的是，整个政府服务将以服务对象为中心。我们正在默默努力，在设计和交付方面真正做到以客户为中心，为加拿大人提供更好的服务。"该政策已于2020 年 4 月生效。

德勤（Deloitte）在 2018 年进行的一项调查发现，加拿大的公司对区块链最为友好。年创收在 5 亿美元以上的公司的 1000 多名高管参与了这项调查，其中 51% 的加拿大公司高管表示，他们的公司目前正在投入区块链技术，而美国这一比例仅为 24%。

5.3.2　美国在区块链技术方面的发展

整个美国都在积极地研究区块链，并且对区块链持乐观态度。

在区块链技术的应用方面，美国将区块链和金融的结合作为重点，但在其他领域，区块链技术也在不断延伸。

在零售方面，亚马逊用区块链技术来记录交易，并且支持数字货币支付。

在航天方面，美国国家航空航天局（NASA）正在开发使用区块链技术的航天器。

在医疗方面，美国国会溪谷热（Valley Fever）疾病工作组打算利用区块链技术更好地保护患者隐私。

在养老方面，美国准备推动养老金进入币市。

在影视方面，好莱坞采用区块链技术对电影进行分发，打算利用区块链技术来打击盗版。

在国防方面，美国国防部正在尝试利用区块链技术创建一个黑客无法入侵的安全信息服务系统。

甚至在美国拥有 30 万会员的美国夜生活协会（ANA），也在推进使用数字货币进行交易。

尽管上述领域对区块链技术的运用大多仍在试验阶段，有的甚至还处在论证阶段，但不管最终效果如何，美国几乎将区块链技术加入了市场上能看到的所有领域。

同时，美国高新技术企业大力支持区块链技术发展，从开始的区块链创新公司 R3 联盟、Tether 公司到硅谷巨头，都将精力放在了区块链的技术研发上。

5.3.3　德国推进人工智能与区块链战略

2019 年，德国科技政策呈现出四大亮点：

一是围绕 2018 年出台的《高科技战略 2025》制定后续政策。如启动"抗癌十年计划"；支持氢能、合成燃料以及电池领域的研究，以应对气候变化和能源转型；实施"自动驾驶"行动计划等。为了给科技政策制定提供更好的依据，教研部重点资助了 18 个战略前瞻性未来科研项目，分布在人工智能、虚拟现实、数字平台系统、创新进程治理等六大课题中。

二是大力推进人工智能技术发展。针对德国 2018 年底推出的《联邦政府人工智能战略》，2019 年联邦政府拨款 5 亿欧元用于人工智能领域的研究和应用。经济部再出资 1.5 亿欧元用于人工智能领域研发的奖励机制，同时鼓励业界投资人工智能研究。教研部还将人工智能选为 2019 年科学年的主题，推动社会各界就人工智能进行更广泛的交流。着眼于人工智能发展必需的数据源，德国还推出欧洲数据云计划"GAIA-X"，同时推进科学数据基础设施建设，选定 30 家科学数据中心，未来 10 年每年资助 8500 万欧元。

三是发布《联邦政府区块链战略》，采取 44 项措施在德国推广区块链技术；出台首个《国家继续教育战略》，加强数字化时代的人才培养；更新此前的《数字化战略》，首次明确加强政府数据管理、建设安全高效的政务网络基础设施等 9 项任务；加强构建高校和研究机构数字化设施和网络。德国教研部启动"量子网络"资助倡议，计划到 2022 年投入 6.5 亿欧元，在本国建设一个量子通信示范网。另外，德国出台了《气候保护计划 2030》，希望到 2030 年德国温室气体排放比 1990 年减少 55%。为此，德国将投入上千亿欧元发展气候友好型经济，包括实施氢能战略，对电池生产、二氧化碳的储存与利用等领域提供研发资助等。德国政府还通过总投资达 400 亿欧元的《结构强化法》，推进基于能源和气候政策的结构改革。

四是继续增加高校和科研机构的投入。联邦政府通过精英战略投入 5 亿欧元支持 10 所精英大学和 1 个精英大学联盟，促进大学尖端科研；

资助 1000 个终身教授席位改善年轻学者的职业晋升渠道。联邦和地方政府签署第四期《研究与创新公约》，从 2021 年至 2030 年，将共同为德国大学以外重要科研机构提供总计 1200 亿欧元的科研经费支持。

5.3.4　韩国各地为数字货币和区块链发展而努力

韩国对区块链的发展在政策和资源倾向上出现利好转变。特别是济州岛、釜山、首尔等地区的政府单位和企业为数字货币和区块链技术的发展正竭尽全力进行开发和合作。

1. 济州岛

据韩国媒体 ZDnet 报道，韩国济州特别自治道于 2019 年 8 月 13 日举行关于国际区块链中心城市的研究服务的准备报告会议。会上宣布将在 12 月之前投入 1.7 亿韩元，以进行建设国际区块链中心城市的研究工作，并且希望通过此次投资，能够开发出基于区块链的服务模板开发与运营战略方针。

济州特别自治道未来战略局局长 Rho He Sub 对此次济州特别自治道的区块链发展投资表示："此次项目负责公司，开发出区块链技术的潜力，将引导济州特别自治道向着区块链中心城市前进。"这不是韩国济州特别自治道第一次对区块链城市开发表现出渴望。2018 年，韩国济州特别自治道知事元喜龙最先提出将济州特别自治道发展成区块链中心地。济州特别自治道是和韩国其他市、道一级地方政府截然不同的自主性地方政府，受自己的法律制度约束。元喜龙在 2018 年 6 月 13 日地方选举前对选民说，尽管中央政府禁止发行代币，但他准备支持那些希望发行代币的济州特别自治道公司——如果有必要的话，使用济州特别自治道的特殊法律地位。他以独立候选人的身份参选，赢得了 51.7% 的选票。他还承诺创建一个"区块链区"，以及一种名为"济州币"（Jeju Coin）的数字货币，并批评政府的加密货币政策"迫使许多韩国企业和企业家去海外吸引投资"。

2. 釜山

2019 年 7 月 24 日，韩国中小风投企业部选出 7 个特区，脱离韩国现有限制进行创新技术测试，并且将孵化关联企业。其中针对发展区块链的特区为韩国釜山，其余 6 个地区为江源（数字医疗）、大邱（智能健康）、全南（E-mobility）、忠北（智能安全）、庆北（电池回收再利用）、世钟（无人驾驶）。该部门表示，此次通过选定 7 个特区，将在未来 4 到 5 年内创造约 5.78 亿美元的销售额和 3500 个岗位，引进 400 家企业。

3. 首尔

2019 年 3 月 18 日，韩国新韩银行与韩国通信巨头公司 KT 一起合作开发基于区块链的首尔市地区数字货币。此为先前参加竞选首尔市市长的朴元淳市长的攻略。韩国新韩银行和 KT 公司的合作可视为参加攻略项目。

为了开发首尔地区数字货币，新韩银行和 KT 公司早在 2018 年 8 月就签署了谅解备忘录。其主要内容是将两家公司的特点融为一体，开发新项目。两家公司准备推出金融和通信信息技术（ICT）相融合的地区数字货币。因新韩银行从 2019 年开始运营管理首尔市的市金库，所以对此地区数字货币的账户和业务管理上拥有巨大优势；新韩银行不仅可以管理区块链账户，还可参加首尔市区块链的节点。其实早在 2018 年，韩国芦原区已经开发出基于区块链的地区数字货币。该数字货币开发结束后，为芦原区志愿者提供该数字货币作为回报。该数字货币可在现实生活中作为支付手段使用，已有 280 个加盟店加入其中。

5.3.5　日本在前方引领区块链发展

据在日本首屈一指的报纸《日经指数》报道，日本的区块链潜在市场规模可达 67 万亿日元，其中大约一半来自个人之间的互联网交易以及合约管理。长期以来，由于对区块链技术的潜力缺乏了解，该技术一直处于边缘化的状态。

在金融系统中引入技术会面临许多障碍，但是日本在调整监管以适应区块链方面已经取得了进展。首先，日本通过修正《银行法》，降低了国内银行在其他公司中的资本持有率，使国内银行更容易投资或收购金融科技公司。其次，2016 年 3 月，日本内阁批准了一系列法案，承认像比特币这样的虚拟货币具有"类似于真实货币的功能"。

在金融系统中使用区块链的好处不仅在于安全性和易于操作性，而且通过使用该技术，银行可以降低成本，提高整体利润，提高投资者的回报率以及改善客户体验。虽然巴克莱完成了第一次贸易区块链的交易，但是当谈到打破虚拟货币相关的法规时，则是日本走在引领区块链发展的最前端。

5.3.6　意大利加速推进区块链发展

2019 年 2 月，意大利参议院宪法事务和公共工程委员会通过了一项关于区块链和智能合约的修正案草案。该修正案明确了政府所认为的加密货币和区块链技术的法律地位，还提供了智能合约等基本行业术语的定义。

意大利政府不希望在国家政策适应区块链技术的国际竞争中落后，经过一段时间的平静后，颁布了一项名为"*Decreto Semplificazioni*"的法令，旨在保护和规范加密货币和分布式账本技术的法律地位。该法令还规定，意大利政府将承认区块链技术作为合法工具，用于核实在该国签署的文件和合同的登记时间。

前几年，意大利政府在加密货币的发展过程中并没有发挥重要作用。然而，随着区块链技术和应用场景持续被突破和发现，区块链应用前景被广泛看好，意大利政府对于区块链技术的态度有所转变，采取了一些措施。

2018 年 12 月，意大利经济发展部选择了 30 个不同领域的专家来制定国家区块链战略。这份成员名单展示了商业、学术研究、计算机科学和法律等领域的专业知识库。当然，所有成员都具备区块链技术的相关知识和经验。

在此之前，意大利已与另外六个欧盟国家签署了一项联合声明，表示将采取区块链的方式来改变本国经济，以实现经济转型。目前，意大利银行协会已完成了区块链技术银行间系统首次测试。

第6章 "区块链＋"的技术运用及产业创新发展

习近平总书记在主持中共中央政治局第十八次集体学习时指出，区块链技术应用已延伸到数字金融、物联网、智能制造、供应链管理、数字资产交易等多个领域。目前，全球主要国家都在加快布局区块链技术发展。我国在区块链领域拥有良好基础，要加快推动区块链技术和产业创新发展，积极推进区块链和经济社会融合发展。

习近平指出，要抓住区块链技术融合、功能拓展、产业细分的契机，发挥区块链在促进数据共享、优化业务流程、降低运营成本、提升协同效率、建设可信体系等方面的作用。要推动区块链和实体经济深度融合，解决中小企业贷款融资难、银行风控难、部门监管难等问题。要利用区块链技术探索数字经济模式创新，为打造便捷高效、公平竞争、稳定透明的营商环境提供动力，为推进供给侧结构性改革、实现各行业供需有效对接提供服务，为加快新旧动能接续转换、推动经济高质量发展提供支撑。要探索"区块链＋"在民生领域的运用，积极推动区块链技术在教育、就业、养老、精准脱贫、医疗健康、商品防伪、食品安全、公益、社会救助等领域的应用，为人民群众提供更加智能、更加便捷、更加优质的公共服务。要推动区块链底层技术服务和新型智慧城市建设相结合，探索在信息基础设施、智慧交通、能源电力等领域的推广应用，提升城市管理的智能化、精准化水平。要利用区块链技术促进城市间在信息、资金、人才、征信等方面更大规模的互联互通，保障生产要素在区域内有序高效流动。要探索利用区块链数据共享模式，实现政务数据跨部门、跨区域共同维护和利用，促进业务协同办理，深化"最多跑一次"改革，为人民群众带来更好的政务服务体验。

区块链通过数学原理而非第三方中介来创造信任，可以大大降低系统的交易、维护成本。区块链技术能够广泛服务于知识产权、文化艺术、新基建、数字资产交易、环保、旅游、茶叶科技、金融供应链、能源、餐饮、地产、保险、水务、大宗商品交易、检验检测等众多领域。当今社会几乎所有行业都涉及交易，都迫切需要诚信可靠的交易环境作为行业健康发展的支撑。对于数字金融机构而言，区块链能够使对账、清算、审计等线上环节的运营和人力成本大大降低；对于非金融行业，区块链能够减少价值链各环节的信息不对称以及各行业间的信任问题，从而提升协作效率、降低整体交易成本；对于个体而言，区块链能够使陌生的双方或多方跨越物理距离的限制，在网络上不仅仅传递信息，更能够安全地传递价值，从而创造更多供给与需求。"区块链＋"的技术运用及产业创新发展如图 6-1 所示。

回顾 2019 年，面对国内外风险挑战明显上升的复杂局面，在以习近平同志为核心的党中央坚强领导下，各地区各部门以习近平新时代中国特色社会主义思想为指导，全面贯彻党的十九大和十九届二中、三中、四中全会精神，按照党中央、国务院决策部署，坚持稳中求进工作总基调，坚持新发展理念和推动高质量发展，坚持以供给侧结构性改革为主线，着力深化改革扩大开放，持续打好三大攻坚战，统筹稳增长、促改革、调结构、惠民生、防风险、保稳定，扎实做好稳就业、稳金融、稳外贸、稳外资、稳投资、稳预期工作，经济运行总体平稳，发展水平迈上新台阶，发展质量稳步提升，人民生活福祉持续增进，各项社会事业繁荣发展，生态环境质量总体改善，"十三五"规划主要指标进度符合预期，全面建成小康社会取得新的重大进展。2015—2019 年国内生产总值及其增长速度、国内生产总值相关图解分别如图 6-2、图 6-3 所示。

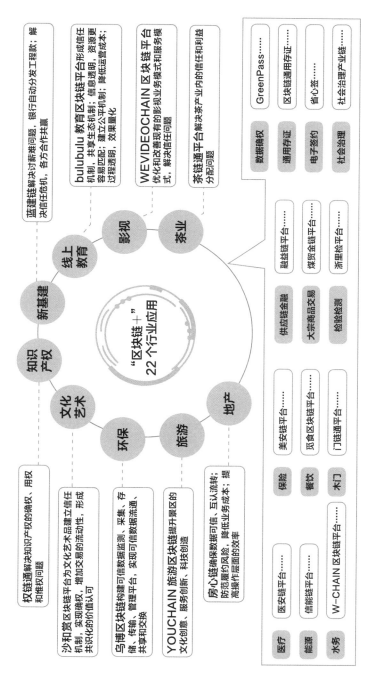

图 6-1 "区块链＋"的技术运用及产业创新发展

图 6-2　2015—2019 年国内生产总值及其增长速度

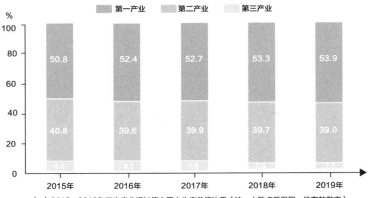

（a）2015—2019年三次产业增加值占国内生产总值比重（注：小数点后保留一位有效数字）

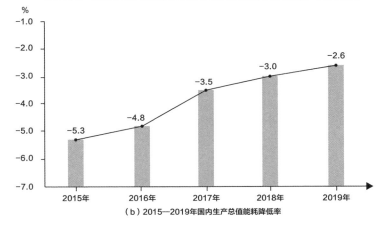

（b）2015—2019年国内生产总值能耗降低率

图 6-3　2015—2019 年国内生产总值相关图解

初步核算，2019 年全年国内生产总值 990865 亿元，比上年增长 6.1%。其中，第一产业增加值 70467 亿元，增长 3.1%；第二产业增加值 386165 亿元，增长 5.7%；第三产业增加值 534233 亿元，增长 6.9%。第一产业增加值占国内生产总值比重为 7.1%，第二产业增加值比重为 39.0%，第三产业增加值比重为 53.9%。全年最终消费支出对国内生产总值增长的贡献率为 57.8%，资本形成总额的贡献率为 31.2%，货物和服务净出口的贡献率为 11.0%。人均国内生产总值 70892 元，比上年增长 5.7%。

2020 年的新冠肺炎疫情对经济的发展产生了一定的影响，在新冠肺炎疫情防控关键阶段，中国多个省市发布了 2020 年的重点项目投资计划。

2020 年 2 月 20 日，河南省发布 980 个 2020 年重点建设项目，总投资 3.3 万亿元，2020 年计划完成投资 8372 亿元，涵盖了产业转型发展、创新驱动、基础设施、新型城镇化、生态环保、民生和社会事业六大领域。

2020 年 2 月 23 日，在云南省新冠肺炎疫情防控工作第十五场新闻发布会上，云南省发改委固定资产投资处处长郭金华表示，2020 年云南将推出 525 个重点项目，总投资约 5 万亿元，2020 年计划完成投资 4400 多亿元。

2020 年 2 月 25 日，福建省发展和改革委员会发布了《关于印发 2020 年度省重点项目名单的通知》，确定 2020 年度福建省重点项目 1567 个，总投资 3.84 万亿元。其中在建项目 1257 个，总投资 2.97 万亿元，年度计划投资 5005 亿元；预备项目 310 个，投资 0.87 万亿元。

而在 2020 年春节前，四川、重庆、陕西和河北等省市已经发布了本年度重点项目投资计划。2020 年，四川省重点项目 700 个，计划总投资约 4.4 万亿元，年度预计投资 6000 亿元以上；重庆市重点项目 924 个，总投资 2.72 万亿元，年度计划完成投资 3445 亿元；陕西省重点项目 600 个，总投资 3.38 万亿元，年度投资 5014 亿元；河北省重点项目 536 个，总投资 1.88 万亿元，年计划投资 2402 亿元。

仅从这 7 个省市公布的重点项目投资计划来看，总投资已经接近 25 万亿元，2020 年度计划完成投资也近 3.5 万亿元。另外，其他省份也公布了重点项目清单，比如浙江省发改委有关负责人接受媒体采访时表示，为深入推进长三角一体化发展战略落地落实，支撑重大标志性工程实施，浙江未来将重点推进 200 多个重大项目建设，总投资超 2 万亿元，2020 年计划投资约 3000 亿元。

区块链借助其原有的万亿级市场规模，有望在 2020 年取得巨大突破！从产业发展角度来看，这不仅仅是"1024 会议"明确国家战略后，国家对区块链产业应用落地场景的一次重要政策加码，更意味着区块链在国家重要支柱性产业中的作用和地位得到进一步提升，是推动区块链与实体经济融合的重大战略部署之一。

以中央一号文件为例，2020 年的中央一号文件《关于抓好"三农"领域重点工作确保如期实现全面小康的意见》中首次将区块链放在了人工智能和 5G 的前面，区块链应用场景还涵盖了农产品物流、溯源、供应链管理等多个领域，如图 6-4 所示。2020 年中国农产品物流总额将突破 4 万亿元。

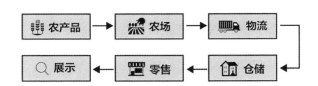

每批次农产品区块链码ID唯一,运用区块链技术对每条信息进行述职签名,实现溯源

去中心化分布计算,容器化管理,人工智能风控

| 信息记录 | 价值传递 | 信息追踪 | 动态组网 | 方位参与 | 数据隔离 |

图 6-4 "区块链＋"的技术运用

随着区块链及相关产业的加速发展，中国将领跑全球进入"区块链可信数字经济社会"，我们也正面临着前所未有的重大的区块链产业机遇。区块链不仅仅是技术，更重要的是区块链提供了重构和优化商业组织的机会，适用于各种产业。区块链技术给各行各业带来了新的发展机遇，其构建的可信机制，将改变传统产业模式，从而引发新一轮的技术创新和产业变革。

在具体落地方面，区块链技术将循序渐进应用于各个产业，目前则更适合落地于价值链长、沟通环节复杂、节点间存在博弈行为的场景，例如知识产权、新基建、环保、旅游、金融等。区块链将提升跨主体协作的效率、降低相应成本，是对传统信息技术的升级和现有商业环境的优化。目前一些企业内部使用的传统信息技术（例如 OA、ERP、CRM 等系统）在企业内部的沟通协作中已经显示出一定的便利与高效，这些已经建立或者可以通过线下建立信任的场景对区块链的应用需求不是很迫切，可以后期循序渐进分步实施。但是在跨企业、跨主体的场景中，尤其是在一些产业链协同作业过程中，由于互信机制的缺失，目前仍然大量依赖人力、物力进行沟通协作。在这种情况下，区块链技术能够通过保持各主体间账本的安全、透明和一致，切实降低各参与方的信息不对称，解决各合作主体间的信任问题，这些产业也迫切需要区块链技术。

区块链也是构建未来数字基建的信任基石，将加速数字基建的进程。同时，区块链真正的价值一定体现在产业端，无论是提高效率、实现价值分配、增进信任，还是降低沟通成本等。

下文我们将以知识产权、文化艺术、新基建、影视、环保、旅游、茶叶科技、供应链金融、能源、水务、餐饮、地产、保险、大宗商品交易、检验检测、木门、社会治理等二十多个区块链实际应用场景为例，讨论区块链究竟如何为实体经济赋能。这些都是本书各位作者已经开发实施或者正在开发实施的区块链场景应用，相信对各位读者会有一定的帮助和启发。同时也希望各位读者多与我们联系，共同推动区块链在各个行业更多更好地应用！

6.1　区块链＋知识产权的行业应用

6.1.1　知识产权产业链分析及运用场景

简单来说，知识产权（intellectual property，IP）就是权利人对所创作的智力劳动成果所享有的财产权利，它的核心本质就是为了证明是谁在什么时间创作了什么样的劳动成果。企业或个人投入大量的人力、物力和财力研发新产品，这些产品包括有形的产品，也包括无形的产品。如果企业或个人不对这些知识产权进行有效保护，那么市场上的不良竞争对手便会通过模仿、复制等不正当手段低成本地获得知识产权，从而生产出新产品参与市场竞争，甚至导致"劣币驱逐良币"的现象发生，所以保护企业或个人的知识产权问题显得尤为重要。可是由于传统登记的第三方认证方式的局限性，过去一直存在确权难、盗版严重、公开性差、成本高等诸多问题。而区块链技术作为一种分布式账本技术，优势正是分布式、防篡改、可信任、不可逆、去中心化、公开透明，一旦完成记录就会永远存在并且无法更改。正因如此，区块链将是知识产权保护的完美解决方案。区块链技术的目的之一是通过将数字资产和所有者身份拥有权以智能合同的形式保存在不可篡改和可以清晰追溯的区块链上，在原作与所有权信息之间建立不可磨灭的"联系"，以确保相应知识产权的保护。

现如今，知识产权已经成为经济全球化背景下的制高点，一方面可以使个人、企业获得超额利润，另一方面也是国际竞争的焦点。从研究角度 IP 可以分为硬 IP 和软 IP，硬 IP 是基于技术领域的专利，软 IP 则侧重文化和艺术领域，包括影视、文学、艺术、形象符号等等。从产业链角度横向划分，IP 产业可以分为版权、商标、专利、商业秘密、植物新品种、特定领域知识产权等多个细分子行业；纵向划分，IP 产业可以分为确权、用权、维权三个环节。IP 产业链如图 6-5 所示。

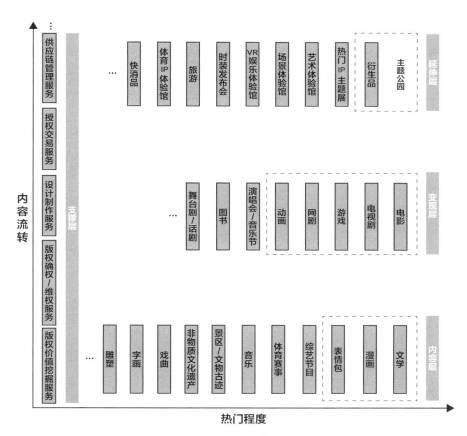

图 6-5　IP 产业链

　　据 License Global 统计，仅在授权商品领域，全球授权商品的零售额就超过 2600 亿美元，而我国仅占全球总额的 3%，可见我国 IP 授权行业增长潜力巨大。

　　在我国社会经济中，文化产业已成为非常重要的组成部分，而其中的文化 IP 作为核心关键力量正处于发展机遇期。仅以与中国文化 IP 联系最紧密的版权产业为例，2017 年中国版权产业的行业增加值超过 6 万亿元，占全国 GDP 的 7.35%。从 2013 年至 2017 年，我国版权产业的行业增加值从 42725.93 亿元人民币增长至 60810.92 亿元人民币，5 年间产业规模增长了 42%。

　　从政策环境看，我国政府高度重视文化产业，仅 2019 年就持续出台多项相关政策（见表6-1），进一步引导鼓励产业发展，在财税金融、营商环境、公共服务等方面为文化产业相关企业提供切实帮助，激发文化产业结构多样性，同时鼓励社会资本投入，这为文化产业的发展创造了良好的外部环境，也为区块链技术在文化产业应用提供了很好的内在需求环境。

表6-1　区块链技术在文化产业应用的相关政策

宏观战略	时间	政策文件	印发单位
企业改革	2019年12月	《文化产业促进法（草案送审稿）》	文化和旅游部起草、司法部发布
	2019年2月	《粤港澳大湾区发展规划纲要》	中共中央、国务院
	2018年9月	《乡村振兴战略规划（2018—2022年）》	中共中央、国务院
	2019年4月	《关于促进中小企业健康发展的指导意见》	中共中央办公厅、国务院办公厅
	2019年1月	《关于促进综合保税区高水平开放高质量发展的若干意见》	国务院
	2018年11月	《关于在文化领域推广政府和社会资本合作模式的指导意见》	文化和旅游部、财政部
	2018年6月	《关于延续宣传文化增值税优惠政策的通知》	财政部、税务总局
	2018年5月	《继续实施动漫产业增值税政策》	财政部、税务总局
	2018年3月	《中央文化企业公司改制工作实施方案》	财政部、宣传部
文化和旅游领域	2019年4月	《关于促进旅游演艺发展的指导意见》	文化和旅游部
	2019年1月	《关于开展2019年度国家文化和旅游科技创新工程项目申报工作的通知》	文化和旅游部
	2018年12月	《关于促进乡村旅游可持续发展的指导意见》	文化和旅游部等17部门

续表

宏观战略	时间	政策文件	印发单位
文化和旅游领域	2018 年 7 月	《关于支持设立非遗扶贫就业工坊的通知》	文化和旅游部、国务院扶贫办
	2018 年 6 月	《关于开展 2018 年国家现代农业产业园创建名单的公示》	财政部
	2018 年 4 月	《组织开展 2018 年"中国旅游日"活动的通知》	文化和旅游部
	2018 年 4 月	《关于规范主题公园建设发展的指导意见》	国家发展改革委
	2018 年 2 月	《国家体育总局 国家旅游局关于发布"2018 年春节黄金周体育旅游精品线路"的公告》	国家体育总局、文化和旅游部
	2018 年 2 月	《关于实施乡村振兴战略的意见》	中共中央、国务院
文物领域改革	2019 年 6 月	《关于加强地方文物行政执法工作的通知》	文化和旅游部、国家文物局
	2019 年 2 月	《国家文物局 2019 年工作要点》	国家文物局
	2018 年 10 月	《国家考古遗址公司发展报告》	国家文物局
	2018 年 7 月	《关于大力振兴贫困地区传统工艺助力精准扶贫的通知》	文化和旅游部
	2018 年 7 月	《关于实施革命文物保护利用工程(2018—2022 年)的意见》	中共中央办公厅、国务院办公厅
	2019 年 3 月	《〈中华人民共和国水下文物保护管理条例〉修订草案送审稿》	国家文物局
知识产权领域政策	2020 年 5 月	《关于做好 2020 年知识产权运营服务体系建设工作的通知》	财政部、国家知识产权局
	2018 年 6 月	《知识产权对外转让有关办法(试行)》	国务院办公厅
	2018 年 5 月	《2018 年继续利用服务业发展专项资金开展知识产权运营服务体系》	财政部、国家知识产权局

宏观战略	时间	政策文件	印发单位
知识产权领域政策	2018 年 5 月	《知识产权认证管理办法》	国家认监委、国家知识产权局
	2018 年 2 月	《关于加强知识产权审判领域改革创新若干问题的意见》	中共中央办公厅、国务院办公厅

另外值得一提的是，2018 年文化和旅游部的组建，是政府重视文旅产业，全面推动部署文化旅游的积极措施，具有巨大活跃性的文化产业和旅游业态融合成为必然，也为文化产业、旅游产业的发展打下良好基础。

区块链技术在知识产权领域的具体应用场景主要有 IP（图像、商标、专利等）的确权，包括知识产权的申请、登记及相应的溯源等；IP（图像、商标、专利等）的用权，包括知识产权的分享、交易、利润分配等；IP（图像、商标、专利等）的维权，包括知识产权的侵权监控等。

6.1.2　痛点概述

（1）知识产权的确权手续烦琐、耗时长、时效性差、成本高，很多非常好的创意、技术因此而未能确权。

（2）知识产权的用权难度大，产业链需要整合的各项资源太多，导致变现难，供需很难匹配，大量的优秀知识产权没有真正应用于市场、服务于社会。

（3）知识产权的维权效率低，举证、溯源异常困难。最为人熟知的著作权登记，费用高、耗时长，根本无法满足当今时代作品产量多、传播快的特点。整个知识产权产业侵权现象严重，纠纷频发，原创精神常被侵蚀、行政保护力度较弱、举证困难、维权成本过高等。

6.1.3　"权链通"平台解决方案

蓝源科技公司（Blue Origin）是专门从事开发区块链技术的国家高新技术企业，面向当前 IP 产业的市场需求，结合自身多年区块链技术开发经验，完全自主研发了一款基于区块链技术的应用——权链通，其标

志和界面如图 6-6、图 6-7 所示。它将区
块链与 IP 产业完美结合，把区块链的确权、
智能合约技术引入 IP 产业中，让 IP 产业更
加高效、更加智能、更加安全以及更加环

图 6-6 "权链通"平台标志

保，用科技解决行业中所存在的信任问题，优化和改善现有的 IP 业务模
式和服务模式。尤其是通过区块链智能合约服务于相应 IP 的投资、利润
分配等，大大激活了 IP 的用权效益，真正解决了 IP 行业的痛点。

图 6-7 "权链通"平台界面

1. 优化了 IP 的确权问题

"权链通"的开放性可以让任何人在任何时间、任何地点向区块链写
入信息，使相应信息的登记不受时间和空间的限制，并且相较于传统方
式所需的成本很小。而且区块链上的信息一经写入就无法篡改，所有的
信息都是公开透明的，非常方便查阅和做存在性证明，可有效进行维权，
防止抄袭现象。在发生版权纠纷时可以作为有效的判定。

同时，通过"权链通"，可以降低 IP 的登记门槛，提升人们的确权

意识。例如一些人有了好的创意，但创意变成最终的项目或产品还有一段漫长的路，失败率也非常高。如果按照传统模式很多人会放弃创意的确权，但"权链通"可以促使人们将最初的创意上链，通过区块链技术的技术解决信任机制，整合产业链的各项资源，并全程记录从最初的创意到最终项目或产品的轨迹。"权链通"还通过对"未来知识产权"的保护，让专业人士甚至普通人的创意和作品得到应有的尊重。IP 确权门槛降低后，越来越多的创意、产品等会进行确权，确权保护的概念会越来越普及，催生出后期的相应 IP 的交易等用权需求。

2. 解决了 IP 的用权问题

通过"权链通"，可以将相应 IP 数字化，链上进行 IP 的各项交易，所有交易信息都可以被追踪和查询，避免了多重授权、定价混乱、欺诈等现象。另外，很多好的创意、项目、产品，早期就可以通过"权链通"确定投资人或资源合伙人，并通过"权链通"的智能合约，按照约定好的条款实时进行利润分配；也可以将相应的权利转让，使得相应的 IP 变现非常容易，可以大大激发权利人的创造力，激活整个 IP 行业的活力。

3. 解决了 IP 的维权问题

"权链通"上的应用模块为 IP 产生独一无二的特征量（类似 DNA），并将 IP 的特征量和作者拥有权以智能合约的形式存放在链上，追溯相应 IP 在线上、线下的流转和传播，无论传播到哪里，都能进行跟踪定位，相当于打上了商品标签。用户可以根据"权链通"上注册的信息自动检索内容，利用文字及图片检索工具、特征量比较，检索自己的内容是否与已注册内容类似，进行注册维权，有效降低抢注的概率。

6.1.4　整体优势

"权链通"是真正意义上用区块链精神、区块链思维、区块链技术打造的区块链平台，以本书为例，我们全程用"区块链方式"组稿、编辑、出版、发行。

本书在发起之初，充分利用了去中心化、公平、公正、公开的区块链精神，向各位圈内人士征集投稿，利用"权链通"实现相关知识产权的确权，并将获得的稿酬按照智能合约约定及时分发给参与者，即：根据大家参与撰写、编辑本书的贡献大小，秉持公平、公正、公开的原则，并根据基于区块链技术的智能合约将稿酬分发到参与者账户。

也就是说，在读者购买这本书的同时，相应的款项就通过"权链通"进行实时利润分账，所有参与者（包括投资者、撰稿者等）都可以查询基于区块链技术不可篡改的交易记录，并实时获得应有的收益。

6.2　区块链＋文化艺术的行业应用

十九大报告中明确提出了"文化兴国运兴，文化强民族强。没有高度的文化自信，没有文化的繁荣兴盛，就没有中华民族伟大复兴"的理念。而中央也从顶层设计的高度为区块链定调，并给出清晰的目标导向，金融、政务、民生等将会在未来几年内成为区块链行业落地的热点领域。文化艺术作为衡量人民大众幸福指数的重要指标，是民生工程的重要领域，区块链在文化艺术领域的落地势在必行。文化艺术与区块链相互交融，构建文化艺术产业化的发展平台已刻不容缓。

6.2.1　文化艺术产业链分析及运用场景

中国文化艺术有几千年的历史，但是将文化艺术当作产业来开发和经营却从 20 世纪 90 年代才开始。近些年我国文化艺术产业发展迅猛，已然成为世界图书出版、电视剧制播、电影银幕数全球第一大国，电影市场规模也稳居全球第二。每一个万亿元的台阶，都是文化产业值得标注的里程碑：从无到有，一直到 2010 年文化产业增加值首次突破 1 万亿元；此后，中国文化艺术产业保持跨越式发展的强劲势头，从 1 万亿元到 2013 年的 2 万亿元只用了 3 年时间，从 2 万亿元到 2016 年的 3 万亿元也只用了 3 年时间；到 2020 年，我国的文化消费需求量将达到 42400 亿元，如图 6-8 所示。

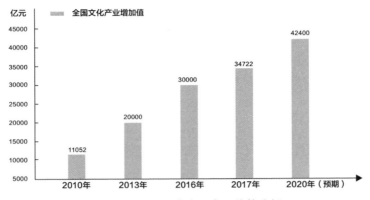

图 6-8 文化艺术产业发展趋势分析

另一方面，我们也应该清醒地认识到：中国是一个文化资源大国，却不是文化产业强国，文化艺术产业化还有很长的路要走。我国目前文化艺术的产业化发展还远未达到与我国的经济体量和国际地位相匹配的高度，这与当前我国的文化艺术产业的整体规模不够大、创新创意能力和竞争力不够强有着直接的关系。西方发达国家善于从文化艺术资源中挖掘商业价值，将之打造成优质的文化艺术产品，进而形成强大的文化艺术生产力，助推经济的增长，这已成为西方发达国家重要的经济发展模式。一些西方发达国家的文化艺术产品占国民经济的比重越来越大，个别发达国家的文化产业输出额甚至超过了第一、第二产业。随着我国经济的发展和产业结构的升级，政府所关注的经济重点已扩伸至公众的精神生活领域，文化艺术的产业化发展水平也因此成为各级政府衡量经济水平的重要指标。在当代社会经济环境之下，产业化发展是文化艺术的必经之路。

消费需求量的增长和社会环境的优质化，彰显我国高质量经济发展态势的同时，也对文化艺术提出新需求。从国家层面来看，这种积极的变化将文化战略、文化定位提到了一个全新的高度；从文化艺术自身而言，则形成了全新的定位。这些新增的需求和多样的变化，对于文化艺术的发展既是机遇，也是挑战，必将带动文化艺术产业在新时代积聚能量、快速发展。

6.2.2 痛点概述

在当今文化艺术产业化发展的过程中，主要存在以下痛点：

1. 缺乏信任机制

当今文化艺术产业缺乏一个良好的信任机制，例如，当前大多数的文化艺术品真伪难辨，泛滥的赝品已成为文化艺术圈的毒瘤，再加上抬价、代笔、洗钱等各种乱象，使得一般人轻易不敢涉足文化艺术品收藏产业。

2. 资金要求高，交易流动慢，价值共识难

当前艺术市场主要还是依赖画廊和推荐人机制，很多不知名的年轻艺术家即使能创作出高质量的作品，但因为缺乏关系和人脉，也会面临资金缺乏的问题。某些被市场认可的艺术家都不赚钱，就更别提学生和年轻艺术家了。好的艺术市场应该不只是上层 1% 跟画廊有关系的艺术家赚钱，而是有才华的艺术家都应受到市场的认可。

6.2.3 "沙和赏"区块链平台解决方案

沙和赏文化科技公司具有多年区块链技术开发经验，面向当前文化艺术产业的市场需求，完全自主研发了一款基于区块链技术的应用——"沙和赏"区块链平台，其标志和界面如图 6-9、图 6-10 所示。它将区块链与文化艺术产业完美结合，一方面解决了文化艺术产业的确权问题，另一方面把区块链的智能合约技术引入文化艺术产业中，解决了文化艺术产业的利润分配问题，优化和改善了现有的业务模式和服务模式。

沙文化领跑者

图 6-9 "沙和赏"区块链平台标志

图 6-10 "沙和赏"区块链平台界面

1. 为文化艺术品鉴定和溯源提供了新路径，建立了信任机制

"沙和赏"区块链平台可以让文化艺术原创版权生成唯一的数字编码（图 6-11），其数据块信息生成的时间戳和存在证明，可以实时记录并完整保存所有的交易记录。而且数字编码一旦生成就不可篡改，为文化艺术品防伪和防欺诈提供了有力的保证，能够系统地保护艺术家的知识产

图 6-11 "沙和赏"区块链作品存证证书

权。比如，在艺术家作画时，可以录下整个绘画过程，然后利用图像处理技术，将一幅画放大亿万像素，记录到区块链上。日后的交易、展览、运输，包括装裱、修复，再回到画库，每一个环节都被记录下来并上链。如果你买到这位艺术家的作品，在区块链里没有查到记录，那么这件来路不明的作品很可能就是赝品。"沙和赏"区块链平台解决了当前艺术品市场缺乏合适的记录保留方式和艺术品来源实时验证等需求痛点。

2. 为文化艺术品实现确权，并可以化整为零分割确权，降低投资门槛

"沙和赏"区块链平台通过为每一件文化艺术品、每一位用户创建独有的数字身份，记录每一次的流转，使艺术品的交易历史，包括所有权、展览历史、成文记录、流转记录及其他关键信息等，都能有据可循，从而实现对文化艺术品进行数字身份的确权。所有人都可以通过追溯文化艺术区块链获得确权信息，这有助于建立艺术市场的诚信机制并提高市场流动性，一旦发生造假信息将无法删除，并将溯源到每一个关联人、物，也就将人们在现实生活中的信用初步引入这一价值网络中。

除此之外，艺术家还可以在"沙和赏"区块链平台上传自己的作品，将其分为若干份分别出售，就像拼图板上的一块块拼图，每一份都有自己独立的区块链编码，这样可以大大提高人们的参与度。实际上，国外在 2018 年就已经有区块链技术在艺术品交易中心的实际应用案例。已故美国著名视觉艺术家安迪·沃霍尔（Andy Warhol）创作的一幅两米高的油画《14 把小电椅》在区块链艺术投资平台上面向 100 名参与者出售，价值大约 170 万美元的加密货币在拍卖中获得了该艺术品 31.5％ 的股份，总价值 560 万美元，超过 800 名竞标者签署了这项智能合约。在区块链拍卖会上，《14 把小电椅》被转换成基于区块链的数字证书，使买家能够使用自己的加密货币购买艺术品的全部或部分。

一旦有更多艺术从业者因为区块链技术解决了艺术品市场的痛点，而加入消费和收藏艺术品的行列，那么未来艺术品市场将不再只是为少数人服务，而是面向更广阔的人群，艺术文化产业也将具有更大的创造价值。

3. 增强文化艺术产业交易的流动性

"沙和赏"区块链平台一方面将文化艺术品数字化、确权化，另一方面将文化艺术品化整为零分割细化，这样真正赋予文化艺术品金融属性，便于人民大众投资、收藏、交易等，可以大大增加文化艺术品的交易流动性。最终，艺术家、中间服务机构、最终的投资者等都将是受益者。

4. 形成共识化的价值认可

"沙和赏"区块链平台改变了人与人之间交易的"信任模式"，这是它给文化艺术产业的逻辑带来巨变之所在。单一艺术品估值难以获得市场认可，所谓众口难调，艺术品估值会受到作者、历史、流转、持有人、拍卖者等无法一一枚举的各种因素的影响，而以上种种问题通过"沙和赏"区块链平台都可以解决。由于基于"沙和赏"区块链平台的智能合约拥有自治、自足和分布式等诸多优势，任意双方依据智能合约条款的约定，以自身数字身份确权为背书，对确权的标的物可以轻松实现追踪溯源。从双方达成合约时开始，通过将合约中的内容进行数字化编码并写入区块链中实现对合约内容的形式化，一旦合约中约定的条件事项发生，将自动触发合约的执行程序。这样一来，可以实现实时交易结算，并创建防篡改的可验证来源，提高艺术品交易的透明度，简化原先冗长的金融服务流程，减少前台和后台交互，节省大量的人力与物力，使其标准化、自动化，从而提高艺术品在市场中的竞争力。

6.2.4 整体优势

（1）"沙和赏"区块链平台以文化艺术产业中的一个细分领域——沙文化艺术为切入点，将沙文化艺术的应用场景做精做专做强，后期再逐步应用到其他文化艺术细分领域。

（2）"沙和赏"区块链平台采用线上与线下相结合的模式，致力于为全球客户提供资源整合与项目对接服务，专注于通过线上和线下为教育培训、研学、旅游、文化等产业提供以沙文化为核心支撑、区块链技术为基础的文化传播、数字化行业应用的整体解决方案，同时联合国际沙文化协会共同构建行业标准，开展等级测评，形成了集体验、培训、考级为一体的服务体系，致力于打造文化艺术区块链平台领跑者。

（3）"沙和赏"区块链平台在线下采用"沙文化＋中国传统文化＋当地特色文化"的模式，建立"滕王阁沙文化艺术馆"和"婺源国际沙文化艺术馆"（图6-12），馆内提供沙画培训、研学旅行、沙画体验、沙画作品展览、沙画表演等服务。这些服务和产品都通过区块链技术实现相应的确权，并通过智能合约实现产业链各参与方的实时利润分配。

图 6-12　沙文化艺术馆以及馆内区块链作品

（4）"沙和赏"区块链平台在国家推行传统文化教育要从娃娃抓起的背景下，响应国家复兴中国传统文化的号召，通过区块链技术把沙画艺术和中国传统文化相结合，开发了全球首部中英双语沙画版《三字经》视频课件和教材（图6-13），随后又陆续开发了《论语》《诗经》《唐诗》等精品视频课件，取得了显著的效果，并获得国家相关版权80余项，确权

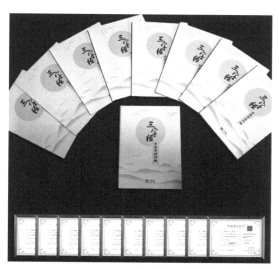

图 6-13　"沙和赏"区块链平台开发的《三字经》教材及其版权证书

并通过智能合约让各参与方实时获得收益。

（5）"沙和赏"区块链平台鼓励在平台上进行各项文化艺术研究创新，并将各项研究创新成果通过区块链技术确权，为后期的利润分配打好基础。例如研发沙固画方面，传统动态沙画是即时表演性质的沙画艺术，无法永久地保存下来观赏，而"沙和赏"区块链平台推出的沙固画解决了这一难题。通过创新和改进工艺，用最简单快捷的方式使沙画画面坚固并可永久保留，其色彩分明而饱满，具有独特的沙画质感，每个沙固画都可以获得国家版权，兼具艺术与收藏的双重价值，得到海内外客户的高度赞誉。

（6）"沙和赏"区块链平台上的艺术表演作为行业标杆获得央视肯定，登上 2019 年央视七夕晚会舞台（图 6-14）。晚会现场由"沙和赏"区块链平台上的国际沙画艺术家徐东表演故事《血色浪漫》，光影交织、沙砾流转，带来瞬息万变的美感，展现了惊艳的沙画视觉盛宴，引得现场观众惊叹连连。

图 6-14　"沙和赏"沙画艺术登上 2019 年央视七夕晚会舞台

（7）"沙和赏"区块链平台一方面充分发挥专业人员的主观能动性，另一方面积极调动公众的参与性，为推动文化艺术的产业化发展做出了积极贡献。

6.3　区块链＋新基建的行业应用

自 2018 年中央经济工作会议首次提出新基建后，国家对新基建的扶持力度陆续加码，不断引导资金流向新基建领域。2020 年 5 月 22 日，李克强总理在《2020 年政府工作报告》中再次提到"加强新型基础设施建设，发展新一代信息网络，拓展 5G 应用，建设充电桩，推广新能源汽车，激发新消费需求，助力产业升级"。

6.3.1　新基建产业链分析及运用场景

中国经济已由高速增长阶段进入高质量发展阶段。2019 年国内经济下行压力已经很大，"稳增长"是经济发展最主要的目标。而随着 2020 年初的新冠肺炎疫情对后期经济发展造成直接影响，几乎可以确定下一阶段国家将围绕"稳增长"，也就是围绕新基建制定相关政策，通过新基建的建设来拉动新老经济的转型，有区块链赋能的新基建必将迎来快速发展。

相比较传统的基建，新基建内涵更丰富。新基建七大领域如图 6-15 所示。

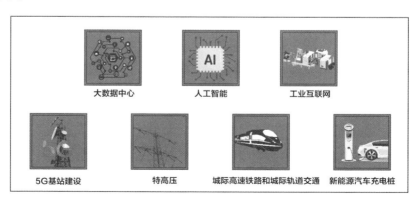

图 6-15　新基建七大领域

2020 年发布的 50 万亿的重点项目投资计划（表 6-2），其中，新基建投资是重要组成部分。这正是区块链精神、思维、技术、服务、生态应用大显身手的机会，也是新经济时代的战略选择。在企业执行层面，则应该紧紧抓住全球区块链产业发展机会，以及国家对区块链的产业政策，在自己熟悉的领域，运用"区块链＋"，使区块链技术真正落地。

表 6-2 25 省市重点项目投资计划

序号	地区	投资总规模 / 亿元	投资项目数 / 个	2020 年投资规模 / 亿元
1	广东	59000	1230	7000
2	云南	50000	525	4400
3	四川	44000	700	6000
4	福建	38400	1567	5005
5	山西	37879	7181	8151
6	陕西	33826	600	5014
7	河南	33000	980	8372
8	湖北	31570	894	—
9	山东	29000	1021	—
10	重庆	27200	924	3445
11	甘肃	22000	2236	4500
12	广西	19620	1132	1675
13	河北	18833	536	2402
14	江西	11195	335	2390
15	天津	10025	346	2105
16	湖南	10000	105	—
17	浙江	8864	537	1473
18	黑龙江	8856	300	2000
19	宁夏	2268	80	510
20	江苏	—	240	5410
21	贵州	—	—	4300
22	北京	—	300	2523
23	西藏	—	179	1872
24	上海	—	152	1500
25	安徽	—	251	1254

新基建将加速中国经济社会的数字化进程，新基建的应用需要新的信任机制作为纽带，而区块链技术具备分布式、防篡改、高透明度和可追溯的特性，非常符合当前新基建的需求，尤其是已经比较成熟的建设工程行业的整个系统业务的需求。在工程建设的咨询、设计、预算、采购、施工、验收、决算、售服等整个生产活动链环节，都可以导入区块链技术。

区块链和 5G、大数据、人工智能、云计算、物联网、工业互联网等在技术上是相互融合的。例如在 5G 的动态频谱共享、跨网对接、云网融合、多云多网的协同互联（包括多接入、边缘计算、物联网标识解析）等方面，区块链都可以发挥重要的作用。同时，区块链作为数字经济的一个信用新基建，必将推动信息互联网升级到价值互联网，迎来全新而广阔的数字时代。

工程项目基建行业作为基础产业，尤其新基建更是国民经济的支柱产业，对国计民生具有重要而深刻的影响。但不论是从工程项目前期签署合约到落地实施还是项目结尾，都多多少少存在一些难以避免的难题。区块链技术的诞生，克服了信用风险问题，也让信息透明化、数据真实性、合作可信度加速成为常态。

6.3.2　痛点概述

中央频繁提及"加快 5G 网络、数据中心等新型基础设施建设进度"，释放了强烈信号，各地相继吹响新基建开工"集结号"。同时，现有的新基建项目普遍存在体量大、工程时间非常紧的问题，需要跨行业、跨公司协同作业。这些都给新基建项目，尤其是工程项目带来具体执行层面的痛点。

1. 不同技术"融合"，知识产权定价难

新基建不是简单的硬件设备或硬件设施的采购投入，也不是物理硬件的组合，它涉及硬件，也涉及软件，甚至还涉及现代信息技术服务；新基建不是单一技术，它需要多个技术供给方合作建设，这给知识产权的保护和交易模式带来挑战。任何环节的不协调或不匹配，都可能严重影响到新基建及其效果的发挥。

2. 垂直行业"结合"，商业模式定路难

新基建一方面需要垂直行业相互结合，另一方面由于数字基础设施部分具有数据资产性质，其投资巨大，但成本固定，边际收益递增。这些都会引发新模式、新业态，因此定价机制也与传统基础设施有很大不同，可以产生普惠效应，其商业模式定路难度加大，难以保持"业务驱动技术创新"模式，如何稳定运营和持续发展成为新的挑战。

3. 产业链"整合"，监管治理定界难

新基建需要对相应的产业链进行"整合"，需要产业链上下游企业之间更紧密的合作，这将导致一些项目的责任主体更多地转为联合体，监管对象不明确将会成为新基建发展的新挑战。

4. 投资环节需要精准化，以减少盲目投资

新基建涉及网络基础设施建设，最突出的就是互联网的 5G 带宽建设以及支撑数字化社会的大数据、云存储的各种基础设施的建设。这些基础设施的建设，需要大量的资金投入和长期的投资回报，而且硬件设施、技术方案还很容易落后、过时和被淘汰，短时间内大量过度的新基建投资，很可能产生浪费。因此，新基建与社会经济协调发展就非常重要。实践证明，随着数字化深入发展，我们的资金需要逐步更多地投入软件和服务上，减少盲目投资，把基础设施建设资金投到关键环节，解决基础设施的难点和痛点。

5. 部门之间需要打通数据流通堵塞点，增加协同效率

新基建更应该强调信息技术应用和网络的整合效应，我们目前在数字经济领域已经建立了很多数字基础设施的平台和应用，包括各地最近几年兴起的大数据服务中心、云服务中心和众多的公共服务平台。这方面的投资不少，但效果并不突出。究其原因是缺乏有效整合，应该让现有的基础设施发挥更大作用，并在此基础上升级改造现有的数字化基础设施。数字化基础设施作用的发挥要依靠不同部门不同领域的相互协调，而我们在部门和领域之间还存在着很多数据流动的堵塞点，不同部门之间往往是相互割据的局面。因此，新基建迫切需要消除这种局面，打通部门数据流通堵塞点，增加协同效率。

6. 工程项目建设的前期、中期和后期痛点

（1）工程项目前期的"垫资风险"。工程项目前期涉及一个重要因素：垫资风险，总包方得不到各工程分包方信任，工程分包方都不愿垫资金到项目中，导致项目无人参与合作，进度缓慢。导致不信任的原因可概括为：在垫资施工的情况下，承包商为了确保不延误工期或加快工期进度，在尽量减少资金投入的情况下，常常会通过赊欠材料、设备款的做法来节省前期开支，甚至存在发包人故意拖欠工程款而带来的风险。如此，不但难以保证所购置的材料、设备的质量，而且购买价格也会与支付现金时有所不同。

有时建设单位本身有足够的支付能力，甚至在垫资施工的建设工程已经产生效益（如环保工程已经开始处理污染并进行收费，或者部分商品房已出售、出租）的情况下，也拒不支付工程款项。承包商碍于已垫付巨额款项，欲停工追债又怕关系搞僵，导致工程款项更加难讨，从而陷入骑虎难下的尴尬境地。特别是，如果建设工程建成之后承包商仍未能收回工程款，则会面对来自银行、材料商、设备商、施工工人及其他债权人的强大压力。

承包商因施工过程中垫资过多，面临的来自材料商、设备商、施工工人、贷款银行的压力越来越大，又不敢擅自停工，于是有的承包商可能会采取偷工减料、降低施工标准，或干脆将工程进行整体转包的方式来转嫁风险。殊不知，如此做法更有可能将自己置入更大的风险境地。譬如，可能会因偷工减料而出现工程质量纠纷，也可能会被主张与转承包人承担连带赔偿责任等。

（2）工程项目中期的"违约难题"。当有一方不履行合同，也就是有一方违约时，合同的守约方可以向法院起诉要求违约方继续履行或者支付违约金来赔偿相应的损失，但这往往需要一个漫长的过程，而基建项目对时间要求非常高，很多工程项目在中期发生纠纷，致使项目进度延误，造成项目各方都受到损失。

（3）工程项目后期的"推诿现象"。项目完工后，又会涉及两点难题。一是总包方结束项目后不及时按合约结算相应项目尾款，即工程项目验收后，总包方拿到工程尾款，却以各种理由搪塞，不分发到各分包方。

二是工资难以按时下发，务工人员讨薪困难。

6.3.3 "蓝建链"区块链平台解决方案

区块链是价值互联网，是互联网的升级版，是基础设施中的基础设施，数字基建必然从互联网阶段升级到区块链阶段。蓝源科技公司具有多年区块链技术开发经验，面向当前新基建的市场需求，完全自主研发了基于区块链智能合约的应用——蓝建链区块链平台，其标志和界面如图 6-16、6-17 所示。

图 6-16 "蓝建链"区块链平台标志

图 6-17 "蓝建链"区块链平台界面

"蓝建链"将区块链与新基建完美结合，把区块链的智能合约技术引入新的基建行业中，让其更加高效、更加智能、更加安全及更加环保，优化和改善现有的业务模式和服务模式，用科技解决行业中所存在的信任问题。智能合约中有关施工、设备采购、后期运营等合同的条款和内容都可以利用计算机快速、准确地上链，有利于合同的动态管理和相关方的监管，如图 6-18 所示。

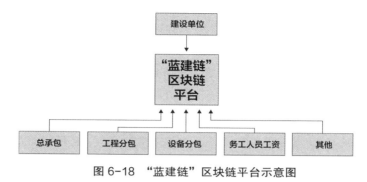

图 6-18 "蓝建链"区块链平台示意图

1. 助力技术"融合"，解决知识产权定价难问题

"蓝建链"区块链技术可以解决新基建技术融合产生的知识产权保护和利益分配两大痛点，将新基建价值链的各个环节进行有效整合、加速流通、缩短价值创造周期。通过新基建区块链为相应的技术进行知识产权的确权，同时对技术从发起、设计、开发、生产到销售等各个环节，甚至对其中部分环节的投资，都可以公开征集供应商和合作商，并按照事先约定的基于区块链的智能合约执行，以确保各参与方实时获益。

2. 促进垂直行业"结合"，创造新的商业模式

"蓝建链"区块链和基于区块链的产业联盟多层联动平台（具体介绍见第七章）可以促进垂直行业的深度结合，并创造新的共赢商业模式。

3. 整合全产业链，产业链各个环节的职权责清晰

"蓝建链"区块链和基于区块链的产业联盟多层联动平台可以促进整个产业链的整合，助力产业链链长制调动有限资源和生产要素，进行更高效的新兴产业建链、主导产业补链、优势产业强链、龙头企业引链、重点项目固链、产业业态延链、数字赋能上链、专业人才兴链、金融资本活链、知名品牌塑链、服务创新稳链、科技创造优链和文化创意升链。以区块链为基础，产业链各个环节的职权责清晰，监管治理界定非常明确。

4. 精准化投资环节，减少盲目投资

区块链技术可以解决相关基础设施及数字资产的确权问题和相应利益分配问题，这样可以避免硬件设施和软件，甚至数据的重复投资建设。

通过相应资产（包括数字资产）的确权机制，为资产提供方提供有保障的激励机制，更好地推动资产拥有者和使用者合作。例如"蓝建链"区块链平台可以提供一个可信的环境，保证数据，尤其是一些敏感数据的安全性；数字资产使用者可以获得相应数据产生需要的结果，但数据本身不直接移交给使用者，确保数字资产拥有者的利益得到保障。"蓝建链"区块链平台可以大大减少重复投资，把基础设施建设资金投到关键环节，解决基础设施的难点和痛点。

5. 解决信息孤岛问题

"蓝建链"区块链的去中心化技术可以解决信息孤岛问题，将相关部门不同数据资源集成到一个区块链中，在通过数据加密哈希算法解决数据共享后的权限问题，打通部门数据流通堵塞点，增加协同效率。

6. 解决工程项目建设的前期、中期和后期痛点

"蓝建链"区块链平台主要是利用区块链的以下几点特性来解决在工程项目应用中存在的痛点。

（1）去中心化。"蓝建链"区块链平台实现了真正的去中心化，没有固定的中心节点，每个节点都是相互独立的，并且自由连接，这样形成不同的连接单元，每个节点都有所有合同及交易的记录，节点之间按照约定的表决权通过后合同和交易才能记录在链上。由于没有固定的和唯一的中心，这就代表任何一个节点都有成为阶段性中心的机会，但是不具有以往强制性的控制能力。

（2）不可篡改。"蓝建链"区块链平台的不可篡改技术优势是建立价值互联网信任关系的核心。正是由于当前信息互联网制造了很多信任危机，导致用户与用户、用户与企业间的信任成本不断增加。而"蓝建链"区块链平台的不可篡改技术刚好可以解决这类问题。比如基于"蓝建链"区块链平台建立的智能合约，建设单位与总包方没办法自行更改合同中的条款，以确保每一次交易都停留在双方买卖的每一笔记录上。

（3）公开透明。区块链系统的安全性是由密码技术来保障的，同时也是由数据的公开透明来保障的。区块链是一个可信的系统，既需要真实、安全地记录信息，也需要全员参与的监管，而最简单的监管方式就是将数据公开。举例来说，建设单位与总包方之间签署的智能合约在系

统上公开透明,这样工程分包方以及供应商也能监测到相应的项目款项进度,解决总包方与分包方之间的信任问题。

6.3.4　整体优势

1. 解决讨薪难问题,银行自动分发工程款

通过"蓝建链"区块链平台,务工人员工资将由银行自动分发,有效解决务工人员讨薪难的问题(图 6-19)。一方面,可以通过设立务工人员工资保证金专户,即在建设工程开工之前,根据建设工程项目审批管理部门的要求,监督建设单位按照合同价款的一定比例,基于"蓝建链"区块链平台,向务工人员工资保证金专户存放相应的保证金。工资保证金的使用,需保证可根据各级项目审批权限,实行层级管理,专户存储、专项支取,任何单位和个人不得挪用。另一方面,也可以通过"蓝建链"区块链平台直接在建设合同中约定优先、不可更改地支付务工人员工资。

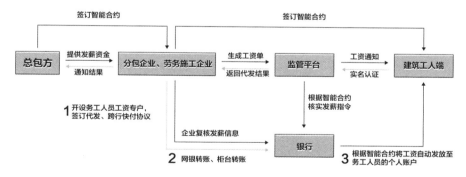

图 6-19　基于"蓝建链"区块链平台的工资自动分发流程示意图

通常工程项目涉及诸多劳务环节和多层级工程分包关系,"蓝建链"区块链平台可在项目的全生命周期内创建一个可复查的交易记录和多事件认证,区块链的一个重要特征是通过密码学对所形成的区块"上锁",安全性极高。务工人员的身份数字 ID 化,全程透明跟踪与广播,实现真正的劳务用工考勤、劳务黑名单禁入制等。

2. 解决信任危机，各方合作共赢

区块链技术，是让每个人手上都有账本，即使一个人的账本遭到破坏，其他人手上还有账本。系统安全上，可以避免单点故障造成整个系统不可用以及数据丢失的问题。基建行业由于参与机构较多，且各方的利益驱动点不同，使用传统方式难以迅速地建立信任关系。"蓝建链"区块链平台的一个重要特征就是在双方不熟悉、不了解的情况下通过技术手段加强交易双方的信任感。在工程项目领域，"蓝建链"区块链平台的这种互信机制，可以解决跨单位、跨项目的工程数据可信度问题，从而有助于打通业主方、总包方、施工方、监理方、设计院、供应商之间的数据壁垒和信息孤岛。

本人亲身经历过一个基建项目，完工后整个款项前前后后被拖了10年才结清，而且其间还碍于面子不好意思多催。现在通过新基建区块链平台则完全可以避免这种现象发生，一切都将按照签署的智能合约自动执行。新基建区块链平台有助于推动整个新基建产业的良性发展。

6.4　区块链＋影视的行业应用

6.4.1　影视产业链分析及运用场景

随着人们生活水平的提高，对影视作品的需求也逐年增加。仅2018年，全国制作发行电视剧323部、1.37万集，制作发行电视动画片241部、8.62万分钟，制作纪录片7.59万小时。电视剧国内投资额242.85亿元，电视剧国内销售额260.95亿元。据新华网报道，2019年全国电影总票房（含服务费）642.66亿元，同比增长5.4%。

传统影视行业中的低效工序也迫切需要提高效率。近期区块链的大热将给影视行业带来一些显而易见的变化。区块链是一种去中心化的技术，它提供了一个安全的信任平台，在此之上人们可以确认并记录过往交易。业内人士普遍认为影视行业目前使用的信息系统颇为老旧，而区块链能给影视行业提供迫切需要的交易透明化服务。

影视产业是一个相对成熟的产业，从产业链的角度看（图6-20），上游为资金提供方及内容提供方，中游为内容制作方，主要为各类影视制作公司，制作方完成的作品通过下游的内容传播方的宣传向最终消费者输出，即下游的内容变现方。我们通常所说的影视公司主要处在产业链的中游，包括内容制作方和内容传播方中的院线。

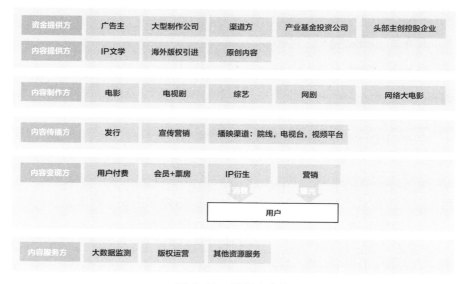

图 6-20　影视产业链

值得注意的是，IP 衍生品等产业链延伸的发展空间非常大。在北美市场，电影收入仅 30% 来源于票房，其余 70% 源于电影衍生业务，而目前中国的电影市场对票房依赖度极高，接近 80%。随着中国影视行业日渐成熟，IP 衍生品发展是新方向，而在 IP 衍生品发展方面，区块链技术必然会发挥非常重要的作用。

新技术革新将改变影视行业的格局。综观北美电影产业发展历史，最早的电影公司最终基本上被电视公司收购，而这些电视公司如今又面临着被电信公司、新技术和平台型科技公司收购的挑战。新技术和平台型公司今后一定会成为影视产业的整合者，在这个过程中，区块链技术公司作为影视产业全新信任机制的实现者，也必将起到非常重要的作用。

在影视行业，区块链正在改变着数字资产的交易、收益分配模式和用户付费机制等基本产业规则，形成融合版权方、制作者、用户等全产业链的价值共享平台。例如，以明星或 IP 为源头实现的区块链应用，可以打造一条将投资人、音乐人、电影制作人、粉丝群体、艺人以及经纪公司等融为一体的价值共享链。再如，为版权内容提供溯源支持的区块链平台，通过区块链的加密和可信时间戳等技术，可为原创作品提供原创认证、版权保护和交易服务。

6.4.2　痛点概述

这些年随着影视行业的快速发展，资本蜂拥而至，但行业内信息不透明、IP 版权缺乏保护、投资者利益难以保障等行业痛点逐渐显现。

1. 盗版泛滥，IP 版权缺乏保护

数字 IP 版权混乱是当今影视行业面临的一大难题。我们很难分清影视作品背后各位内容创作者、制作人、演出者、资金版权代理方和发行公司的版权关系。传统生态下，影视行业价值缺乏追溯手段与规则，往往通过人工方式来结算，结算中间节点多，结算周期长，效率低下。

2. 信息不透明，融资难，投资者利益难以保障

影视产业链中间环节过长，原创人才缺乏作品输出平台，制片方收益少、风险高，内容制作者的利润空间被大大压缩，行业内甚至普遍存在着"阴阳合同"等诸多问题，产业链上各环节的信息极其不透明，造成好项目融资难，投资者利益难以得到保障，更加不敢轻易投入资金。

3. 优质影视版权过度集中于行业巨头

优质版权集中在巨头手中，未来可能造成巨头倾向于包装炒作 IP、抬高价格，从而操控市场，这不利于版权生态建设。影视行业中长尾效应非常明显，行业巨头拥有较高的议价定价能力，价格过高会阻碍行业健康发展，造成众多优质 IP 流通性变差，不利于实现 IP 价值的最大化。

4. 用户隐私安全难以保障

目前的社交网络为中心化结构，中心化社交平台掌握了大量的用户信息，用户创造内容，社交平台制定规则、存储分发内容。用户和用户之间的交互通过中心化网络实现，服务方通过收集并分析用户数据达到精准推荐广告从而获益。现实中，那些对隐私安全较为敏感的用户对这种模式有着很大的不满。

6.4.3　WEVIDEOCHAIN 影视区块链平台解决方案

　　基于影视行业痛点和区块链发展现状，加拿大 Activator Tube 公司开发了 WEVIDEOCHAIN 影视区块链平台，其标志和界面分别如图6-21、图 6-22 所示。它将区块链与影视行业结合，把区块链的智能合约等技术引入影视行业中，优化和改善现有的影视业务模式和服务模式，用科技解决影视行业中所存在的信任问题。

图 6-21　WEVIDEOCHAIN 影视区块链平台标志

图 6-22　WEVIDEOCHAIN 影视区块链平台界面

　　Activator Tube 公司坐落于加拿大西海岸的温哥华市，这里既号称"北方好莱坞"，也是加拿大的"科学与能源技术之乡"，谷歌（Google）、亚马逊（Amazon）和微软（Microsoft）等北美科技巨头都相继在此成立分部，因此 Activator Tube 能在第一时间对接国际各行各业最先进技术及人才。Activator Tube 是一家集技术研发、运营于一体的区块链综合服务公司，在美国波士顿设有研发分中心，并在区块链项目开发、运营等方面积累了丰富的经验。Activator Tube 基于区块链共识机制、分布式记账和智能合约等技术特性，切实解决影视行业的痛点，推动影视行业更好、更健康地发展。根据国内外现状，结合公司目前的开发研究与实际项目情况，主要研究开发以下内容：

（1）使用星际文件系统（inter planetary file system，IPFS）来存储影视数字资产。IPFS 旨在打造一个更加开放、快速、安全的互联网，利用分布式哈希表解决数据的传输和定位问题，使存取和查找数据的速度更快，把点对点的单点传输改变成多点对多点（P2P）的传输，其中存储数据的结构是哈希链。

（2）使用混合加密系统，即非对称加密与对称加密结合使用。对称加密易于破解，不安全，但加解密速度快，非对称加密使用的是公开密钥与私有密钥加解密，不易破解，较安全，但加解密速度慢，仅有对称加密的几百分之一，故而使用混合加密。

（3）基于以太坊使用 Solidity 语言编写智能合约，使平台交易安全记录可追溯且不可篡改。

（4）采用数字版权管理解决方案（digital rights management，DRM），即通过技术手段加密内容，控制带版权作品的使用、更改和分发，保护带版权内容的安全。

①视频内容加密：采用 CENC 对内容加密，播放需要密钥解密。

②密钥不可见：密钥本身被加密，仅 OS 中的解密模块能读取密钥。

③License 终端绑定：License 仅对单个终端有效，其他终端无法使用。

④License 支持过期：支持指定 License 的有效期。

⑤解码过程安全：支持硬件级（TEE）解密和解码。

⑥知名版权方认证：好莱坞、迪士尼认证。

基于这些数字资产确权技术，能够达到以下目标：

（1）保护版权。目前版权领域的维权存在取证难、周期长、成本高等一系列问题。而区块链在版权登记、公证上具有一定的优势。

WEVIDEOCHAIN 影视区块链平台通过时间戳保证每个区块依次顺序相连。时间戳使区块链上每一笔数据都具有时间标记，从而证明了区块链上什么时间发生了什么事情，且任何人无法篡改。一方面，WEVIDEOCHAIN 影视区块链平台的开放性可以让任何人在任何时间、任何地点向区块链写入信息，使版权登记不受时间、空间的限制，相较于传统方式所需的成本很低；另一方面，WEVIDEOCHAIN 影视区块链平台上的信息一经写入就无法篡改，所有的版权信息都是公开透明的，方便查阅和做存在性证明，可有效进行维权，防止抄袭现象。

（2）信息透明，保障产业链各方利益。WEVIDEOCHAIN 影视区块链平台通过分布式记账和智能合约等技术，确保整个过程信息上链不可篡改，利益分配基于智能合约自动分发，确保产业链各方利益得到保障。

（3）改变版权交易方式。目前的版权购买、交易多为中间人交易模式，版税需要通过 IP 代理经纪、发行公司、版权代理商、平台服务商等多个环节才能到达版权所有人手里，中间成本高昂，而且中间环节交易非常不透明。而通过 WEVIDEOCHAIN 影视区块链平台实现链上版权交易，所有交易信息都可以被追踪和查询，避免了多重授权、定价混乱、欺诈等现象，同时能直接连接版权买卖双方，这种点对点的交易方式去除了中心化平台带来的高成本问题，使用户及版权所有人获取更大的收益。

（4）保护用户隐私，精准投放数字广告。基于 WEVIDEOCHAIN 影视区块链平台技术的匿名性和信息的公开透明性，能在保护用户隐私的前提下，获取用户在网络上留下的公开数据信息，实现数字广告的精准投放。未来的版权交易，将形成一部分可独占、一部分可共享的局面。比如当作者写作的目的是让更多的人接受内容的启蒙而不是获利时，经作者授权和平台审查后即可进行 IP 共享。

6.4.4　整体优势

WEVIDEOCHAIN 影视区块链平台是在区块链技术的基础上建立起来的信任和共享平台，是电影人、投资人和影迷的生态系统。这个生态系统打破了传统影视行业的集权化和利益独享局面，建立了底层社会资源的再分配机制，用市场化、订立契约的方式，公平、公正、合理地分配底层社会资源，在帮助有潜力的电影人完成艺术创作的同时，让影迷、粉丝也成为受益者。在此平台上，独立电影制片人可以在创意、融资、团队组建、销售、宣发等所有领域得到帮助。投资人可以通过此平台寻找和参与电影投资机会，即便是小微投资人也可以参与投资电影项目。WEVIDEOCHAIN 影视区块链平台通过区块链技术对电影制作过程中涉及的资金往来、利润分配等环节进行实时结算，不仅解决了信任和信用问题，还提高了交易效率、降低了交易成本。WEVIDEOCHAIN 影视区块链平台总部位于被称为"北方好莱坞"的温哥华，一个聚集着大量来自世界各地的电影人的城市，不仅和美国好莱坞电影有着紧密的合作，而且与澳大利亚、亚洲的中国和印度及欧洲国家的电影业也有着密切的合作关系。WEVIDEOCHAIN 影视区块链平台是融合多元文化，汇聚世界各国的高水准的电影人和区块链技术人员共同打造的多语言的全球性的影视行业平台。

笔者的一位朋友多年前曾投资一部网剧，花费了大量精力、资源帮助推动项目发展，最终收益也不错。可到了分红时，该电影公司却以各种借口不及时给予相应的分红。现在通过 WEVIDEOCHAIN 影视区块链平台则可以彻底解决类似数字资产确权及利益分配问题，确保一切按照签署的智能合约自动执行。

6.5 区块链＋环保的行业应用

6.5.1 环保产业链分析及运用场景

中央从顶层设计的高度为区块链定调，并给出清晰的目标导向，金融、政务、民生等将会在未来几年内成为区块链行业落地的热点领域。其中，政务、民生都与环保息息相关，而资金密集的环保产业，更需要金融提供相关服务。区块链服务于国家重大关切的环境保护领域，在战略定位上很清晰,这是根本出发点。相信"区块链 ＋ 环保"是解决当前生态环境问题的最佳方案之一。

从环保产业政策方面看,自"十三五"规划中提出发展绿色环保产业以来,近几年环保相关政策密集出台,营造了巨大的市场需求。2018年是中国生态环保事业发展史上具有重要里程碑意义的一年,在这一年里,我国环保产业逐渐摆脱了伪产业、低水平治理产业的标签,成为高成长型的新兴产业。2019 年无疑是环保产业打开全新局面的一年,综观全年,环保行业有关水、土、气、固废处理全方位的政策法规均一一到位,水、土、固废、气的大监管格局已形成。2020 年国家经历了新冠肺炎疫情,必将更加重视和推动环保产业的发展,环保产业从政策播种时代进入政策深耕时代。

2019 年 12 月 24 日,中国环境保护产业协会联合生态环境部环境规划院(产业协会环保产业政策与集聚区专业委员会)对外发布《中国环保产业分析报告(2019)》。该报告指出,我国环保产业近几年的增长率区间为 6.1% ～ 22.5%。采用环保投资拉动系数、产业贡献率、产业增长率三种方法预测 2020 年环保产业发展规模在 1.8 万亿～ 2.4 万亿元(对应年增长率区间为 6.1% ～ 22.5%)。根据环境保护形势与环保产业发展趋势,按照年均增长率 14.3% 计,2020 年我国环保产业营业收入总额有望超过 2.1 万亿元,如图 6-23 所示。

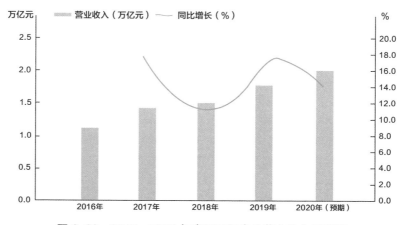

图 6-23   2016—2020 年我国环保产业营业收入及增速

环保产业是一个非常庞大的产业，从产业链的角度看，上游为环保研发和设备制造产业，目前由于环保产品同质化严重，因此市场竞争非常激烈；中游为环保工程，以项目或工程分包为主要形式；下游基本为运营阶段，用户以公共机构和业主为主，是一个兼具买方和卖方垄断势力的市场，即买卖双方都有向对方施压的筹码，如图 6-24 所示。

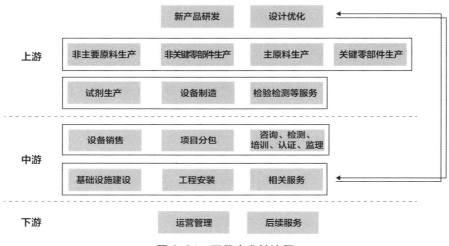

图 6-24　环保产业链流程

在整个环保产业链上，几乎所有环保产业人士都认为环保产业数字化是未来的方向，甚至有"环保界的黄埔军校"之称的绿巢环境产业集团开设的"环境总裁班"特意将 2019 年的第 17 期定位为"数字班"，就是期望第 17 期同学能够聚焦环保产业数字化。

6.5.2　痛点概述

1. 环保产业数字化缺乏动力

一方面，环保产业数字化真正实施的过程中缺乏有效的保护和激励机制，数据的确权无法保证，数据的价值挖掘不够，对环保数据的提供方缺乏相应的激励机制。目前很多环保机构、公司、工厂的环保数据是可以拿出来用的，但缺乏可信的使用环境，这影响了相关环保机构、公司、工厂的主观积极性；另一方面，当前各家公司数据的格式本身不统

一，还有很多非格式化的数据，需要一个专业的团队把数据的格式先统
一，再做数据清洗，然后打标签，这个过程非常麻烦，所以过去很多大数
据公司并没有做真正意义上的数据交互，这也是受限于整个客观环境的。

2. 篡改、伪造环境监测数据时有发生

数据质量是环境监测工作的生命线，环保数据的真实性、综合性、
长期性是环境监测最基本的要求。但是现在许多机构提供的数据质量低
下，有时甚至存在明显的逻辑缺失现象，严重影响国家治理环境的效果。
特别是在 2018 年 1 月 1 日《中华人民共和国环境保护税法》施行后，
一些第三方检测公司往往忙于日常业务处理而疏于管理，已经暴露出很
多数据方面的问题。

3. 环保市场竞争加剧

大量企业携资本、技术跨界进入环保产业，行业竞争非常激烈。央
企、国资涉足环保产业，联动各方资源协同治理成为环保行业发展新模
式。我国环境治理工作投资规模大、任务重、时间紧，环境产业的竞争
也愈加激烈，项目综合性变强，总投资额变大，资金配置需求强烈，只
能"集中优势资源解决突出问题"。一方面，央企不断涉足环保产业，承
担资金调度、资源整合任务。另一方面，各省市自行或与央企合作牵头
组建地方级环保集团，在资金、技术、资源、运营等方面发挥协同效应。
近年来，陕西、辽宁、浙江、广西、青海、内蒙古、重庆等省（直辖市、
自治区）纷纷成立环保集团，江西环保集团也正在筹建当中，宗旨都是
贯彻一省重大环保决策，整合一省最强的环保资源，"组大局、做大事"，
攻坚克难实施重大环境基础设施项目。未来还会有更多的同类型环保平
台出现。这样的大环境倒逼环保企业由粗放式扩张转向精细化管理，未
来更多竞争将聚焦在技术、产品和服务创新上，具有丰富运营经验和稳
定运营收入的企业抗风险能力更强。

4. 项目回款不确定性加大

近年来，受市场竞争影响，环保行业综合毛利率持续下行，融资成
本不断上升，对于政策爆发期激进扩张的企业，其在建项目可能因资金
未到位而无法推进，导致账面资产无法按期产生收益，从而造成资产减
值损失。综合来看，短期内环保企业经营业绩面临较大压力。此外，近

期进入运营期的项目爆发式增加，政府能否如约付费面临考验。截至
2019 年 8 月末，财政部政府和社会资本合作（PPP）综合信息平台项目
库的 PPP 项目总投资额约 14 万亿元，根据测算政府承担的支出责任为
10 万亿～ 11 万亿元，占比 71.43% ～ 78.57%。2014、2015 年启动的
PPP 项目已陆续进入运营期，各地政府能否如约付费，是 PPP 项目持续
运转的关键所在。尽管政策一直强调"地方政府要重信守约"，但当前地
方政府债务压力大，财政承受能力逐步压缩。部分地区已出现政府方无
法按约付费，导致 PPP 项目公司违约，社会资本对地方政府的履约能力
和意愿及 PPP 项目实施过程中不确定性的担忧未减。以环保企业为中心
的、上下游产业链之间的资金流，迫切需要尽快建立基于区块链的智能
合约一类的信用机制。

5. 环保企业资金缺口大，融资难

当前大部分的环保企业均有比较大的资金缺口，且短期偿债能力持
续弱化。环保企业投资支出力度仍在加大，尤其集中在水处理和固废领
域。固废领域运营项目产生的现金流可对项目投资形成一定的支撑，但
水处理、环境修复、园林绿化领域多为私人主动融资（PFI）项目，投资
规模大、资金需求大，而行业经营净现金流未能根本改善，整体来看环
保企业面临的资金缺口仍然很大。截至 2019 年 9 月末，环保企业自由
现金流缺口为 441.77 亿元。环保企业的短期偿债压力也不断加大，2019
年 9 月末经营净现金流／短期有息债务仅为 0.12。由于民营环保企业自
身资金实力有限，对外部融资更为依赖，受银行信贷、非标融资渠道收
紧等因素影响也更大，因此民企的流动性更紧张。

融资环境短期难有改善，环保企业特别是民企流动性压力依然较大。
虽然近期"去杠杆"字眼逐步淡出官方文件，但其后续影响似乎并未完
全消逝。2019 年 4 月和 7 月的中共中央政治局会议分别提到"有效支持
民营经济和中小企业发展，着力解决融资难、融资贵问题""引导金融机
构增加对制造业、民营企业的中长期融资"，说明当前民企、实业面临的
融资问题仍然很严峻，货币政策仍然无法有效传导。地方政府多倾向于
政府付费类项目，但这类项目投资回收有一定难度，难以得到市场资金
的认可。此外，短贷长投是目前环保企业面临的最大问题。现在很多环

保项目运营期近 30 年，但一般项目的还贷期限仅 1 ～ 3 年，环保企业尤其是民营企业长期处于货币资金无法覆盖短期有息债务的状态，整体流动性压力大。

6. 环境公益腐败现象严重

当前环境公益机构越来越多，但许多环境公益机构接受的捐款却难以追踪资金流向，官僚、腐败和低效率在慈善领域中普遍存在。在公益慈善领域，信任就是命门。对于捐赠者，最关心的是善款和物资能否到达真正需要的人手中，如果被作恶之人或组织欺骗，会感到寒心，继而不愿意继续做慈善。

7. 环保行动缺乏激励机制

中国生态环境问题要得到根本解决，还是需要充分发挥我国巨大的人口资源优势，这需要配套的激励机制。比如当前的垃圾分类、环保文明行为等一系列的环保行动中，民众往往没有获得合理恰当的激励和奖励，参与积极性普遍较低，推广难度大。

6.5.3 "乌博区块链"平台解决方案

针对目前环保产业痛点，乌博公司（Uber）开发的"区块链＋环保"平台——乌博区块链平台，重塑环保产业，彻底解决了以上传统场景的业务痛

图 6-25 乌博区块链平台标志

点，其标志和界面分别如图 6-25、图 6-26 所示。乌博区块链平台将分布式账本、非对称加密、多方协同共识算法、智能合约等技术融合，结合区块链不可篡改、链上数据可追溯的特性，将环保问题的各种方法学智能合约化，连接分散的环境数据孤岛，构建可信数据监测、采集、存储、传输和管理平台。基于乌博区块链的环保智慧管理平台界面如图 6-27 所示。乌博区块链平台在环保数据确权和资产化的基础上进行规划，设计有效的经济激励模型，将权利、义务、激励有机结合，实现环境数据和资产在各国政府、企业、协会、社会和个人之间高效可信流通、共享和交换，将环保数据和资产的利益主体、监管机构、行业协会和个人纳入有机的治理体系中。

图 6-26　乌博区块链平台界面

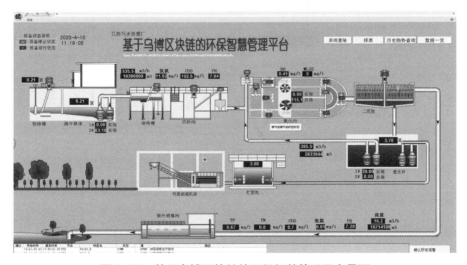

图 6-27　基于乌博区块链的环保智慧管理平台界面

1. 为环保产业数字化提供驱动力

环保最基础的是数据，乌博区块链平台首先为环保数据进行确权和资产化，进而可以深度挖掘环保数据的价值，尤其对环保数据的提供方给予相应的激励，这样可以加快推动环保产业数字化的进程。其次，乌博区块链平台为环保数据提供了一个可信的环境，确保使用环保数据能产生需要的结果，但数据本身不直接移交给使用方，保证了数据，尤其是一些敏感数据的安全性，保障了环保数据提供方的利益。

2. 追踪、记录并锁定数据

借助乌博区块链和物联网技术追踪和记录重要的环境数据，并通过智能合约，将所有条款用程序锁定，一方面可以防止公司和政府背弃其环境承诺或误报进展，减少欺诈和数据伪造现象发生，另一方面可以防止公司和政府背弃其原先承诺。

传统场景中污染数据从环保监测设备传送到网络过程中存在被篡改的可能性，而乌博区块链能为每次监测提供永久性记录，并通过应用加密技术防止篡改，提升数据的可靠性，加强对排污企业的监管。应用乌博区块链技术还可以实现排污全程的数字化跟踪，避免人为因素对排污数据准确性的影响。使用乌博区块链跟踪生产过程中的"三废"和碳排放情况，可以避免数据篡改，并可确定应该收取的排污税和碳税金额。同时运用乌博区块链区分授权，监管机构能够标注免征税的企业，防止企业滥用免征条例。环保部门使用乌博区块链技术搭建排污企业基础信息库，对备案排污企业所有资料和污染设备进行集中管理，为每个污染源建立对应的档案，并将档案放在区块链上，防止伪造和篡改。同时采用乌博区块链公私钥体系建立账户验证机制，防止账户数据被盗窃。乌博区块链和物联网的融合应用能为环保税的实施提供一种可行的技术方案。乌博区块链技术可以实现数据全网共识和共同维护，与物联网结合可以更准确地采集排污企业的排污数据。从环保监测执法到水处理、垃圾处理等环境工程建设，再到绿色金融、废物回收、有机食品可追溯等，一旦这些相关数据写入乌博区块链，一个交易就形成了，企业也很难再为了经济效益而篡改数据，环保和效益之间的博弈将为之缓解。

3. 增强企业核心竞争力

针对环保市场竞争加剧问题，唯有技术创新才能增强企业的核心竞争力，乌博区块链平台将区块链技术创新应用于环保产业，开拓出环保的一片蓝海市场。例如，"区块链＋环保"可将各个环保产业的数据确权，将用户的数据作为大数据流量入口，从而打开整个互联网的市场。

4. 解决"信任"问题

针对环保产业资金缺口大、融资困难等问题，可以通过乌博区块链技术解决交易的"信任"问题，从"基建区块链""供应链金融"等各个方面增加融资、合作通道。

5. 确保环保资金可靠监管

乌博区块链很重要的作用就是资金监管，区块链技术是一项分布式账本技术，可以简单地理解为互相不信任的多方依据某种共识共同记账，每一方都有账本，里面的信息公开透明，而且不可篡改。对于公益项目来说，基于乌博区块链的环保公益款项可以根据具体的环境目标自动发布到正确的机构，区块链技术的公开透明性，可以确保捐款人的每一笔资金流向清楚明白可查询；不可篡改的特性也能确保财务信息不会被篡改；可匿名性还能保护捐款者的隐私。

6. 为民众参与环保行动提供有效的激励机制

乌博区块链将分布式账本、多方协同共识算法、智能合约等技术整合，可以根据民众在环保行动中的贡献度大小，按照智能合约约定，给予相应的奖励。

6.5.4　整体优势

2020 年 4 月 10 日，国家发展和改革委员会、中共中央网络安全和信息化委员会办公室联合印发了《关于推进"上云用数赋智"行动　培育新经济发展实施方案》，从能力扶持、金融普惠、搭建生态等多方面帮助鼓励企业加快数字化转型，强调"为深入实施数字经济战略，加快数字产业化和产业数字化，培育新经济发展，扎实推进国家数字经济创新发展试验区建设，构建新动能主导经济发展的新格局，助力构建现代化产业体系，实现经济高质量发展，特制定本实施方案"。这意味着，数字化为乌博区块链平台的落地提供了适宜的"土壤"。

从功能层面来看，乌博区块链平台链接环保体系海量数据源，包括环保机构、公司、工厂的环保数据等，让来自全球的环保知识在环保产业链之间可信交换和共享，加快知识流转，确保数据使用过程透明化、可追溯，将整个环保产业实体链接成一个有机的生态体系，最终促进环保产业整体效率的提升。

从传播层面来看，乌博区块链平台为环保产业上、中、下游各端搭建了一个面向全世界的展示平台，基于技术的可信背书和优质资产的上链，推动优秀企业端的品牌传播，并降低合作成本。

从金融层面来看，通过乌博区块链平台，可以助力环保产业优质资产的数字化过渡，从资本的流动到资源的流动，让整个产业更加均衡。在乌博区块链平台的大生态中，不仅能够通过各方相关的深度合作建立起竞争壁垒，而且能够吸引关注环保领域的投资方进场，最终实现为整个行业的资本赋能。

乌博区块链平台在环保领域的应用，主要具有以下优势：

1. 绿色数据

乌博区块链平台可以将环保问题的各种方法学智能合约化，连接分散的环境数据孤岛，构建覆盖全球的环境可信数据监测、采集、存储、传输、管理平台。

2. 绿色资产

乌博区块链平台可以将环保数据确权、环保资产数字化并确权，规划和设计有效的经济激励模型，将权利、义务、激励有机结合，实现环境数据和资产高效可信流通、共享和交换，促使环境数据和资产的利益主体、监管机构、行业协会和个人纳入互信的治理体系中。

3. 绿色生态

乌博区块链提供开放而丰富的接口，为各方对环境数据和资产的共享、流转、分析、交易和监管提供服务，充分挖掘环境数据和资产的巨大价值，把单纯依靠强制和处罚模式，转变为权利和义务相结合、监管和激励相促进的环境保护新模式。

6.6　区块链＋旅游的行业应用

6.6.1　旅游产业链分析及运用场景

旅游行业是一个增长非常迅速，和国民生活息息相关的行业。根据中国文化和旅游部统计数据显示，2010—2019年我国旅游业总规模实现稳步增长，旅游产业正在成为经济增长的重要引擎；2010年全年旅游总收入为1.57万亿元，2019年全年旅游总收入为6.63万亿元，如图6-28所示。旅游行业已经逐渐成为国民经济新的增长点。

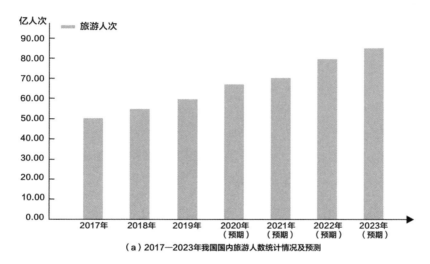

（a）2017—2023年我国国内旅游人数统计情况及预测

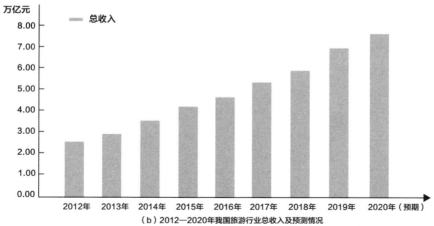

（b）2012—2020年我国旅游行业总收入及预测情况

图6-28　旅游业总规模

从旅游的一般过程来看，旅游者要从客源地到目的地，再从目的地返回客源地，涉及地理空间的转移、时间的变化、地理环境的差异、旅游信息的传递、旅游目的地各要素相互作用等，与旅游活动全过程直接相关的各个要素互为依托，形成旅游系统的有机整体，包括旅游客源地系统、旅游目的地系统、旅游通道系统、旅游支持系统四个子系统，如图 6-29 所示。

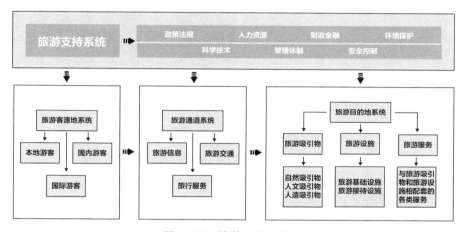

图 6-29　旅游系统示意图

从整个旅游行业来看，其上游为各类旅游资源，下游直接面向消费者。从上游旅游资源来看，包括地文景观、水域风光、生物景观、天象与气候景观、遗址遗迹、建筑与设施、旅游商品、人文活动等大类，我国幅员辽阔，各类旅游资源丰富，为旅游产业发展提供了坚实的基础。从下游消费者来看，随着经济社会的发展，人们收入水平稳步提高，旅游度假休闲的需求不断增长，我国已进入大众旅游时代，为旅游业提供了巨大的发展机遇。旅游业的主要产品是依靠旅游资源为消费者提供各类旅游服务。旅游产业相关子行业众多，涵盖旅游消费的吃、住、行、游、购、娱六个方面，可满足旅游消费者各个层面的需求，如图 6-30 所示，其中部分相关行业互为上下游，且关联度较高。

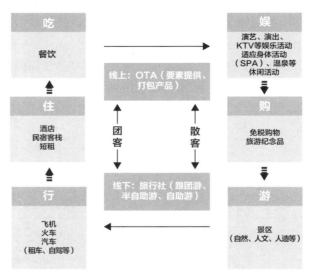

图 6-30　旅游产业相关子行业示意图

6.6.2　痛点概述

目前，旅游行业存在很多痛点，我们姑且抛开传统旅行社不谈，单说自己出游过程中的预订火车票、飞机票以及酒店方面，虽然诸多 App 给我们提供了丰富便捷的选择，但是我们非但不能从这些订单中收获平台成长的红利，还要被动地为平台提供数据和流量。

旅游业市场的高速发展是在刺激消费的驱动下，不管是出游交通还是旅游景点都呈增长趋势。然而，旅游业的高速发展也带来了一些痛点。

（1）文化创意已经逐渐成为旅游，尤其是旅游景点的重要收入来源。例如，2019 年北京故宫的文创产品销售额超过 20 亿元，远远超过门票收入的 2 倍以上。很多景区既有文化底蕴，又有自然风光，在文化创意产品上有先天的优势，但文化创意产品面临的两个问题——文化创意产品的 IP 知识产权保护和利益分配亟待解决。

（2）旅游行业受外部环境影响较大，这是由行业自身特点所决定的。旅游行业的发展很难完全避免一些不确定性因素和突发事件的干扰，例如经济危机、金融动荡等经济因素，地震、海啸等自然灾害，"非典"、禽流感、甲型流感等流行性疾病，地区冲突、战争、动乱、恐怖活动等政治因素都会导致旅游需求下降，给旅游业发展带来负面影响。尤其是2020 年年初的新冠肺炎疫情对整个旅游业影响非常大，恐惧担忧的心理在一定程度上动摇了消费者出游的意愿。我们需要通过透明的信息发布渠道和沟通方式来帮助消费者恢复信心，刺激旅游消费。

（3）目前中国的旅游行业还是一个人员密集型的传统产业，相比美国等发达国家在旅游方面的科技应用，中国还比较落后，很多景区平台迫切需要优化升级。

6.6.3 YOUCHAIN 旅游区块链平台解决方案

蓝源科技公司具有多年区块链技术开发经验，面向当前旅游市场的需求，完全自主研发了一款基于区块链智能合约的应用——YOUCHAIN 旅游区块链平台，其标志和界面分别如图 6-31、图 6-32 所示。

图 6-31 YOUCHAIN 旅游区块链平台标志

图 6-32 YOUCHAIN 旅游区块链平台界面

它将区块链与旅游行业完美结合，把区块链的智能合约等技术引入旅游行业中，优化和改善现有的业务模式和服务模式，用科技解决旅游行业中所存在的信任问题。

1. 提升景区的"文化创意"

YOUCHAIN 旅游区块链技术，自带去中心化、高度透明化、可溯源等特性，可以解决旅游景区文化创意产品的 IP 知识产权保护和利益分配两大痛点，对文化旅游价值链的各个环节进行有效整合、加速流通、缩短价值创造周期。可以利用 YOUCHAIN 旅游区块链技术，打造旅游文化 IP——基于区块链特性和虚拟市场规则，使用户能够参与旅游文化 IP 创作、生产、传播和消费的全流程，发动专家、行家和广大人民群众一起开发具有本景区特色的文创产品，并通过 YOUCHAIN 旅游区块链为所有文创产品进行知识产权的确权。同时，针对文创产品从取名、logo 设计、包装、生产到销售等各个环节，都可以公开征集供应商和合作商，并按照事先约定的基于区块链的智能合约执行，以确保各参与方实时获益。

2. 提升景区的"服务创新"

YOUCHAIN 旅游区块链技术的高度透明化、可溯源性可以大大提升景区的旅游服务水平。例如，可以通过 YOUCHAIN 旅游区块链技术，将景区与内部的私人商户关系进行转化，由简单的租赁关系提升为合作关系，即景区内所有资金流统一由景区管理公司管理，由总账通过区块链的智能合约自动实时分发。这样既解决了私人商户与景区的利益冲突，可以大幅度提升景区销售额，也为后期景区公司的资本运作打好基础，同时也便于景区为私人商户提供更优质的服务。区块链的去中心化特性在旅游业中呈现的是去掉中间环节，减少交易环节，这样既降低了成本又提高了效率。

3. 提升景区的"科技创造"

经过这么多年的发展，尤其是经历了新冠肺炎疫情后，让我们更加认识到用科技武装传统的人员密集型旅游业的重要性。在"1024 会议"上，习近平总书记强调"把区块链作为核心技术自主创新的重要突破口"，YOUCHAIN 旅游区块链正是以"旅游区块链"为突破口，发起一轮旅游界的"科技创造"活动。例如，运用"旅游区块链＋研学""旅游区块链＋VR"等技术提升一些旅游景点的"科技创造"能力。再如，现今一些旅游平台为了吸引游客，会在平台上对服务作一些虚假的评论，这样就会使游客获得不真实的信息。而区块链技术的不可篡改性能够避免这种情况，一旦出现虚假信息，可追溯源头，会对发布虚假信息者的交易产生严重影响，从而有助于保证游客获得真实有效的信息。区块链技术应用于旅游行业，既能有效记录游客与旅游供应商之间的所有交易、签订的合约、游客信用积分等信息，也能有效避免出游产生的合同纠纷、经济损失等。

6.6.4　整体优势

YOUCHAIN旅游区块链平台在旅游领域的应用，主要在以下几方面发挥优势：

（1）YOUCHAIN旅游区块链平台是价值互联网平台，具有高度透明和可消除信任依赖的特点。区块链中数据信息对所有人公开，有利于保证交易费用的透明性及产品和服务的真实性，解决景区、商户、游客、旅行社之间的信任问题，降低游客出行成本，提升出行体验。

（2）YOUCHAIN旅游区块链的核心理念是去中心化。这一特点在旅游业中的应用具体表现为去掉中间代理商，减少交易环节，大大降低交易成本，提高交易效率。

（3）YOUCHAIN旅游区块链的自治性特点可以为游客创造更多价值。在旅游业中游客可以不只有一种身份，他们可以是游客，可以是导游，也可以是管理者。区块链中各区块记录了每一地区的旅游信息，各地区通过区块链接，可相互交换本地特色旅游及服务信息，各地有兴趣的居民都可参与到游客接待及管理中，游客能直接享受到当地的特色体验，当地居民也能从服务中获益。所有做出贡献的参与者都可以依据旅游区块链的智能合约获得相应的收益。

（4）YOUCHAIN旅游区块链具有不可篡改特性。以往各酒店、旅行社等为争夺顾客，在网络平台上对本店服务作虚假评价，使游客无法获得真实的信息，而区块链技术的不可篡改性有效避免了这种虚假信息的传播，有助于保证游客人身安全。

（5）YOUCHAIN 旅游区块链具有身份认证功能，其可追溯性、高度透明化、不可篡改性保证了区块中所有人的身份信息的真实性。区块链系统中的每一个人身份信息都真实可靠，游客在旅行途中无须重复认证身份信息，机票订购、酒店住宿时也无须反复核实游客信息，为游客和管理人员节省了时间。

6.7　区块链＋茶的行业应用

6.7.1　茶产业链分析及运用场景

我国是农业大国，长期以来国家和地方一直把农业放在国民经济发展的首位，不断推出一系列惠农政策。茶叶是农产品的一类，是农民脱贫致富的重要途径之一，各地方政府都很重视对茶产业的支持。

我国茶叶细分产品主要包括绿茶、红茶、黄茶、白茶、乌龙茶和黑茶等，如图6-33所示。我国茶叶产量结构稳定，绿茶产量远超其他茶叶。2019 年中国绿茶产量为 177.28 万吨，同比增长 2.9%，占国内茶叶总产量的 63.5%。艾媒咨询分析师认为，综合考量中国的茶叶种植环境、市

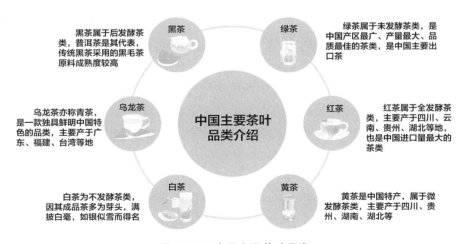

图 6-33　中国主要茶叶品类

场需求等，绿茶将在相当长一段时间内持续保持产量优势。

目前，一方面绿茶在茶叶市场中占据主要份额；另一方面，绿茶近几年的产量比重逐年下降，而黑茶、红茶、白茶等其他茶类份额逐渐上升，2019 年中国各类茶产量占比情况如图 6-34 所示。此外，市场上的柑普茶、柑红茶、花草茶等特色产品及超微茶粉、抹茶、茶饮料、茶保健品等精深加工产品的产量也有所增加。

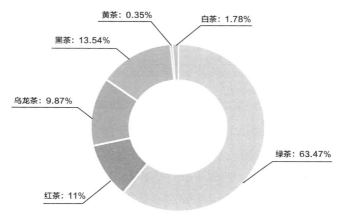

注：小数点后保留两位有效数字

图 6-34　2019 年中国各类茶产量占比情况

中国的茶叶市场非常大，2017 年我国茶叶市场销售额就已经达到 2353 亿元，同比增长 9.54%。2018 年我国茶叶市场销售额达到了 2400 亿元。2019 年我国茶叶市场销售额则达到 2739.50 亿元。估计 2019—2023 年五年年均复合增长率约为 9.01%，预测 2023 年我国茶叶市场销售额将突破 4000 亿元，达到 4010 亿元，如图 6-35 所示。

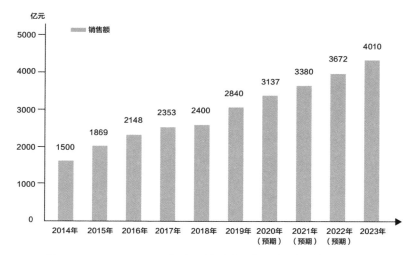

图 6-35　2014—2023 年我国茶叶市场销售额统计情况及预测

　　茶产业是一个年消费额达几千亿的庞大产业，从产业链角度看（图6-36），茶产业链的上游为茶叶来源，主要有农民个体种植、品牌企业种植、国外产地进口等；中游为茶叶销售渠道，包括国内市场、国外市场、线上销售和线下销售等；下游为消费市场，包括各种精装茶、散装茶、袋泡茶、瓶灌装茶饮等。在茶产业链的上、中、下游各个环节，都可以通过区块链技术赋能，创造更多的价值。

图 6-36　中国茶产业链剖析图

区块链是一种不可篡改的分布式记账系统，在链上的数据都有时间戳且不可篡改，满足茶叶溯源防伪业务中数据的记录要求，因此具备实际落地价值。传统的信息只对接给一个中心的记账方式，从技术的角度来讲信息是可以被篡改的，但是有了区块链以后，在溯源系统全流程覆盖的情况下，一旦发生问题，溯源系统能够快速反应，获取问题产品生产、流通等整个流程的信息，并进行排查定位，确定问题的根源，然后针对性地解决问题。通过区块链技术可彻底解决茶产业的信任和诚信问题。

6.7.2　痛点概述

传统茶产业具体痛点如下所述。

1. 文化创意问题

文化创意已经成为越来越多产业的内在核心驱动力，茶产业也不例外。很多茶叶品牌在文化创意产品上有先天的优势，但文化创意面临的两个问题——知识产权保护和利益分配问题亟待解决。

2. 信任问题

茶叶市场上充斥着各种所谓的名山名寨的古树茶或荒山茶，但基本上是卖茶者自说自话，相关信息缺乏透明度，信息数据无法共享，价格标准也难以统一，很难得到消费者的信任。

传统茶产业的供应链较长，包括种植、采收、加工、包装、仓储、物流和销售等众多环节。其中早期的茶叶种植、采收和加工环节直接决定了茶产品的质量，后期的茶叶包装、仓储、物流和销售等环节则为茶产品真假辨别带来困难，而在监管乏力、消费者辨别能力弱的背景下，将茶产品的价格与其真实品质相匹配是一件非常困难的事情。

3. 存在信息孤岛

茶产业的供应链较长，参与主体又比较多，包括茶园、茶厂、多级经销商、销售终端和消费者等，其中大部分环节的信息是相对独立、互不相通的，数据都是一个个孤岛，并没有贯通，信息传递效率低，容易造成信息丢失，影响整个产业的协同效率。如果上游维持库存过多以应对下游需求，就可能使生产、库存管理和营销风险大幅增加；反之，又可能导致供应风险增加。

4. 追责困难

在传统的茶产业经营模式下，当产业链某个环节出现纠纷时，信息可追溯性差，造成调查追责的困难大大增加，同时责任举证耗时耗力，成本太高，导致作假风险小，假冒伪劣或以次充好的现象比较猖獗，甚至出现"劣币驱逐良币"的现象。

5. 销售困难

近几年，茶产业所涉及的场地租金和人工成本持续上升，线下销售成本越来越高，线上销售则主要依靠几个中心化的大型电商平台，获客成本也越来越高，甚至已经超过了线下获客成本，导致销售压力越来越大。如何建立有效的交易机制，去中心化，减少中间环节，精准获取客源，降低交易成本，提高交易效率，已经成为茶产业的一大难题。

6. 融资困难

茶产业融资困难是一个常态问题。在茶产业链的各个环节，由于信息不对称，信用无法传递，使得信贷机构很难放贷，而民间借贷成本非常高，导致融资难、融资贵，甚至增加了很多意想不到的企业经营风险。零售商从商品入库、销售、对账到结账的过程需要时间，与分销商结款相对慢，导致分销商资金紧张。而分销商大部分属于中小企业，融资又非常困难。而且茶叶属于季节性产品，生产旺季和销售旺季是分离的，这也导致茶厂资金紧张，但由于缺乏有效的信息共享和信任机制，即使茶厂有库存和订单做抵押，也难以实现融资。

6.7.3 "茶链通"平台解决方案

由蓝源科技公司开发的"区块链＋茶产业"平台——"茶链通"平台，彻底解决了以上传统场景的业务痛点，其标志和界面分别如图6-37、图6-38所示。"茶链通"平台本质是解决茶产业内的信任和利益分配问题，能确保数据可信、互认流转，传递核心企业的信用，防范履约风险，降低业务成本，提高操作层面的效率，适用于多方参与的茶产业的业务场景。

图6-37 "茶链通"平台标志

图 6-38　"茶链通"平台界面

　　"茶链通"平台让每盒茶叶都有"身份证"。以江西某茶叶示范基地为例，相较其他茶园，这儿多了几台监测设备和一些摄像头，用来采集和记录茶树生长过程中的温度、湿度、PM2.5 值以及光照强度等生长环境数据信息。

　　收集数据只是第一步，确保这些数据能够如实记录，不被人篡改才能增加它的可信度和价值。基于"茶链通"技术打造的分布式数据库，可确保传输过来的数据直接上链，不会被任何人篡改。

　　除了茶树的生长环境数据，采摘下来的茶叶交由哪位师傅炒制，包装时间、物流运送、保存等信息也会被详细记录下来，再利用"茶链通"账本的相关技术保存之后，就可以达到防伪、可溯源和可信的目的。

　　消费者只要拿出手机对着特定的二维码扫一扫，相关信息就会在手机上呈现，就像是这盒茶叶的"身份证"一样。为防止二维码被反复使用，一个二维码只能授权被扫描一次。

"茶链通"技术具有以下特性：全网分布保存（防丢失）、多方共识记账（防篡改）、块的链式结构（易追溯）、数字签名（不可伪造）、智能合约（自动执行）。"茶链通"的这些特性可以有效地解决茶产业面临的行业痛点。

1. 提升茶产业的"文化创意"

"茶链通"自带去中心化、高度透明化、可溯源等特性，可以解决茶产业的文化创意产品的知识产权保护和利益分配两大痛点，对茶叶价值链的各个环节进行有效整合、加速流通、缩短价值创造周期。平台可以利用"茶链通"技术，打造相应的IP——基于区块链特性和虚拟市场规则，使用户能够参与茶叶相关产品IP创作、生产、传播和消费的全流程，发动专家、行家和广大人民群众一起开发基于本茶叶特色的文创产品，通过"茶链通"平台为所有茶叶文创产品进行知识产权的确权。同时，针对文创产品从取名、logo设计、包装、生产到销售等各个环节，都可以公开征集供应商和合作商，并按照事先约定的基于区块链的智能合约执行，以确保各参与方实时获益。

2. 实现茶叶的防伪溯源，容易追责，建立信任

"茶链通"技术可以将茶产品从种植到到达消费者手中的全流程信息记录下来，让每一个过程以数据的形式被固定和存储下来，使产品信息、货物运输、资金流转等全部被加盖时间戳，记录在区块链中，保证所有信息的真实可靠与透明化，保障消费者的权益，同时减少在诉讼中追责的困难，明晰各方的责任义务，确保茶产业生态的健康发展，如图6-39所示。

采收：将采收茶叶的时间、地点、天气、温度、湿度、采茶人、重量、茶叶品种、茶叶类型以及茶叶等级等数据录入区块链，并在包装上贴上二维码。

加工：将茶叶加工时间、加工师傅、加工后重量、茶叶来源、质检等数据录入区块链，并打包贴上二维码，同时可通过扫描前序二维码查看采收信息。

包装：将茶叶包装公司、包装时间、茶叶净重、毛重、操作人等数据录入区块链，并在外包装上贴上二维码，同时可通过扫描前序二维码

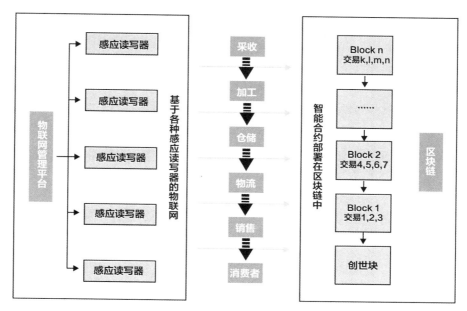

图 6-39　基于物联网和区块链技术的茶产业供应链系统图

查看采收和加工信息。

仓储：将茶叶仓储地点、入库时间、加工厂商或经销商、操作员等数据录入区块链，同时可通过扫描外包装二维码查看采收、加工和包装的信息；当然也可能出现多级经销商，有多次入库和出库的操作。

物流：将茶叶承运公司、出库时间、出库地点、订单号、目的地、到达时间、运输工具、包装编码等数据录入区块链，同时可通过扫描外包装二维码查看采收、加工、包装和仓储信息。

销售：将茶叶销售地点、时间和销售员等数据录入区块链，同时可通过扫描外包装二维码查看采收、加工、包装、仓储和物流的信息。

消费者：消费者可用手机 App 扫描外包装二维码，查看茶叶采收、加工、包装、仓储、物流和销售的整个茶叶供销过程的信息，追溯茶叶来源、辨别茶叶真伪、质量等信息。

"茶链通"平台可追溯到商品的全生命周期旅程记录，防止假冒商品、非法流通或流通作假。通过强大的加密技术及共识机制建立品牌公信力，实现品牌价值传递。

随着全社会对食品安全的要求越来越高，近年来一些大型茶企、地方性区域品牌为准确掌握茶叶生产、加工、销售等各环节的信息，已经开始陆续引入并运用相应的追溯系统。但当前的追溯系统主要使用的是射频识别（RFID）和二维码（或条形码）技术，这些技术虽已比较成熟，但也存在一些较明显的缺点。首先是安全性问题，当前系统的数据普遍存储在数据中心，一旦遭到破坏，可能造成巨大损失；其次是无法保证每个环节人工录入相关信息时不出现差错，而且各环节彼此独立，缺乏信任机制。而"茶链通"可以完美解决以上问题，利用"茶链通"平台，可以将茶叶产销各个环节产生的数据全部上链，数据一旦上链既不可篡改也不会丢失。此外，区块链可以构建各节点间的信任机制，有效保证录入信息的质量。

此外，"茶链通"技术所具有的数据不可篡改和时间戳的存在性证明的特性能很好地解决供应链体系内各参与主体之间的纠纷，实现轻松举证与追责。

3. 解决信息孤岛问题，打通茶产业各环节数据，建立大数据平台，为监控监管和科学决策提供工具

运用"茶链通"的分布式账本技术，共同维护一个分布式共享账本，使得非商业机密数据能在所有节点间存储、共享，让数据在链上实现可信流转，极大地解决了茶产业供应链上各企业间信息孤岛问题。

通过"茶链通"技术，可以打通茶产业各环节数据，建立公开透明的茶产业大数据平台，从而在整个供应链上形成一条完整且流畅的信息流，这可确保参与供应的各方及时发现供应链系统运行过程中存在的问题，并针对性地找到解决问题的方法。区块链的应用不仅能显著提升茶产业供应链管理效率，进而提升茶叶企业整体工作效率，而且可以为政府相关部门的监控监管和科学决策提供有力工具。

4. 优化茶产业的存量市场，创造增量市场

基于"茶链通"技术的茶叶销售模式，无须中心化平台即可进行，也不需要第三方支付平台，只需要点对点的交易即可实现。由于"茶链通"解决了茶产业的产品全程防伪追溯和信任问题，消费者可以直接通过"茶链通"平台下单，个性化定制自己的茶产品，甚至个性化定制

自己的茶园,不但优化了茶产业的存量市场,减少中间环节,增加利润,而且打开了茶产业的增量市场,创造出许多新的需求市场。

5. 实现茶产业供应链金融,传递信用,解决融资难问题

"茶链通"的分布式账本、智能合约等技术,为解决传统供应链金融信息不对称、信用无法传递、支付清算不能自动化按约定完成、商票不能拆分支付、背书转让的场景缺乏等问题提供了很好的方案。用"茶链通"技术对供应链的各个环节提供实时的记录,打破原本分散不互通的数据模式,通过区块链智能合约提升效率,降低放贷风险,同时也降低了重复质押的风险,有效解决中小企业融资难的问题。

6. 简化茶叶生产保险流程

茶叶生产保险品种少、覆盖范围小、界定难度大,经常会出现骗保或保险金不到位现象。将"茶链通"与茶叶保险结合,能够有效简化保险流程,最大限度地保证保险过程的公开透明化。同时让茶叶保险赔付更加智能化。以前如果发生大的农业自然灾害,茶叶保险相应的理赔周期会比较长。将智能合约引入区块链之后,一旦检测到灾害,就会自动开启赔付流程,这样赔付效率更高,能更有效地保护茶农权益,如图 6-40 所示。

图 6-40　基于区块链的茶叶保险流程图

6.7.4　整体优势

在当前经济新常态下，"茶链通"将为茶产业赋能，不断颠覆传统茶产业的经营模式、组织架构、商业规则、产业链条、竞争格局等，并延伸出许多新的商业模式和销售模式。

（1）颠覆以生产企业为主导的传统思维。今后茶叶相关企业可以运用区块链思维，应用"茶链通"技术，真正深入研究消费者的需求和变化，特别是研究新一代消费者的需求和偏好，以此调整企业的发展规模、产品方向和创新内容。

（2）改变传统茶叶营销理念和方式，为茶叶市场细分提供了现实可能性。茶叶企业未来需要用大数据精准定位目标客户，提供精准服务，并以精良的服务实现与客户的密切互动，为不断改进产品质量、推动产品创新提供可能。

（3）重新构造产品分销渠道。"茶链通"平台能促进商流、物流、信息流、资金流融合，大大压缩中间环节、降低成本、提高流通效率，必然不可避免地对传统分销渠道、组织和环节产生冲击，进行重构，创造出新的渠道和方式。

（4）对茶叶传统品牌传播渠道和方式提出挑战。未来在区块链技术，特别是区块链结合 AI、大数据等技术的推动下，精准化传播将成为重要的传播方式，微信营销方式可能对人们的购买决策产生影响。"茶链通"平台将重构茶叶行业竞争格局，打开茶产业发展的新时代。

（5）使茶叶从种植、采摘、加工、包装、仓储、物流到交易的各种数据链公开、透明、可视，改造与优化茶产业供应链体系，让茶叶及其衍生品信息咨询便利快捷，产业价值流通自由，降低茶叶交易成本和茶文化传播成本，带动多领域茶衍生产业，构建与市场智能化和数字化高度匹配的茶产业新生态。

（6）将茶叶从种植到销售完整的信息流记录上链，同时加盖时间戳和各环节数字签名，精细到一物一码。消费者可以查看记录在区块链上的茶叶的完整信息，解决了信任问题。

（7）实现茶产业供应端和消费端的点对点的互动和交易，不仅能帮企业快速找到消费者，解决经营成本、库存问题，还能帮助消费者追本溯源，解决传统交易渠道中产品质量无法保证的问题。

（8）记录茶叶的生命周期旅程，同时加上区块链的智能合约，可以构筑支撑多行业应用的茶产业服务体系，包括防伪、溯源、所有权保护、品牌保护、品牌培育、渠道支持、价值保护、交易信用、透明消费、自动结算、售后服务保障、价值公正、信用传递、融资贷款、市场决策、大数据分析和行业管理等。通过全过程的鲜活数据采集和激活，实时将数据账本加密上链，多节点建设统一账本机制，使得茶叶实现全流程追溯，构建一个可信、高效的茶叶区块链溯源平台。数据、技术、平台的三重整合，让"茶链通"的管理更加科学有效，数据更加安全，助推产业标准化进程。

"茶链通"必将在茶产业得到广泛的应用，并在业务流程优化、协同效率提升、可信体系建设和产业降本增效中发挥越来越大的作用，极大地促进产业转型升级和创新发展。

6.8 区块链＋供应链金融的行业应用

6.8.1 供应链金融产业链分析及运用场景

供应链市场的规模近年来备受关注。国家统计局数据显示，规模以上工业企业应收账款净额从 2005 年的 3 万亿元，增加到 2016 年的 12.6 万亿元，增长了 4.2 倍，但 2016 年我国商业保理业务量仅有 5000 亿元，说明我国供应链金融市场具有广阔的发展空间。据普华永道测算，我国供应链金融的市场规模将会保持平稳增长。该报告推测从 2017 年到 2020 年的增速在 4.5%～5%，到 2020 年，我国供应链金融的市场规模将会达到约 15 万亿元，如图 6-41 所示。

图 6-41　2015—2020 年供应链金融市场规模

　　供应链金融围绕银行和核心企业，管理供应链上下游中小企业的资金流和物流，并把单个企业的不可控风险转变为供应链企业整体的可控风险，将风险控制在最低限度。相比传统的融资模式，供应链金融在融资方面具有独特优势和价值。

　　供应链金融作为供应链管理里对应资金流的重要环节，可将供应链上的核心企业及其相关的上下游配套企业作为一个整体，以产业链为依托、以交易环节为重点、以资金调配为主线、以风险管理为保证、以实现共赢为目标，为整条供应链提供融资等整体解决方案（图 6-42）。与传统对公信贷侧重大中型企业不同，供应链金融能够在掌握整条供应链上的商流、

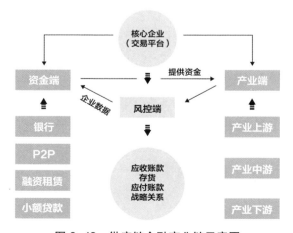

图 6-42　供应链金融产业链示意图

信息流、物流和资金流的全局图景后为中小企业提供更快捷方便的资金融通支持。不同于过去以商业银行为单一主体的模式，它是以核心企业、物流企业、产业互联网平台等为主要组织者。供应链金融业务也因此由简单的贸易融资产品变成一种面向供应链所有成员的系统性财务安排。供应链金融业务除了融资安排，还涉及若干中间业务服务，包括财务管理咨询、现金管理、应收账款管理、支付结算、资信调查和贷款承诺等，在涉及国际贸易的领域还可以提供货币和利率互换等金融创新服务。

6.8.2　痛点概述

随着供给侧改革和工业转型发展推进工作不断深入，中小微企业面临的融资难、融资成本高问题逐渐凸显。为推动金融业提高服务能力，支持工业加快转型升级，国家各部委制定一系列相关政策，鼓励供应链金融产业快速健康发展。然而在传统供应链金融业务开展过程中仍存在诸多问题与挑战，总结如下：

1. 供应链上各企业间存在信息孤岛

传统的供应链上下游各企业的信息是相对独立、互不相通的，这样对于银行等金融机构来说大大增加了风控难度，给企业融资和金融机构渗透都带来巨大的障碍。

2. 核心企业信用不能传递

信息孤岛问题导致上游供应商和下游经销商与核心企业之间的贸易信息不能得到有效的证明，而传统的供应链金融工具不能有效地传递核心企业的信用。此外，银行承兑汇票准入条件比较高，商业汇票存在信用度低等问题，导致核心企业的信用只能传递到一级供应商（经销商）层面，而不能在整个供应链上实现跨级传递（图 6-43）。

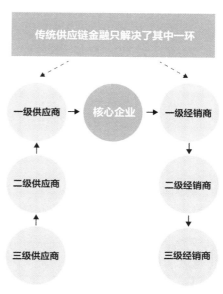

图 6-43　供应链金融信用传递示意图

3. 缺乏可信的贸易场景

在供应链场景下，核心企业可以为可信的贸易背景做背书，银行通常也只为核心企业及其一级供应商的融资需求提供服务。而整个供应链上的其他中小企业则缺乏实力来证实自身的还款能力及贸易关系的存在，在现存的银行风控体系下，难以获得银行融资，银行也很难渗透供应链从而进行获客和放款。整体来讲，可信的贸易场景只存在于核心企业及其一级供应商之间，而缺乏更加丰富的可信贸易场景。现阶段商业汇票、银行汇票作为供应链金融的主要融资工具，使用场景受限且转让难度较大。在实际操作中，银行对于签署类似应收账款债权"转让通知"往往非常谨慎，甚至要求核心企业的法人代表去银行当面签署，造成实际操作难度非常大。

4. 履约风险难以有效控制

上游供应商和下游经销商与核心企业之间、融资方与金融机构之间的支付和结算完全受限于各个参与主体的契约精神，不确定性因素较多，存在挪用资金、恶意违约等现象，履约风险难以有效控制。

5. 融资难，融资成本高

当前上游供应商和下游经销商往往存在较大的资金缺口，但是核心企业的背书不足以解决银行的优质贷款。而民间借贷成本又非常高，导致融资难、融资成本高，甚至增加了很多意想不到的企业经营风险。根据制造业巨头富士康的测算，其一级供应商的融资成本可能是5%，二级供应商的融资成本为10%，三级供应商的融资成本则达25%，甚至更高，而且链条越往两端，融资金额也会越小。

6.8.3 "融益链"平台解决方案

由蓝源科技公司开发的"区块链＋供应链金融"平台——"融益链"平台，彻底解决了以上传统场景的业务痛点，其标志和界面分别如

图 6-44 "融益链"平台标志

图6-44、图6-45所示。"融益链"将分布式账本、非对称加密、多方协同共识算法、智能合约等技术融合，结合区块链的不可篡改、链上数据可追溯的特性，非常适用于多

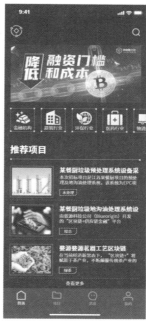

图 6-45 "融益链"平台界面

方参与的供应链金融业务场景。"融益链"技术能确保数据可信、互认流转，传递核心企业的信用，防范履约风险，降低业务成本，提高操作层面的效率。具体表现如下：

1. 解决供应链上各企业间信息孤岛问题

运用"融益链"的分布式账本技术，共同维护一个分布式共享账本，使得非商业机密数据能在所有节点间存储、共享，让数据在链上实现可信流转，极大地解决了供应链上各企业间信息孤岛问题。

2. 传递核心企业信用

通过将可流转、可融资的确权凭证写入"融益链"，核心企业信用可以沿着生产、销售、贸易链路传递，进而解决了传统的核心企业信用不能向多级供应商、经销商传递的问题。一级供应商（经销商）在签收核心企业签发的凭证后，可根据真实的生产、销售、贸易背景，将其进一步拆分、流转给下一级供应商（经销商），而在拆分、流转过程中，核心企业的背书效用不变，而且整个凭证的拆分、流转过程都是不可篡改、可追溯的。

3. 丰富可信的贸易场景

在"融益链"架构下，系统可对供应链中贸易参与方的行为进行约束，进而对相关的交易数据整合及上链，形成线上的基础合同、单证、支付等结构严密、完整的记录，以佐证贸易行为的真实性。银行的融资服务可以覆盖到核心企业及其一级供应商（经销商）之外的供应链上其他中小企业。在丰富可信的贸易场景的同时，可以大大降低银行的参与成本。

4. 智能合约防范履约风险

智能合约是一个区块链上的计算机程序，在满足执行条件时可以自动执行。使用基于"融益链"平台的智能合约可以确保生产、销售、贸易链路交易双方（多方）都能够如约履行合同，可极大地提高交易双方的信任度和交易效率，并有效防范履约风险。

5. 降低融资门槛和成本

利用"融益链"平台，核心企业的上下游企业可以更高效地证明生产、销售、贸易的真实性，并共享核心企业的信用。可以在满足市场需求的同时实现核心企业的上下游企业的融资需求，从根本上解决融资难和融资成本高的问题，提高整个供应链上资金周转效率。

6.8.4 整体优势

"融益链"平台在供应链金融方面的优势，主要体现在以下方面：

1. 基于加密数据的交易确权

区块链应用对供应链的信息化提出了更高的要求。目前，不少行业的核心企业和一级供应商（经销商）都具有较好的信息化水平，但链条上其他层级的中小企业信息化程度难以达到银行的数据标准。同时，如果链条上不同主体采用不同类型的信息管理系统，信息传递就会缺乏一致性和连续性，容易形成信息孤岛，难以获得有效的数据以进行风险判断及管理，也难以核实交易的真实性。可见，区块链应用的前提之一，是全链的信息化。

区块链在资产管理领域开始显现出重要的应用价值，实现各类资产的确权、授权和交易监管的实时性。对于在网络环境下难以监管、保护的无形资产，区块链基于时间戳技术和难以篡改等特点，可以在虚拟环境下提供监管和保护。而对于有形资产，如存证、应收账款和数字智能资产，可以在虚拟环境下实现现实世界中的资产交易，例如对资产的授权和使用控制、产品溯源等应用。

"融益链"为供应链上各参与方实现动产权利的自动确认，形成难以篡改的权利账本，解决现有权利登记、权利实现中的痛点。以应收账款权利为例，通过核心企业 ERP 系统数据上链实现实时的数字化确权，避免了现实中确权的延时性，对于提高交易的安全性和可追溯性具有重要的意义。一是可以实现确权凭证信息的分布式存储和传播，有助于提升市场数据信息的安全性和可容错性。二是不需要借助第三方机构进行交易背书或者担保验证，而只需要信任共同的算法就可以建立互信。三是可以将价值交换中的摩擦边界降到最低，在实现数据透明化的前提下确保交易双方匿名、保护个人隐私。

2. 基于存证的交易真实证明

交易真实性的证明要求记录在虚拟世界的债权信息中，必须保证虚拟信息与真实信息的一致性，这是开展金融服务、风险控制的基础。供应链金融需要确保参与人、交易结果、单证等是以真实的资产交易为基础的。采用人工手段验证交易真实性，存在成本高、效率低等巨大不足。大型企业供应链在快速运作中，人工验证难以实施。解决供应链金融的核心问题之一即交易的真实性问题，需要在虚拟环境下，从交易网络中动态实时取得各类信息，进行信息的交叉验证来检验交易真实性，成为供应链金融目前的关键技术之一。

"融益链"平台的信息交叉验证是通过算法来验证交易网络中的各级数据，包括：各节点的计算机系统、操作现场、社会信用系统（税务、电力部门等）等截取的数据，中间件、硬件（如 GPS、RFID 等）等获取的节点数据。验证的方式包括：链上交易节点数据遍历，检验链上交易数据的合理性；交易网络中数据遍历，验证数据的逻辑合理性；时序关系的数据遍历，验证数据的逻辑合理性。通过以上三重数据交叉验证，形成由点到线再到网络的交易证明系统，可全面检验交易真实性，最终获得可信度极高的计算信用结果。

应收账款的真实性涉及主体、合同、交易等要素，其真实性的逻辑关系解释包括三点：一是主体的真实性，即交易双方是真实、合法的主体；二是合同的真实性，即基础合同的真实、合法，如果签名、公章是伪造的，则属虚假合同；三是交易的真实性，即发生实质上的资产交易。但是真实的合同也可能产生虚假的应收账款。例如，虚开交易单证或虚报交易金额以获得更多的贷款，就是虚假的应收账款。所以，以应收账款为信用管理的最小单元具有合理性。线下开展业务时，需要对主体身份进行确认、对合同进行确认、对交易进行验证等。但验证签章的真实性、单证的真实性等受技术条件的限制，是产生风险的环节。

"融益链"平台通过区块链、物联网、互联网与供应链场景的结合，基于交易网络中实时动态取得的各类信息，多维度地印证数据，提高主体数据的可靠性，如采购数据与物流数据匹配、库存数据与销售数据印证、核心企业数据与下游链条数据对比，以降低信息不对称所造成的流程摩擦。

3. 基于共享账本的信用拆解

"融益链"平台的目标是对中小企业融资实现全面覆盖，一般来说，一个核心企业的上下游会聚集成百上千家中小供应商和经销商。"融益链"平台可以将核心企业的信用拆解后，通过共享账本传递给整个链条上的供应商及经销商。核心企业可在该"融益链"平台登记其与供应商之间的债权债务关系，并将相关记账凭证逐级传递。该记账凭证的原始债务人就是核心企业，那么在银行或保理公司的融资场景中，原本需要去审核贸易背景的过程在平台上就能一目了然，信用传递的问题可迎刃而解。

4. 基于智能合约的合约执行

"融益链"平台的智能合约为执行供应链金融业务提供自动化操作的工具，可缓解现实中合约执行难的问题，高效、准确、自动地执行合约。以物权融资为例，完成交货即可通过智能合约向银行发送支付指令，从而自动完成资金支付、清算和财务对账，提高业务运转效率，一定程度上降低人为操作带来的潜在风险与损失。

6.9　区块链＋水务的行业应用

6.9.1　水务产业链分析及运用场景

政府部门从顶层设计的高度为区块链定调，并给出清晰的目标导向，金融、政务、民生等将在未来几年内成为区块链行业落地的热点领域。其中，政务、民生都与水务息息相关。水的多重属性使得区块链技术在水务行业管理和产业发展中具有一定的应用潜力，尤其在智慧水务、水资源精细化管理和水资本经营等方面具有极高价值。例如，在缴费服务过程中，由于区块链自带不可篡改的属性，且全程可追溯、查询，从而建立信任机制，提高缴费的稳定性，解决了出账速度慢、通知慢的问题，极大地提升了安全性。同时，在水务行业的上下游产业链中，关于服务、商务等方面的应用也应运而生。

我国水务行业产能持续增长，市场空间大，水价仍处于低位，尚有较大上调空间，目前水务行业发展逐步转向三四线城市及农村地区，同时黑臭水体治理、水环境综合整治成为行业新的增长点。水务行业外部发展环境较好，行业政策频发，投资模式和市场范围得以拓展，大额投资需求仍将持续；同时，随着在建水务项目产能逐步释放，预计行业整体盈利能力有望提升，偿债能力将继续保持稳定。发债水务企业数量和发债规模均大幅增加，水务企业整体信用水平将继续保持良好。联合资信认为，水务行业信用风险很低，整体信用评级展望为稳定。

水务行业作为弱周期性行业，行业发展程度与经济增长水平、人口数量及城市化进程等因素高度相关。同时，随着近年来我国环保监管的趋严和生态治理的需求升级，在相关政策的支持下，黑臭水体治理、海绵城市建设、农村水环境治理等新兴领域的需求正快速增长，市场发展潜力较大。整体来看，水务行业的市场容量正不断扩大。

水务行业在"十二五"期间的年均增速达 24%。2017 年，水务行业投资额达 5276.78 亿元。随着政策落地，预计到 2023 年，我国水务行业的年投资额将突破 8600 亿元，如图 6-46 所示。

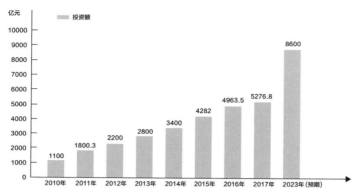

图 6-46　2010—2023 年中国水务行业投资规模及预测

　　水务行业投资规模不断增长，令行业保持高速发展态势，市场稳步扩大。2010 年，我国水务行业规模以上企业销售收入仅为 1003.0 亿元；到 2018 年，规模以上企业实现销售收入 2473.3 亿元，同比增长 5.04%，如图 6-47 所示。

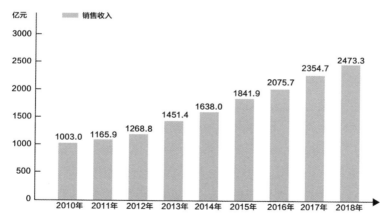

图 6-47　2010—2018 年中国水务行业规模以上企业销售收入及预测

　　从水务行业的发展历程及水务企业运营特点来看，水务行业具有天然的垄断性、价格的稳定性、产品的不可替代性、服务的社会性等特点（图 6-48），从而决定了其服务对象（工业企业和居民用户）、上下游产业（包括设计院、工程公司、药剂和设备供应商等）具有较大的黏性。由于价格稳定，因而具有较强的抗经济波动性，其资产证券化成为金融

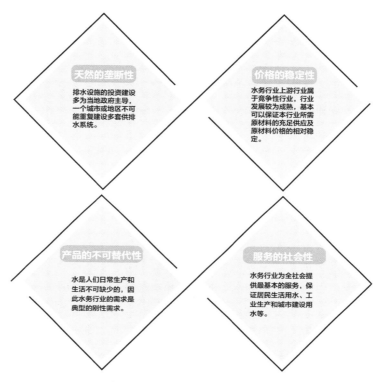

天然的垄断性

排水设施的投资建设多为当地政府主导，一个城市或地区不可能重复建设多套供排水系统。

价格的稳定性

水务行业上游行业属于竞争性行业，行业发展较为成熟，基本可以保证本行业所需原材料的充足供应及原材料价格的相对稳定。

产品的不可替代性

水是人们日常生产和生活不可缺少的，因此水务行业的需求是典型的刚性需求。

服务的社会性

水务行业为全社会提供最基本的服务，保证居民生活用水、工业生产和城市建设用水等。

图 6-48　水务行业特点示意图

运营的热点。区块链技术也将成为主要应用手段之一。

随着互联网、物联网、大数据、云计算技术的开放性发展，以水务行业中的智能水表为代表的一些水务硬件设备，很可能以软件为纽带成为物联网应用的先行者，无论是数据资产的挖掘与应用，还是用户与水务公司之间的产权确认，未来的发展都值得期待。

6.9.2　痛点概述

1. 水务行业数字化缺乏动力

（1）在宏观层面上，缺乏激励机制与监管机制。对于行业管理而言，行业缺乏共识，没有大方向的引导，多数水务公司对区块链技术的了解还停留在概念层面，缺乏实际应用，没有真正的体验。就政府部门而言，对一些涉及国计民生的数据也缺乏监管机制。而监管机制不仅仅是监审政府部门财政支付成本的需要，也是对用户数据资产确权的需要。从事体上看，缺乏一个统一标准，没有做到"书同文，车同轨"，客观上存在信息孤岛问题。虽然目前政府相关部门与行业协会制定了一些智慧水务的标准，但离区块链对数据标准的要求尚有相当的距离，任重道远。

（2）在微观层面上，水务公司内生动力不足。首先，水务公司与用户之间数据的确权几乎没有采取任何措施，无论是技术手段还是法律体系都缺乏应有的保障。其次，水务公司之间没有形成合力，对数据提供方如何建立激励机制，尚未有应用案例。虽然水务公司的数据非常有价值，但缺乏规模效应，真正发挥作用的实际应用案例较少。

2. 数据的价值挖掘能力不足

数据都有地方区域特性，虽然拿出来就可以用，但需要把原数据交出来，这依赖于相关水务公司的主观意愿，水务公司缺乏一个可信的数据使用环境；当前各家水务公司的数据格式不统一，特别是有很多非格式化的数据，需要一个专业的团队先对数据格式进行统一，再做数据清洗，然后打标签等，这个过程非常麻烦，所以过去很多大数据公司并没有做真正意义上的数据交互，这也是受限于整个客观环境的。

3. 传统领域增长空间有限

传统的水务市场领域经过多年建设，基础设施已相对完善，城市及县城用水普及率和污水处理率上升空间有限，尤其在供水方面，随着我国用水效率逐步提高，预计未来供水量增速将逐步下滑。但随着《水污染防治行动计划》（简称"水十条"）等政策的出台，在污水处理、黑臭水体治理、海绵城市建设、农村水环境治理等领域市场空间正逐步释放，其中新市场领域将在未来成为行业重点投资领域和新的利润增长点。

4. 项目回款不确定性加大

水务企业的核心竞争优势在于稳定的项目回款周期。近年来随着水务企业"跑马圈地"，传统的供水和污水处理领域的优质项目已基本布局完毕，新开发项目存在区域经济体量小、区域财力偏弱的问题。水环境综合治理等新领域项目回款则主要采取政府购买服务的方式，项目回款高度依赖于地方政府财力和支付意愿，而我国地方政府债务压力大，导致水务企业未来项目回款不确定性加大。此外，以水务企业为中心的上下游产业链之间的资金流，也迫切需要尽快建立基于区块链技术的智能合约一类的信用机制。

5. 市场竞争加剧

近年来我国水务行业政策推动力度大，凭借相对稳定的投资回报率和相对较低的技术门槛，大量企业携资本进入，行业竞争加剧。由于水务行业具有较明显的规模性，规模较大的企业在集约化管理等方面存在较明显优势，因此行业内企业一方面通过新承接项目的方式实现内生增长，另一方面以并购实现外延式发展仍将是其快速增长的重要方式，预计在一系列的并购后，行业集中度将进一步提升。

6. 项目运营成本上升

近年来陆续出台的水务行业政策对水务企业，尤其是污水处理企业的出水标准提出了较高的要求，对于违规企业的处罚力度也大幅提高。但是，污水处理企业在其服务区域内，仍面临部分工业企业偷排超标水，导致其进水水质超标的问题，污水处理企业只能通过增加药剂使用量或处理工序以实现出水水质达标，从而导致运营成本上升。

7. 易受融资环境变化的影响

近年来水务市场空间持续增长，我国水务行业基础设施投资加速，水务企业投融资压力大，非筹资性现金流持续净流出，融资能力对于企业现金流的维持有重要作用。此外，由于行业存在资本密集性特征，融资成本也在一定程度上影响水务企业的盈利能力。2018 年以来，国内融资环境相对放松，各期限国债收益率基本呈波动下行态势，但债券市场风险事件不断，对发债企业而言，融资环境仍较复杂。

6.9.3　W-CHAIN 水务区块链平台解决方案

由蓝源科技公司开发的"区块链＋水务"平台——W-CHAIN 水务区块链平台，重塑水务产业，解决了以上传统场景的业务痛点，其标志和界面分别如图 6-49、图 6-50 所示。W-CHAIN 水务区块链平台将分布式账本、非对称加密、多方协同共识算

图 6-49　W-CHAIN 水务区块链平台标志

法、智能合约等技术融合，结合区块链的不可篡改、链上数据可追溯等特性，将水务问题的各种方法学智能合约化，连接分散的水务数据孤岛，构建覆盖全球的环境可信数据监测、采集、存储、传输、管理平台，非常适用于多方参与的水务业务场景。

图 6-50　W-CHAIN 水务区块链平台界面

（1）W-CHAIN 水务区块链平台为水务行业数字化提供驱动力。W-CHAIN 水务区块链平台首先为水务数据进行确权和资产化处理，进而可以深度挖掘水务数据的价值。例如每户水务的用水数据、智能消防栓的确权管理等。W-CHAIN 水务区块链平台为智慧水务及水务数字化保驾护航，对水务数据的提供方提供相应的激励机制，这样可以加快推动水务行业数字化的进程。W-CHAIN 水务区块链平台保证了数据，尤其是一些敏感数据的安全性，为使用水务数据提供一个可信的环境，确保使用水务数据产生需要的结果，但数据本身不直接移交给使用方，也使水务数据提供方的利益得到保障。

（2）针对水务企业项目回款不确定性问题，W-CHAIN 水务区块链平台运用区块链和物联网技术追踪和记录重要的过程数据，并通过智能合约，将所有条款用程序锁定，可以防止公司和政府背弃原先承诺。

（3）针对水务市场竞争加剧问题，唯有技术创新才能增强企业的核心竞争力，W-CHAIN 水务区块链平台将区块链技术创新应用于水务产业，开拓出水务的一片蓝海市场。例如，"区块链＋水务"可将各个区域水务的数据确权，将用户的数据作为大数据流量入口，可以打开整个互联网市场。

（4）针对水务项目运营成本上升问题，可以通过 W-CHAIN 水务区块链平台对水务处理的全过程实行可信监管，既可避免当地部分工业企业偷排超标水，也能节约项目的运营成本。

（5）针对水务产业易受融资环境变化的影响问题，可以通过W-CHAIN 水务区块链平台解决交易的信任问题，从新基建、供应链金融等方面增加融资、合作通道。

6.9.4　整体优势

随着经济水平增长、城市化进程加快，传统水务企业智慧化、信息化步幅加大，在生态环境建设刻不容缓的背景下政策导向趋势明显，政策扶持和市场需求双重加持，水务行业的发展前景利好。W-CHAIN 水务区块链平台的新兴技术融合加速资本流入，在使水务行业竞争加剧的同时，也将带动整个行业呈现出欣欣向荣的景象。

W-CHAIN 水务区块链平台在水务数据确权和资产化的基础上，规划和设计有效的经济激励模型，将权利、义务、激励有机结合，实现水务数据和资产在各国政府、企业、协会、社会和个人之间高效可信流通、共享和交换，将水务数据和资产的利益主体、监管机构、行业协会和个人纳入有机的治理体系中。

6.10　区块链＋能源的行业应用

6.10.1　能源产业链分析及运用场景

随着全球经济发展放缓，能源行业的发展进入了低速增长期。传统业务模式和盈利模式曾经给能源企业带来高速发展，但是由于不再适应数字化、低碳化的新经济格局的要求，能源企业面临新的挑战，比如，如何以能源用户为核心对企业既有的系统做出改变？

2019 年我国全年能源消费总量为 48.6 亿吨标准煤，比上年增长 3.3%。煤炭消费量增长 1.0%，原油消费量增长 6.8%，天然气消费量增长 8.6%，电力消费量增长 4.5%。煤炭消费量占能源消费总量的 57.7%，比上年下降 1.5 个百分点；天然气、水电、核电、风电等清洁能源消费量占能源消费总量的 23.4%，上升 1.3 个百分点，如图 6-51 所示。

图 6-51　2015—2019 年清洁能源消费占能源消费总量比重

2015—2019 年我国可再生能源发电装机规模不断扩大，2019 年我国可再生能源发电累计装机同比增长 9%，达到 7.94 亿千瓦，占全部电力装机比重由 2016 年的 35% 升至 2019 年的 40%，如图 6-52 所示。

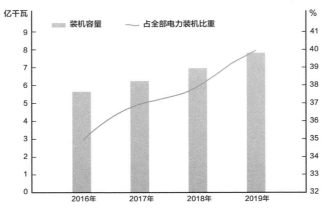

图 6-52　2015—2019 年我国可再生能源发电装机容量及占比

细分来看，截至 2019 年底，我国风电、光伏发电装机容量分别达 2.1 亿千瓦、2.04 亿千瓦（图 6-53），首次"双双"突破 2 亿千瓦，这标志着行业发展的又一里程碑。在新增装机方面，风电装机继续向"三北"地区汇集，该地区的新增装机规模全国占比达到了 55%，而华北、西北仍为光伏新增装机的集中区，该地区的新增装机规模全国占比达到了 50%。

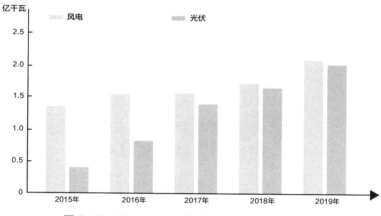

图 6-53 2015—2019 年各类可再生能源装机量

区块链与能源系统的结合，可以助推能源品类的丰富化、能源系统的分布化、能源交易的市场化、电网的智能化。

能源区块链是一个复合概念，顾名思义，将区块链技术运用到能源相关领域。目前，对于能源区块链的研究大多处于初级阶段，其目标是借助区块链去中心化的禀赋优势，实现对能源相关系统的效率提升和优化运营。作为能源领域的一个发展分支，能源区块链研究应用的源动力来自区块链技术。因此，为了帮助理解，我们从区块链本身的技术特点和禀赋优势开始，介绍能源区块链这一趋势创新。

6.10.2 痛点概述

1. 价格不透明

能源行业价格不透明是众所周知的：消费者很少能理解电力账单的构成。账单通常都是估算的，终端消费者的能源价格与生产价格基本不挂钩。

2. 当前电力传输损耗率高，企业融资难

能源行业规模庞大且资金量巨大，交易主体非常复杂，导致各环节之间的交易成本、结算成本很高。另外，因缺乏有效的信用机制，导致能源行业数据共享利用率很低。

6.10.3　"信能链"平台解决方案

由蓝源科技公司自主开发的"区块链＋能源"应用——"信能链"平台，可巧妙地解决能源行业的业务痛点，其标志和界面分别如图 6-54、图 6-55 所示。

图 6-54　"信能链"平台标志

图 6-55　"信能链"平台界面

　　"信能链"平台通过区块链的分布式账本、非对称加密、多方协同共识算法、智能合约等技术融合，巧妙利用其不可篡改、链上数据可追溯的特性，达到数据可信、互认流转，传递核心企业的信用，防范履约风险，降低业务成本，提高操作层面的效率。具体表现如下：

　　1. 对物联网智能设备的管理

　　"信能链"平台支持通过物联网收集的主数据的管理。物联网和区块链可实现更高效的网格管理，更好地协调多个智能设备。智能设备根据供需来管理能源使用。区块链技术将房屋持有者转换为区块链节点，允许增加执行智能合约的智能设备。智能设备的能源优化，能够使能耗更加有效（峰谷差别），能源优化、降低成本、加速交易，建立相关各方之间的信任，进行高效的数据管理和跟踪。物联网智能设备的管理示意图如图 6-56 所示。

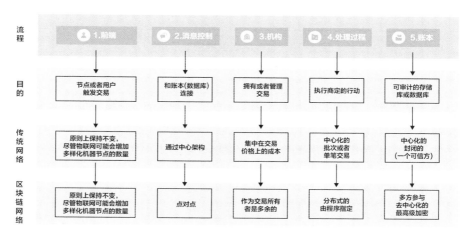

图 6-56　物联网智能设备的管理示意图

　　2. 智能电表数据管理

　　从智能电表中采集的供求信息可以在区块链平台进行管理；经过智能电表的电力流向加密保存在区块链上。区块链作为支持技术，管理通过仪表收集的所有数据，便于实时监控、控制和优化，为消费者提供安全地将数据子集共享到市场的能力。智能电表数据管理示意图如图 6-57 所示。

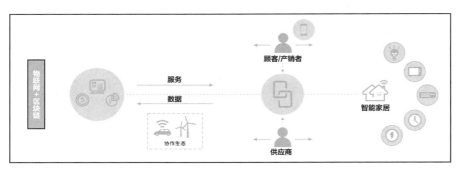

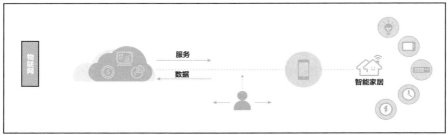

图 6-57　智能电表数据管理示意图

3. 资产管理——绿色能源追溯

"信能链"平台能促进消费者进入电力市场，使消费者能够追踪能源的来源。区块链可用于记录绿色商品的精确数量或使用 / 生成的能源，然后将其与记录结果相匹配，证明该系统已使用绿色能源，这将提高绿色能源关税的商业价值。

6.10.4　整体优势

1. 追踪和认证

区块链账本允许对需要可追溯性的所有过程进行保密和分布式登记（交易担保、财产转移跟踪、文件认证、运输、供应链、备件、欺诈检测）。

2. 资产和供应链管理

区块链将通过管理数字和实物资产的能力以及去中心化的沟通方式来改善资产和基础设施的管理。

3. 智能电表和消费管理

在网格级，区块链可以实现智能电表、生产和分配系统之间的信息交换；在家庭层面，区块链可以根据物联网数据自动优化能耗。

区块链并不是一种全新的技术，只是多种成熟技术的组合。因此，使用区块链以后，系统的核心组成还是相似的，但是传统模式中的机构的角色变成了多余的，用户之间可以直接进行交易，如图 6-58 所示。

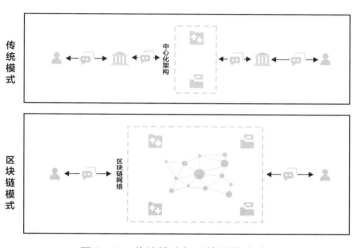

图 6-58　传统模式与区块链模式对比

6.11　区块链＋餐饮的行业应用

6.11.1　餐饮产业链分析及运用场景

民以食为天，无论经济繁荣还是低迷，餐饮行业始终表现出穿越周期的稳定增长。中国餐饮行业的真正起步是在改革开放之后，历经 41 年的长期稳定高速发展，到 2019 年，中国已经成为仅次于美国的世界第二大餐饮市场。据国家统计局数据，2019 年社会消费品零售总额中餐饮收入规模达 4.67 万亿元，同比增长 9.4%，由 1978 年的 54.8 亿元增长近 780 倍，41 年间年均复合增长率（compound annual growth rate，CAGR）达 17.89%。产业规模突破万亿元的速度越来越快，以 1978 年为基点，突破 1 万亿元历时 28 年，从 1 万亿元到 2 万亿元历时 5 年，而从 2 万亿元到 3 万亿元仅用 4 年，从 3 万亿元到 4 万亿元仅用 3 年，如图 6-59 所示。以近三年中国、美国的餐饮产业收入的平均增速预估，中国餐饮业有望在 2023 年超过美国，成为全球第一大餐饮市场。

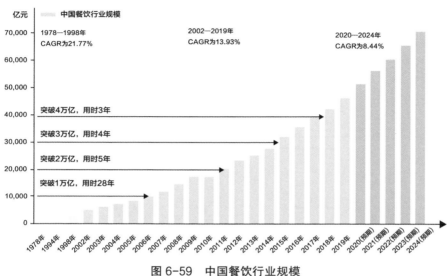

图 6-59　中国餐饮行业规模

餐饮产业链是一个贯穿资源市场与需求市场，由为餐饮业产业化产前、产中、产后提供不同功能服务的企业或单元组成的网络结构。产业链包含供应链，供应链是产业链的核心部分。餐饮产业链如图 6-60 所示。

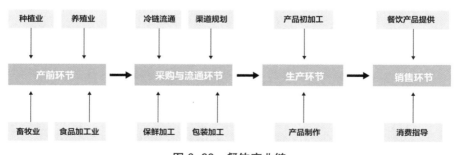

图 6-60　餐饮产业链

区块链技术之所以能在餐饮业立足，与其不可篡改、公开透明、可追溯的特点是密不可分的。在共享经济下，最重要的就是信任度，如何让消费者放心买、放心吃，是餐饮企业需要着重考虑的事情。

6.11.2 痛点概述

在当今餐饮行业发展过程中，主要存在以下几个痛点：

（1）对于消费者来说，首要问题是餐饮安全，也就是如何让消费者真正吃得放心。

（2）大多数投资者不愿意投资餐饮行业。餐饮企业融资难，一方面是因为餐饮企业上市难，投资者退出通道窄。餐饮企业上市难的一大原因就是数据的真实性存疑，这里的数据指的是与财政相关的数据。国内 A 股中鲜有餐饮行业的上市公司，其原因就是餐饮行业现金流难核实，容易造假，因而被证监会特殊对待。另一方面是因为餐饮企业的财务收支不透明，投资者的投资回报不明确，有一定的投资风险。例如，每一个连锁餐饮的品牌都很值钱，品牌资产实实在在存在，并且是优质的无形资产，但是餐饮老板拿不到手，不能用，也不能花。同时餐饮行业"假加盟、真骗钱"的例子层出不穷，投资者担忧交了加盟费以后，品牌方给予的支持不够。

（3）餐饮企业的管理烦琐复杂。餐饮行业单是食材管理一项就需要花费巨大的时间成本和资金成本。餐饮行业产业链条长，包含从原材料选购、库存管理、菜品研发、菜谱设定、品控管理、安全防控等数十个环节。因此，餐饮行业所面临的现实往往是"重投入，轻回报"，并且"很难做大"。

6.11.3 "觅食"区块链平台解决方案

基于餐饮行业痛点和区块链发展现状，加拿大 Activator Tube 公司开发了"觅食"区块链平台。它将区块链与餐饮行业相结合，把区块链的智能合约等技术引入餐饮行业中，优化和改善现有的餐饮行业业务模式和服务模式。其标志和界面分别如图 6-61、图 6-62 所示。

图 6-61 "觅食"区块链平台标志

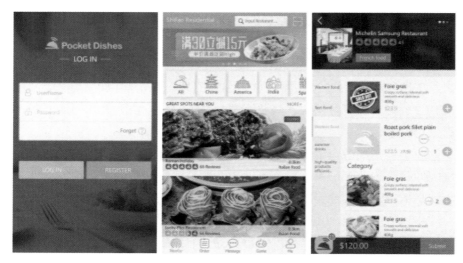

图 6-62 "觅食"区块链平台界面

在餐饮行业，加拿大 Activator Tube 公司与北美知名餐饮管理系统公司已经合作多年，致力于将高科技应用于餐饮行业。

1. 解决餐饮安全问题

"觅食"区块链平台首先解决的是餐饮行业最关心的问题——食品安全。用户只需扫描二维码，就能知道所消费的食物的来源，真正实现产品的溯源。这些信息是完整的、不可篡改的，能做到让消费者吃得放心。

2. 助力餐饮企业融资

"觅食"区块链平台可以确保每一笔收支都清清楚楚，确保餐饮企业财务、法务、业务的规范，供应链的追寻可核实，收入可核实，餐饮企业的财政破绽会减少，一方面可让投资者放心投资，另一方面解决了传统餐饮企业上市难的问题，这样的良性循环，能更好地推动餐饮行业的发展。通过"觅食"区块链平台的智能合约技术，可以实现多渠道融资，例如消费者消费付款的同时，相应的款项就可以通过"觅食"区块链平台进行实时利润分账，所有参与者（包括投资者、经营者、供货方等）都可以查询基于区块链技术不可篡改的相应交易记录，并实时按照智能合约约定获得应有的收益。

3. 规范餐饮行业的管理

"觅食"区块链平台的去中心化系统，可以为每一种食材创建一个资料库，记录每一种食材的储存条件、交货时间、原产地等信息，可以加快信息的获取和流动，大大降低食材管理和食品溯源的成本，从而为餐饮企业节省成本。此外，"觅食"区块链平台上的联盟链对于同一品类、同一赛道的企业是有很大帮助的，它可以把同行业的企业并入联盟链中，做到顾客资源共享，扩大同品类的规模。当同品类的规模提升时，对于任何一家联盟成员，好处都是显而易见的。联盟链是没有上限的，可以只共享顾客资源，也可以联合工会、财政部门、银行、运输单位、福利中心、店铺房东等，甚至是顾客，成为一个大的联合体，也就是所谓的共生型组织。

4. 解决信任问题

"觅食"区块链平台可以解决相互信任的问题，先定义好规则，比如加盟商把资产存储在区块链中，品牌方每完成某一项支持，系统就自动将资产转给品牌方。

6.11.4 整体优势

在当前经济新常态下，"人工智能＋区块链＋通证经济"为餐饮行业提供了一个新的生态，利用人工智能连接商户和消费者，降低获客成本；用区块链可信数据打造餐饮品牌和口碑，降低品牌建设和推广成本；用通证奖励机制，让消费者参与生态自传播自运营，降低传播成本。

6.12 区块链＋地产的行业应用

6.12.1 地产产业链分析及应用场景

地产行业在任何国家都是关系国计民生的命脉行业。2019 年，全国商品房销售额达到 16 万亿元，是 2003 年销售额的 20 倍，创历史新高。同时，根据恒大研究院最新测算，2019 年房地产业和拉动上下游行业的增加值分别占 GDP 的 7%、17.2%，合计占比 24.2%；对 GDP 增长的贡献率分别高达 7%、18%，合计占比 25%，超过所有单一行业。而在 1999 年，房地产对 GDP 的比重为 17.1%，对 GDP 增长的贡献率为 14%。二十多年过去了，房地产经历了几个周期的宏观调控，但是占GDP 的比重及对 GDP 增长的贡献率不降反升，分别提高了 7.3 个百分点和 11 个百分点。房地产行业相关数据如图 6-63 所示。2020 年的经济形势本身已经较为困难，由于新冠肺炎疫情的"黑天鹅"扰动，经济形势变得更加复杂。在这种情况下，为了实现全面建成小康社会的阶段性目标，房地产行业的稳定运行将是重要保证。

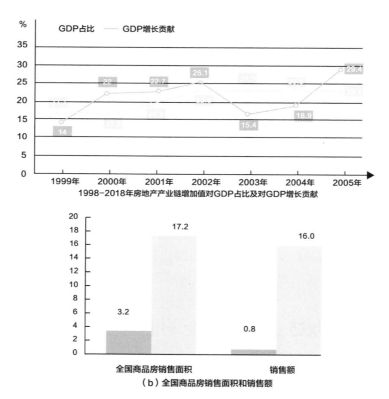

图 6-63　房地产行业相关数据

这几年数字技术的快速兴起对房地产开发商产生了重大影响。随着科技型企业开始进军房地产领域，未来行业将会产生重大变化。成功的房地产开发商将专注于整体解决方案，将业务的可持续性、灵活性与经验和技术相融合。新的商业模式逐步涌现，而风投资金也将大量涌入在商业技术中最具有发展前景的领域，区块链和智能合约将可能成为未来交易的重点领域。区块链的加密技术使得交易主体可以更好地建立信任关系，公开的点对点分布式账本保证了信息的透明公开，区块链上数据的不可篡改性杜绝了欺诈风险。基于区块链的这些特征，区块链技术未来将主导房地产交易机制，通过重新定义合同形式，区块链技术与智能合约将在未来的地产行业中发挥重要作用。它不仅可以改变交易形式，而且可以与公共服务相关，如管理能源、水、垃圾回收类的账单，停车费等。

房地产的产业链很长，直接涉及的包括房地产开发、装饰装修、物业管理、房地产经纪与交易、房屋租赁、房地产评估、房地产测绘以及下游环节的建筑和建材市场等，而间接涉及的包括原材料钢筋、水泥、家电、家纺，城市配套的公安局、检察院、法院、学校、超市等。据统计，房地产业的周边分布着大小 60 多个产业和一大批政府部门、公共事业部门，形成了一条独特的庞大的房地产业生物链。

从技术特点来看，区块链技术在房产管理、所有权确认和转移等过程中应用前景最好。从具体应用场景来看，美国当前房地产行业运用区块链技术最多的三个领域是房产管理、地产租赁与交易和财产登记转移，而我国对于创新区块链房地产平台的探索仍处于初期阶段，主要围绕数据上链展开，也有部分公司围绕房产产权交易展开。

6.12.2　痛点概述

全球地产行业经过最近几十年的快速发展，行业痛点越发明显，主要体现在以下几个方面：

1. 尽职调查和财务评估程序成本高昂、时间漫长

当前地产行业的过程活动大都是基于身份证明的书面文件展开，这种方法需要投入大量时间和精力进行尽职调查和财务验证。这种人工验证过程还会增加出错的可能性，并可能涉及多个第三方服务提供商，从而导致成本高昂、时间漫长。同时房地产买卖双方的搜索流程较为复杂，并且真实性和安全性有待提高。拥有大量数据源的房地产平台把控房地产搜索市场，例如，根据美国各州规定的不同，卖家需要按照房屋总价

支付一定比例的"挂牌费"（listing fee）。

2. 物业管理复杂，效率低下

传统的物业管理非常复杂，涉及许多利益相关者：业主、物业经理、租户和供应商等。当前大多数房产要么通过线下人工书面文件进行管理，要么通过多个软件程序进行管理，而这些软件程序彼此通常不能很好地兼容。

3. 地产交易流程复杂

整个购房流程牵涉到诸多利益相关方。以二手房交易为例，无论国内外，普遍涉及土地登记处，买方和卖方，各自的律师和抵押贷款提供者，抵押贷款调查员和房地产经纪人等角色。任何两方的不信任或者拖延，都会让整个流程更为耗时和复杂。

4. 产权管理易出错

目前，财产所有权的认定通常是基于书面文件，为出错和欺诈创造了机会。据美国土地产权协会称，房产交易专家发现交易过程中25%的房产存在瑕疵。任何已发现的瑕疵在被修正之前，都会导致将财产所有权转让给买方是非法的。这意味着业主通常要缴纳高额法律费用，以确保其财产的真实性和准确性。此外，房产欺诈对全球房产所有者造成风险，迫使许多购房者购买产权保险。另外，由于地产行业涉及不同的资产类别和公司类型，造成相应的产权和资本的确定、转移和管理都要经历非常复杂的流程。

5. 融资和支付成本高、周期长

在传统的地产行业，由于需要大量文件和各种中介机构的参与，房产交易融资和付款方式缓慢，昂贵且不透明。当房产通过抵押融资以及需要进行国际交易时，这些问题尤为突出。根据北美房地产经纪人协会的数据，目前住宅房产抵押贷款批准程序平均需要30～60天才能完成，而商业房地产的处理则比住宅房地产更为复杂，其获得批准所需的时间更长，通常约为90天。

6. 房地产投资门槛高

当前，房地产投资只适用于那些能够拿出大量资本的机构，特别是在商业地产和公寓住宅方面的投资，需要的资金都比较多。购房者可能会出现短期的现金周转困难，而房产拥有者也无法通过出售房产的部分产权来变现。此外，房地产投资往往涉及昂贵的中介机构，如基金经理，这进一步提高了投资门槛。

6.12.3 "房心链"平台解决方案

基于地产行业痛点和区块链发展现状，加拿大 Activator Tube 公司开发了"房心链"平台，其标志和界面分别如图 6-64、图 6-65 所示。它将区块

图 6-64 "房心链"平台标志

链与地产行业结合，将分布式账本、非对称加密、多方协同共识算法、智能合约等技术引入地产行业中，优化和改善现有的地产业务模式和服务模式，用科技解决地产行业中存在的信任问题，非常适用于多方参与的地产行业业务场景。

图 6-65 "房心链"平台界面

在地产行业，加拿大 Activator Tube 公司与北美房地产巨头 RE/MAX 温哥华分部已经合作多年，致力于将高科技应用于地产行业。

"房心链"平台能确保数据可信、互认流转，防范履约风险，降低业务成本，提高操作层面的效率。具体表现如下：

1. 通过数字化提高效率，降低成本

"房心链"平台将由区块链技术认证的销售合同和房产抵押数字化，简化了转让房产所有权的过程，同时还增加了一定的安全性。参与该过程的所有人，包括买方、卖方、房地产经纪人、买方银行和土地登记处，都有自己的数字身份。使用"房心链"平台上的数字身份，可以安全地在线处理整个过程，大大提高效率，降低成本，增强数据安全性并减少人工出错的可能性。例如，房地产物业的数字身份可以整合诸如空置情况、租户资料、财务和法律状态以及绩效指标等信息。

"房心链"平台致力于打造基于区块链的房源共享系统（multiple listing system，MLS），打造一个开放的、可自由访问的全球房地产平台和数据市场，并且保证数据透明公开。该平台允许所有房地产从业人员，基于区块链账本交换和分享数据，让数据不再被各种巨头所把控，从而降低房地产买卖双方的搜索成本。企业、经纪人、代理商、业主等可以向全球受众推销他们的房产，并且不以牺牲自己对数据的所有权为代价。"房心链"平台的数据库是去中心化存储的，为所有信息提供者所共有，而非属于某个集中式组织。"房心链"平台对房源信息提供者仅收取极少的挂牌费，用户向平台添加或验证信息时，还能获得相应奖励，鼓励买家自由地在全球范围内收集房源信息。

在"房心链"平台上任意一方都可以使用单个应用程序并利用智能合约技术安全地发送和签署官方文档。所有参与者都可以查看相关文档和信息，并且过程中的所有环节都经过验证。

2. 提高物业管理效率

通过使用"房心链"平台支持的智能合约的单一分布式应用程序，从签署租赁协议到管理现金流量再到提交维护请求的整个物业管理流程都可以安全透明地进行，传统的租赁合同转变成智能租赁合同，在区块链平台上使用智能租赁合同可以让租赁条款和交易更透明。例如，在住宅房地产租赁过程中，房东和房客以数字化的方式签署一份智能合约，其中包括租赁价格、付款频率以及租户和房产的详细信息。根据商定的条款，智能合约可以自动启动租户向房东支付房租的程序，以及向任何进行定期房屋维修的承包商付款的程序。在租约终止时，智能合约也可

以设置为自动将押金返还给租户。

3. 促进透明交易和智能管理

"房心链"平台为住宅和商业地产创建了一个全球性生态系统,可实时追踪所有交易和注册信息。该系统可建立在全球性的分布式房地产账本上,为地产和相关金融服务,提供与时俱进的智能合约制定标准。使用"房心链"平台的智能合约系统,执行并永久保留所有地产交易和注册的历史,包括抵押协议、销售合同和租赁协议在内的房地产常见合同等,并使项目自动执行,从而让整个过程减少不必要的拖延,且更为透明。通过"房心链"平台的分布式账本记录信息可信度极高,能提升利益相关方的相互信任程度,各方就不必再依赖单一的事实来源(通常是中介或律师),这大大降低了交流沟通的成本,减少了欺诈、腐败和信用风险。"房心链"平台在获得许可后,可以跟踪和审计财产的完整财务历史记录,且链上的记录不可篡改。因此,对应地产的各项指标,比如还贷款的违约率和空置率等都容易计算出来,从而更好地、综合地计算整体交易风险。

4. 简化产权管理

通过在"房心链"平台的加密分布式账本中存储信息,构建物业所有权的不可篡改数字记录,可以简化产权管理问题,并允许人们通过智能合约进行财产转移,使其更加透明,有助于降低产权欺诈的风险和额外保险的需求。通过"房心链"平台将土地所有权资料存储在公共区块链中,这样就不会出现盗窃、损坏、破坏或欺诈现象。通过"房心链"平台的智能合约,在没有第三方公证人员参与的情况下可进行可靠交易,因此能提高产权和资本管理效率,减少和去除冗余流程和人力消耗。"房心链"平台也可以帮助产权机构验证客户身份、银行账户所有者以及安全传输有线信息,旨在减少欺诈造成的损失并降低运营成本。

5. 简化融资过程,降低支付成本

"房心链"平台可以大大简化融资过程,并且使全过程更加透明。例如,经验证的房产数字身份可以减少尽职调查和等待贷款文件的时间,从而加快抵押贷款审批流程。借款人和贷款人通过"房心链"平台签订基于智能合约的不可篡改贷款文件,所有相关合法机构均可以获取。根据穆迪投资者服务公司发布的一份报告，运用区块链技术可以为美国抵押贷款行业每年节省 20% 的费用，约为 17 亿美元。通过"房心链"平台，房地产经纪人、买家、卖家和租房者都可以在平台上查看邀约情况，还可以获取房地产产权、抵押合同等法律文件和房屋检查报告。

6. 降低投资门槛

一方面，"房心链"平台可以将记录房地产产权转移的文档上链。例如，房主将个人房产转移到公司名下，使用区块链技术，能完全在线且迅速地完成交易。在宏观的投资层面上，区块链也成为跨国地产投资的一种有效途径。通过通证化系统设计，地产会成为流动性更高的投资，并为外国投资者提供更低的准入门槛；区块链将信息存储在去中心化的数据库中，为所有投资者提供同样的数据库通道；最后，通证化系统还降低了和传统跨境投资相关的高额附加成本。对于地产投资，区块链对中小型公司最为有用。这些公司一般需要花费更长时间筹措资金，但是通证化系统允许它们更快更高效地筹措资金，一旦效率大幅度提升，中小公司将在房地产市场拥有更强的话语权，改写市场格局。

另一方面，通过"房心链"平台的智能合约和分布式记账技术，可连接资产端和金融机构端，将大额资产通过相应的智能合约拆分成多个，再分配给多家金融机构出售。投资者可以通过金融机构投资经智能合约拆分的小额不动产。"房心链"平台的不可篡改性保证了整个交易的安全与公平："房心链"平台作为连接两端的中心，在资产经过智能合约拆分并绑定后，任何个人或机构包括"房心链"平台本身都不能进行更改。所有资产的权限和收益放在区块链上，产权、资产回报率等变得透明化。

6.12.4　整体优势

在当前经济新常态下，"房心链"平台为地产行业赋能，不断颠覆地产行业的经营模式、组织架构、商业规则、产业链条、竞争格局等，并延伸出许多新的商业模式和销售模式，解决地产行业的许多挑战。

1. 提高信任度和透明度

区块链技术为共享信息（如估价细节）提供了可验证且具有抗审查能力的选择。

2. 减少孤岛数据库

地产交易流程将受益于安全和防篡改的共享数据库，可以实现在一个地方汇集来自不同利益相关者的数据和文档。

3. 提高交易效率

传统房地产交易通过汇款进行，需要昂贵的验证流程，可能需要数天才能完成。基于区块链的交易可以简化流程，从而实现快速交付并降低成本。

4. 减少中介的使用

许多中介机构，从经纪人到托管公司，都可能会被淘汰，因为记录可以使用区块链技术进行存储、验证和转移，大大降低成本并节省时间。

6.13　区块链＋保险的行业应用

6.13.1　保险产业链分析及运用场景

改革开放以来，我国经济社会快速发展，保险行业由小到大，从一个基础薄弱的小行业逐步发展成为关系到我国国计民生的重要行业，保险业的行业面貌和服务经济社会的能力发生了深刻变化。一个以国有保险公司为主体，中外保险公司并存，外资保险公司争相入市，多家保险公司竞争发展的保险市场新格局已初步形成。随着中国社会主义市场经济体制的逐步完善，作为金融三大支柱之一的保险业具有更广阔的发展前景。

据银保监会网站发布的 2019 年保险业经营数据显示，截至 2019 年底，保险业总资产 20.56 万亿元，同比增长 12.18%，全年累计原保费收入 4.26 万亿元，同比增长 12.17%。细分来看，财产险行业原保费收入 1.16 万亿元，同比增长 8.16%；人身险行业原保费收入 3.1 万亿元，同比增长 13.76%，其中健康险原保费收入 7066 亿元，同比增长 29.7%。在赔付支出方面，2019 年保险行业 1.29 万亿元，同比增长 4.85%。细分来看，财产险赔付 6502 亿元，同比增长 10.26%；人身险赔付支出 6392 亿元，同比降低 0.14%，其中寿险业务赔付支出 3743 亿元，同比降低 14.72%。2012—2019 年全年中国保险业原保费收入统计及增长情况如图 6-66 所示。

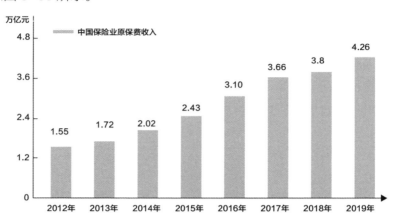

图 6-66　2012—2019 年全年中国保险业原保费收入统计及增长情况

基于区块链的开放、可拓展、成本低且执行效率高以及计算服务范围广等特点，区块链技术在保险行业的产品开发、风险防范、流程优化以及相互保险等领域具有非常广泛的应用价值。

据普华永道不完全统计，目前全球正在进行的区块链应用场景探索中，有 20% 以上涉及保险。作为将信任视为核心价值主张的保险行业，与天生携带信任基因的区块链技术本就是"天生一对"，保险行业成为区块链最理想的落地场景之一，由此引发的颠覆性改变值得期待。

6.13.2　痛点概述

经过了几十年"野蛮"生长，保险业增速放缓，"跑马圈地"的时代已经过去。我国的保险业与发达国家相比还有差距，我们只有清楚地认识到差距、认识到行业痛点，才能更好地赶超。

对于客户来说，客户在购买保险后一般会存在以下几个痛点：

（1）事故发生无人报。曾经买过什么类型的保险，客户有时候自己都不清楚，当事故发生后，想不起来报案理赔，甚至有时瞒着家人买保险，自己出险以后无人办理理赔。

（2）不懂得每张保单的保险责任。因为有很多保单，但是由于不清楚每张保单的保险责任，风险事故发生后也会给客户带来烦恼，分不清到底哪一张应该是应对此次风险的。

（3）理赔资料各不相同。拥有多张保单的客户，事故发生后最大的理赔难题就是各家公司需要提供的理赔资料是不一样的，怀着悲痛的心情频繁地往返于各家保险公司和医院之间，浪费大量的时间和精力。

（4）产生理赔纠纷。因为销售者对保险责任的夸大和过度的包装，让客户产生过高的预期，到真正理赔时曾经的承诺不能兑现，不可避免地出现理赔纠纷。

造成这些痛点的主要原因就是后续跟进服务的缺失，过去保险行业普遍存在"一锤子"买卖，注重产品交易，不关心后续的持续服务，加之保险从业者流动性特别大以及专业性不够，不能保证长期为客户提供精准服务。

6.13.3 "美安链"平台解决方案

蓝源科技公司自主开发的"区块链＋保险"应用——"美安链"平台，可巧妙地解决以上保险行业的业务痛点，其平台标志和界面分别如图 6-67、图 6-68 所示。

图 6-67 "美安链"平台标志

图 6-68 "美安链"平台界面

"美安链"平台通过区块链的分布式账本、非对称加密、多方协同共识算法、智能合约等技术的融合，打通保险机构与其他相关组织之间数据共享的"最后一公里"，巧妙利用其不可篡改、链上数据可追溯的特性，达到数据可信、互认流转，传递核心企业的信用，防范履约风险，降低运营成本，提高效率，并创造出信息资源服务公众的普惠性红利。具体表现如下：

1. 大幅降低保险行业运营成本

区块链作为天生的"记账专家"，赔偿标的价值可以追本溯源，并实现永久性审计跟踪。据测算，保险业采用区块链技术可节省 15% ～ 20% 的运营成本。

2. 显著提高保险公司的理赔效率

借助区块链的赋能，保险行业的理赔流程可完成全新迭代，并实现理赔效率的飞速提升，增强客户的体验满意度。

3. 加强保险公司产品开发的广度与深度

由于区块链数据的开放性，行业间在合规的前提下可以做到数据共享，实现产品的快速迭代和演进。

4. 增强保险产品的自我弹性

柔性赔付机制可以使保险公司更好地分布存量资金，提高资金的配置效率，也能提高赔付的精准度。

5. 帮助保险行业识别与防控客户的道德风险

通过区块链的公开信息，可对个人身份信息、健康医疗记录、资产信息和各项交易记录进行验证，做到核保、核赔实现准确判断，同时把一票多报、虚报虚抵等欺诈行为挡在门外。

6.13.4 整体优势

"美安链"平台在保险行业的应用，主要基于以下方面发挥优势：

（1）建立信任机制，助力保险企业防范骗保。从本质上讲，区块链是一种按照时间顺序将数据区块以顺序相连的方式组合成的链式数据结构，其中，分布式验证、点对点传输、PoW 和 PoS 等共识机制以及加密算法等核心区块链技术都能够在保险领域发挥作用。基于这些核心技术，可以有效解决目前保险业中存在的部分"痼疾"。例如，客户与保险公司之间的信任问题一直是制约保险行业发展的瓶颈。过去很长一段时间里，由于保险公司与客户之间存在一定的信息不对称，保险欺诈现象屡见不鲜，导致保险公司蒙受损失。而为了弥补这些损失，保险公司会选择提高保费、缩小保障范围等手段，最终这些保险公司承担的损失仍会返还到客户身上，不利于行业健康发展。通过"美安链"平台，保险公司可以将每笔交易永久记录在分布式账本上，并通过严格的权限限制保证安全。通过将索赔信息记录存储到分布式共享总账上，将有助于各家保险公司共同合作，识别出行业内可疑的欺诈行为。可以进一步防范信息不对称和信任风险，无论是保险公司还是客户，都可以有效降低成本，提升保险行业整体服务质量。

因此，反欺诈也成为将区块链技术融入保险业中最先应用的方向之一。

（2）利用区块链自身适合记录数据信息的内生特性，可以为医疗健康数据保驾护航。将分布式账本技术用于记录医疗健康数据，可有效构建患者的电子病历和疾病数据，实现多方在区块链平台上对数据的共享等，且在访问时，无论是保险公司还是医疗机构，都会产生不可篡改的记录，因此，也为医疗健康数据的透明提供了可追溯性。

（3）"美安链"平台在智能合约、个性化定制的保险业务、财险、再保险和意外伤害保险等领域均有更多的发展空间，仍有更多潜力可以挖掘。

6.14 区块链＋木门的行业应用

6.14.1 木门产业链分析及运用场景

近年来，全球木门行业实现持续快速发展。整体来看，在世界经济复苏的背景下，全球木门市场需求在未来几年仍将持续增长，木门行业将呈现多元化的发展格局，产品更加丰富，产业和品牌聚集度将进一步提高，区域特色进一步凸显，产品贸易快速增长。

在我国，随着居民消费水平的提高和城镇化步伐的加快，木门行业迎来了极大的发展空间，为了与批量需求相适应，木门行业改变了"木匠上门"手工制作的传统和产品单一实用的形象，迅速转入规模化定制设计、大规模工业化生产和产品由实用向装饰、环保综合发展的全新阶段。我国木门行业起步较晚，但近年来发展非常迅速。2005 年至 2016 年间木门行业产值一直保持持续增长的趋势，2016 年行业产值比 2005 年增长了 4 倍；2011 年以来，受国内房地产市场调控的影响，木门行业增速有所放缓，但仍保持稳健发展的趋势。中国木材与木制品流通协会的资料显示，2015 年中国木门销售收入达到了 1092.72 亿元，2016 年我国的木门行业总产值达到 1280 亿元，同比增长 6.7%；2017 年全国木门行业总产值达到 1460 亿元，同比增长 10.6%，规模以上企业超过 3000 家。若以 6.7% 的复合增速计算，2020 年我国木门行业总产值将会达到 1657 亿元，如图 6-69 所示。

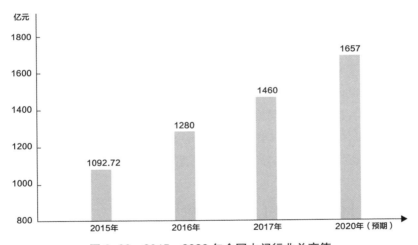

图 6-69　2015—2020 年全国木门行业总产值

　　我国已经成为世界上最大的木门生产基地、出口基地和消费市场，但是国内木门产业仍然以作坊式中小企业居多，区域特征明显，尚未出现全国性领导品牌。与此同时，受到房产调控政策以及环保政策的限制，中小企业的生存压力越来越大。我们认为，木门行业面临新一轮洗牌的同时也蕴含着整合的机遇，能够引领行业由产品价格的竞争向品牌质量、设计服务的竞争过渡。

木门作为家居生活和装饰装修的必需品，有较强的刚性需求，整个产业呈弱周期性。木门行业的发展与房地产行业存在一定的相关性。但是，除去新购住房的木门需求，二次装修以及保障性住房工程等因素将创造对木门的持续性需求，从而抵消短期内新房销售波动带来的影响。

木门产业链分为上、中、下游，如图 6-70 所示。

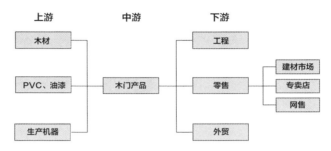

图 6-70　木门产业链示意图

木门产业链上游主要有作为基础原料的木材、用于表面处理的 PVC 膜和油漆等化工原材料以及生产设备等三部分。木材是主要原材料，占木门生产成本的 50% 以上。以江山欧派为例，板材和半成品两项占原材料的 55.4%。其中中纤板成本占板材成本的 52%，占原材料成本的 22.6%。而 2017 年下半年以来，中纤板的价格逐步走高，导致木门的原材料成本上升，压缩企业利润。从基础化工原材料以及五金配件来看，该部分上游行业的生产及销售已形成较为完善的市场化竞争，大型木门企业对上游供应商有较强的议价能力。总体而言，五金配件和 PVC 膜的价格波动对原材料成本的影响有限。木门产业链的下游则由 B 端（企业端）客户，如房地产开发商和装修公司，以及零售市场主要参与者 C 端（消费者端）客户构成。

根据用途，门可分为进户门、室内门两类。进户门主要有纯钢质进户门与装甲门；室内门以木门为主。根据构造和用材的不同，目前在市场上比较常见的室内门有实木门、实木复合门和夹板模压门，如图 6-71 所示。

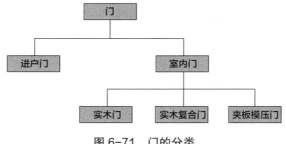

图 6-71　门的分类

　　实木复合门和夹板模压门以外观精美、质量稳定、资源利用率高、保温隔音效果好、性价比高等优点，成为目前木门热销产品。实木门虽然具有天然、环保、美观、大方等诸多优点，但由于其较为昂贵的价格，仅是小众的选择。室内门分类及介绍见表 6-3。

表 6-3　室内门分类及介绍

种类	工艺	优点	缺点	定位	终端售价（元 / 套）
实木门	天然木材直接加工	天然、环保、高端、大气、隔音效果好	易开裂、易变形、价格高	高端	3000 以上
实木复合门	门芯多以松木、杉木或进口填充材料等黏合而成，外贴密度板和实木木皮，经高温热压后制成，并用实木线条封边	款式多、隔音、隔热、强度高、耐久性好	怕水、贴面易破损	中端	1000～3000
夹板模压门	由两片带造型和仿真木纹的高密度纤维模压门皮板经机械压制而成，门板内是空心的	不易变形、开裂，经济实用	隔音效果差、不能浸水和磕碰	低端	350～1000

6.14.2　痛点概述

1. 缺乏"管理创制"，竞争力不强，整个产业链连接不紧密

　　当前木门生产企业大多产业聚集程度低，走的是劳动密集型、粗放经营路线，致使产业链上下游连接不紧密，提高了整个家具行业的成本。

而在成本急剧上升的情况下，很多企业面临诸多压力，企业运作不规范、人员素质低，缺乏长远发展规划，在产品设计、生产技术、质量控制等方面的管理力度不够，原创性低、自主品牌少，导致木门产业整体竞争力不强。木门行业需要突破性发展，必须要经历一段产业链调整期，即改外部扩张为内部调整，改粗放式生产为品质化建设，改低劣化复制为规模化发展，建立起一条完善的产业链，而且产业链的每一个环节的企业都要共同担当，任何一个环节出现问题整条产业链都会受到影响，迫切需要能将整条产业链很好连接起来的技术和机制。

2. 利润低，缺少高附加值的"文化创意"产品

目前木门行业整体利润偏低，甚至有些木门只有几元钱的利润，原因有多方面：其一，原材料价格上涨，木材、油漆、五金、胶合剂等原材料的价格不断上升，尤其木材方面，国内现有的森林资源已经无法满足旺盛的木材需求，相当一部分木材需要依赖进口，据不完全统计，我国木材价格近 5 年已翻倍增长；其二，劳动力成本上涨，由于我国劳动力市场供求关系发生变化，出现劳动力结构性短缺，技术工人普遍难招，劳动力供需区域失衡，直接导致劳动力成本不断上升，甚至催生出新兴产业——招工中介的历史性繁荣；其三，整个行业的产品同质化非常严重，缺乏高附加值的"文化创意"。

3. 技术门槛低，缺乏"技术创造"

木门行业因为技术门槛低，市场空间广阔，很多家具企业以及地板企业也纷纷进入。与此同时，企业缺乏研发创新热情，导致市场同质化问题显著，市场竞争激烈，而且大部分中小企业机械化程度较低，市场产品质量参差不齐，影响行业发展。

4. 整体缺乏"服务创新"

木门行业不仅需要强调生产制造，更需要强调"服务创新"，应该以区块链技术为基础，并运用数字化技术，完善木门行业的服务体系，建立完善的产业资源链，打通木门行业上下游各个环节，加深企业间合作，加速产业链升级，加快木门行业的"服务创新"。

6.14.3 "门链通"平台解决方案

蓝源科技公司具有多年区块链技术开发经验，面向当前木门行业的市场需求，完全自主研发了一款基于区块链智能合约的应用——"门链通"平台，其平台标志和界面分别如图6-72、图6-73所示。

图 6-72 "门链通"平台标志

图 6-73 "门链通"平台界面

"门链通"平台将区块链与木门行业完美结合，把区块链的智能合约等技术引入木门行业中，让木门行业更加高效、更加智能以及更加便捷，优化和改善现有的业务模式和服务模式，用科技解决木门行业中所存在的信任问题。

1. 提升木门行业的"管理创制"

"门链通"可以从产业链的平台层面，为整个产业链提供可信的运营基础、高效的运营方法，从产业联盟角度去推动产业链的健康发展，基于区块链、数字化技术打造产业联盟的多层联动平台。

现在很多地方都开始推行"链长制"，产业链链长主要负责：调研梳理产业链发展现状，全面掌握产业链重点企业、重点项目、重点平台、关键共性技术、制约瓶颈等情况；研究制定产业链图、技术路线图、应用领域图、区域分布图，实施"挂图"作业；制订完善做大、做强、做优产业链工作计划，统筹推进产业链企业发展、招商引资、项目建设、人才引进、技术创新等重大事项；精准帮扶产业链协同发展，协调解决发展中的重大困难问题等。有一些省份按照"一位省领导、一个牵头部门（责任人）、一个工作方案、一套支持政策"的工作模式，针对产业发展现状和特点，全面梳理供应链关键流程、关键环节，精准打通供应链堵点、断点，畅通产业循环、市场循环，推动大中小企业、内外贸配套协作各环节协同发展，维护产业链、供应链安全稳定，协力推进产业链发展。所有这些工作都迫切需要一个可信的运营基础、高效的运营方法，也需要从产业联盟角度去推动产业链的健康发展，因此，基于区块链、数字化技术打造产业联盟的多层联动平台势在必行。

2. 提升木门行业的"文化创意"

"门链通"技术自带去中心化、高度透明化、可溯源等特性，可以解决木门行业的文化创意产品的知识产权保护和利益分配两大痛点，将木门产业价值链的各个环节进行有效整合，加速流通，缩短价值创造周期。可以利用"门链通"技术，打造木门行业 IP——基于区块链特性和虚拟市场规则，使用户能够参与木门行业 IP 创作、生产、传播和消费的全流程，发动专家、行家和广大人民群众一起开发具有木门行业特色的文创产品，通过"门链通"为所有文创产品进行知识产权的确权，同时针对文创产品从取名、logo 设计、包装、生产到销售等各个环节，甚至针对其中部分环节的投资，都可以公开征集供应商和合作商，并按照事先约定的智能合约执行，以确保各参与方实时获益。

3. 提升木门行业的"科技创造"

经过多年的发展，尤其是经历了新冠肺炎疫情，我们更加认识到用科技武装传统的人员密集型木门行业的重要性。在"1024 会议"上，习近平总书记强调"把区块链作为核心技术自主创新的重要突破口"，"门链通"技术正是我们以木门区块链为突破口，发起的一轮木门行业的"科技创造"活动。例如，我们可以运用"木门区块链＋研学"让学生为自己打造产品、利用"木门区块链＋VR"将一款款新产品上网上云，让更多的客户直观感受产品，这些技术可以大大提升木门行业的"科技创造"能力。

4. 提升木门行业的"服务创新"

"门链通"技术的高度透明化、可溯源性，可以为木门行业提供技术保障，大大提升木门行业的服务水平。例如与健康关系最大的甲醛释放量，已经成为人们衡量家具是否环保的一个重要指标。特别是近几年，国家相关质检部门不断公布不合格产品名录，加之网络信息传播速度空前，消费者对木制品甲醛释放量的关注度普遍加强，木门企业必须由资源消耗型向资源节约型和环境友好型转变，所以绿色环保木门将成为行业未来发展的主流。另外，据世界卫生组织白皮书显示，世界上 2/3 的建筑物内的空气中有害气体超标，其中超过 64% 的污染源来自木制品。我们可以通过"门链通"的高度透明化、可溯源性核心技术对木门产品的原材料进行溯源，对生产过程全程记录，提升"服务创新"水准。

6.14.4　整体优势

"门链通"平台在木门行业的应用，主要基于以下方面发挥优势：

（1）"门链通"平台是价值互联网平台，具有高度透明化和可消除信任依赖的特点。区块链中数据信息对所有人公开，有利于保证交易费用的透明性及产品和服务的真实性，解决木门产业链各个环节之间的信任问题。

（2）"门链通"的核心理念是去中心化。这一特点在木门行业中的应用具体可以表现为去掉中间代理商，减少交易环节，大大降低交易成本及提高交易效率。

6.15　区块链＋大宗商品交易的行业应用

6.15.1　大宗商品交易产业链分析及运用场景

2020 年 4 月，大宗商品供应指数较上月大幅回落 21.7 个百分点，达到 105.2%，显示大宗商品市场受生产企业全面复工复产导致的商品供应激增的压力有所缓解，但整体仍处于高位，特别是 4 月指数大幅回落和 3 月基数较高有关（2020 年 3 月，大宗商品供应指数激升至 2017 年以来的最高点），当前市场供应依然处于高压态势。从各主要商品来看，4 月各类商品供应量较 3 月继续增加，但增速均出现明显回落，如图 6-74 所示。

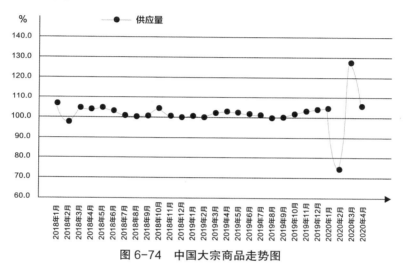

图 6-74 中国大宗商品走势图

6.15.2 痛点概述

一直以来，煤炭、大宗商品交易都给人以强信用、低信息化的印象。但是和传统制造业等行业对比，煤炭行业的另一特殊之处是整个产业链并没有所谓的"供应链核心企业"，供应链结构复杂、交易信息透明化程度低、行业融资难且规模可观等。因此，如何使整个行业在交易过程中实现高效管控、低交易风险等成为行业发展急需解决的难题。

6.15.3 煤贸金链平台解决方案

在上述背景下，2016 年，作为我国唯一一家国家级煤炭交易所的上海煤炭交易所有限公司，由事业单位成功改制为有限公司，开始通过信息化、数字化手段为行业探索新的商业模式，发起建立了煤炭能源产业区块链金融服务平台——煤贸金链平台。该平台于 2018 年 12 月正式上线运营，并完成首单基于区块链技术的煤炭大宗商品全交易现货流程，成为国内首个基于区块链技术的煤炭大宗商品全交易现货流程服务平台，是区块链技术在大宗商品交易领域的典型应用。

目前上海煤炭交易所下设煤炭贸易物流中心、平台研发运营中心、大数据研究院，其产业范围包括煤炭贸易物流体系，交割场所涵盖上游、港口与电厂等。

上海煤炭交易所是如何想到利用区块链技术解决大宗商品交易的痛点和难题的呢？据上海煤炭交易所副总裁周欣晟介绍："对于煤炭等大宗商品交易市场来讲，信用问题十分关键，而区块链技术的分布式记账方式可谓是一种在全世界可实现的信任传递交互机制。煤贸金链平台正是将区块链技术的先进性运用到了煤炭产业的具体交易场景当中，进而推动整个产业的转型升级和商业模式的变革。"

从煤贸金链平台的框架结构（图 6-75）来看，主要由区块链底层、

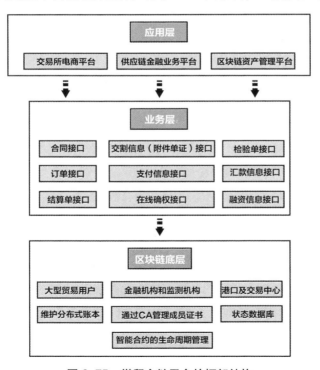

图 6-75　煤贸金链平台的框架结构

中层业务层和上层应用层组成。

应用层：煤贸金链平台由网页端及移动端组成，并使用网页端及移动端开发栈；分别支撑了上海煤炭交易所电商平台、供应链金融业务平台，以及区块链资产管理平台。

业务层：该层设有合同接口、订单接口、交割信息(附件单证)接口、检验单接口、结算单接口、在线确权接口、支付信息接口、汇款信息接口、融资信息接口，且通过软件开发工具包（SDK）与区块链进行交互，为应用层提供接口处理业务请求。

区块链底层：设有大型贸易用户、港口及交易中心、金融机构和监测机构，通过 CA 管理成员证书，维护分布式账本及状态数据库和智能合约的生命周期管理。

6.15.4 整体优势

从技术应用方面来看，煤贸金链平台集合了去中心化、分布式账本、智能合约等技术，可对资产及其交易的整个闭环溯源、层层验真、存证、组装区块从而形成区块链。通过区块链相关技术穿透底层资产，使资产包真实可靠，公开透明(隐私机制)，不可篡改，从而帮助企业提高风控水平，满足更为复杂的融资需求。其中，煤贸金链平台的智能合约部分采用了超级账本中的 Fabric 框架支持，完成煤炭交易在区块链账本上的记录，而当中区块链的部署则是使用了超级账本[①]的工具 Cello，通过工具 Explorer 完成数据展现则。

在供应链治理部分，煤贸金链平台通过发展多个供应链内具有强大信用背书的核心企业作为区块节点，线上数据同步上链，线下商务协同一体化运作。

在进行煤贸金链平台的基础构架建设的同时，为了进一步赋能行业，上海煤炭交易所同步着手建立了联盟体系。通过产业联盟形式，厘清煤炭供应链的复杂结构，对关键性的业务过程节点，由高话语权的联盟成

---

① 超级账本（Hyperledger），是由IBM带头发起的一个联盟链项目，于2015年底移交给 Linux 基金会，成为旨在推动区块链跨行业应用的开源项目。

员进行状态说明与信息登记，进而实现对整个贸易过程的有效管控，帮助行业提高风控水平，满足更为复杂的行业融资需求。

从商业模式创新方面来看，煤贸金链平台通过联合产业内关键节点企业，建立基于区块链的信息互通、利益共享机制；同时创建了区块链标准工作小组，针对行业特性建立相关区块链标准体系，使得产业各方用最小的投入、最低的风险，参与到供应链金融的业务过程中，让本质工作产生额外价值——保障金融机构在复杂多变的煤炭贸易中快速验证业务真实性，控制风险。

截至 2019 年 9 月，煤贸金链平台已经累计产生区块 2764 个，累计交易量 7936570 吨，累计交易金额 4762375259 元，累计发放融资金额 3159301207 元。

6.16　区块链＋数据确权的行业应用

6.16.1　数据确权产业链分析及运用场景

随着区块链技术的发展，基于区块链的各类场景应用不断涌现。如果只是对于平台进行一定程度的改造，而商业模式不变，其实并没有发挥区块链的优势。针对数据，区块链技术起到的是革命性的作用。

对于互联网，我们参与其中并享受到一些便捷和好处，但是我们大多数人从来没有意识到自己创造的数据其实是一种财富，而这种财富已经被平台所使用并创造了财富神话。在这个数据转化为财富的过程中，我们并没有参与感和获益权。

数据的个人确权是数据资产化的第一步，最终成为可以由个人支配的数据财富。达成这个数据财富的共识需要有技术基础，也就是新型的技术基础设施。同时它又不只是一个技术基础设施，必然要有与之相匹配的运营模式和商业模式同步出现，实现有商业驱动的、以数据为核心的、新一代的财富互联网新基建。这个新基建需要有哪些基本的组成部分呢？先针对数据进行确权，给每个人的数据一个身份，确定它的归属权，为之后的数据资产化和变现打下基础。资产进行确权的一个基础技术就是去中心化身份（decentralized identity, DID）。例如，全球的一些区块链企业都在利用 DID 做一些基于隐私保护的防疫方面的应用，包括接下来要介绍的 GreenPass 应用。

一旦谈到个人数据的确权和管理，会不可避免地触及最有价值也最有隐私安全保护需求的个人医疗健康数据。长期以来，有大量的项目试图在这个领域实现突破，但是往往事倍功半。核心问题在于已有的行业壁垒难以打破，而新的模式未必有推动模式变革的能力。我们认为，关键还在于突破点的寻找。围绕医疗健康数据，最为核心的是数据的主人以及所产生数据的载体和管理方。

GreenPass 是一款基于区块链的数据确权应用，以个人可控的简单健康数据为切入点，聚焦个人健康数据的管理。它的诞生顺应了全球防疫情况的发展，成为一个基于社区和个人层面的防疫工具，并且可以在复工复产恢复期起到重要的作用。它是一个在绝对保护个人数据隐私的基础上的个人健康数据档案。我们从 GreenPass 项目角度分析一下基于个人健康数据的一个具体应用场景：全球新冠病毒的防范以及疫情期间的社区管理。

2020 年，新冠病毒在世界范围内迅速传播，导致全球性的疫情大爆发。疫情严重时，隔离成为大多数国家与地区的普遍做法，政府发布了"居家隔离"命令，要求人们待在家里。除一些必要的商户外，大多数企业都关门歇业。对于必须外出的人，政府要求他们彼此保持社交距离。但是，这仍然不能阻止新冠病毒的快速传播。在世界陷入恐慌的时候，我们能做些什么来帮助人们度过这个艰难的时期呢？医疗人员奋斗在抗击疫情的一线，那我们普通群众在社区层面可以做些什么？

在疾病传播的关键时期，人们仍然需要出入公共场所。一些国家的解决方案是在入口处测量体温，然后检查由通信运营商提供的证明，即健康码，表明通行者在过去 14 天里未出入感染地区。这在特殊时期成为人们日常生活的一部分。

然而，这种检测大多数需由人工完成，这给一线人员带来了很多工作量。这个过程不但出错率高，而且在此过程中与他人的近距离接触也会增加感染风险。

对于关键领域，包括能源、通信、医疗、警察、军队、制药、电力、水务、银行、大众媒体、建筑等，如果从业人员可以通过提交日常体温等健康数据，来显示他们在工作场所的健康状况，这会使其他人感到安全。

为此，我们需要建立一个系统，高效记录一些关键数据。这样可以减少工作量并提高准确性。如果所有原始证据和数据都记录在区块链上，它将是不可变的，并且在有人确诊的情况下可追溯到特定时间点，快速而精准。

此外，在抗击疫情的紧迫时期，人们会遵守一些强制规则。但是，疫情缓解后再将这些措施作为区域常规访问策略时，人们还会继续遵守吗？答案是存疑的。因此，需要在系统内部制订激励计划。一方面鼓励人们将准确数据提交到系统中并维护绿色状态的健康码。另一方面为在门口积极扫描和检查健康码的人员提供应有的奖励。

6.16.2　痛点概述和解决思路

目前互联网是一个数据公有制的模式，或者说是大平台占有模式。作为个体数据的产生方，我们在为平台做贡献，但是我们并不拥有变现的权力。换句话说，我们对自己的数据的安全和归属是没有控制权的，等于我们把自己的财富装在了别人的口袋里面。虽然通过法律手段可以做一些维权的工作，能有一定的弥补和约束，但是无法解决根本问题。例如，2019 年脸书为解决它的面部识别导致个人隐私数据泄露的问题，支付了 5.5 亿美元。但在个人数据确权和商业模式未变革的情况下，它宁愿被罚，这样才能保证已有的商业模式可以经营下去。

从另一个角度看，由于数据并不一定有明确的归属权，那么最大的问题就是隐私保护等方面的问题无法得到准确的界定和根治。试想一个确权不明确的数据，如何在维权中获胜呢？即使获胜，整个举证和证明的过程也是非常低效而痛苦的。

GreenPass 是基于个人的数字身份进行健康类数据确权和存储，并针对应用场景进行展示和使用的平台。其面对的核心问题就是如何从技术的根本面解决数据的隐私管理问题。从全球范围看，数据隐私的管理是一个备受关注的话题，以个人数据为核心的应用在第一时间就必须充分考虑和处理好数据的隐私管理问题，否则将寸步难行。

为了具有针对性和可持续性，应用程序通过智能合约来实施奖励计划，以鼓励各方积极参与，并因此得到回报。基于区块链进行数据上链和确权的目的是保护数据的安全性和隐私性，这是下一代互联网应用的核心要点。作为去中心化数字身份的 DID 是目前全球技术发展的热点之一，它可以有效地帮助人们在数字社会里进行数据确认，并且可以进行灵活的实名和匿名身份的管理，并实现跨地域甚至跨国家的协作。

为了更深入地保护我们的隐私，我们默认使 GreenPass 有意"忘记"14 天之前的数据。这种"简短记忆"非常适合保护我们的隐私，例如日常体温和即时位置。所有数据及其哈希值仍然存在于去中心化的公共账本中，或用户所有权下的存储空间中。未经所有者的许可，包括 GreenPass 应用程序，任何人都无法使用这些数据。

当用户提交体温和试剂检测结果时，位置数据和图片完全是可选的。在 GreenPass 中超过 14 天仍能显示的记录只有试剂检测结果，因为它可以很好地记录一个人的检测历史。除了预约功能，应用中所有其他显示个人位置的地方，都只显示大致区域，更好地保护了用户的隐私。

为了保证个人数据录入的准确度，GreenPass 拥有和相关 IoTa 设备连通进行数据同步的能力，例如蓝牙体温计、蓝牙额温枪、体重秤、血糖检测设备等等。这样可以保证在一些场景下的数据录入更加真实可信。而每一个设备我们也赋予它一个唯一的 DID，参与到数据传送后的联合数字签名中，确保数据的可追溯性。

GreenPass 不仅是抗击 2019 新型冠状病毒（COVID-19）的短期工具，它具有开放式架构，还可以为所有者提供更多类型的数据。这应该是我们一生的"绿色健康护照"，以帮助我们在自由、健康和隐私之间取得平衡。

更多数据分析服务可以在所有者的个人许可下读取用户数据。分析过程本质上是一种算法，目前在 GreenPass 中的分析还很简单，当它发展至有更多数据分析服务时，数据所有者将通过授予对某些服务的访问权限来享受更多服务，并从中受益。我们会将这些服务放入未来的 Leo 数据资产化可信环境中。

除了解决上述技术层面的痛点，GreenPass 也试图解决一系列的场景痛点。

全球协作之所以这么困难，是因为人们无法轻易识别出谁是健康的，谁不是健康的。GreenPass 可以起到这样的推动作用。比如用户可以在预订航班时共享 GreenPass 健康状态，或者用户可以打开应用向保安或酒店经理显示他们的 COVID-19 检测报告、温度记录和位置图。即使它不是由官方授权推出的，也可以在一定程度上增加可信度。这将帮助健康的旅行者在世界范围内畅通无阻，并减少目的地人群的担忧。

所有数据都是由数据所有者提交的，GreenPass 可以为需要携带数据的用户提供可信存储，这些用户可以随身携带这些数据。例如，孩子的疫苗接种本容易丢失，现在则可以将所有接种疫苗记录放入孩子的GreenPass 中，成为孩子一生健康记录的一部分。

这正是 GreenPass 应用及其基础区块链平台试图解决的诸多痛点。

6.16.3　GreenPass 平台解决方案

针对全球的新冠肺炎疫情，GreenPass 首先聚焦于三类数据。

1. COVID-19 检测状态及报告和日常体温测量数据

GreenPass 的核心是代表健康状况的二维码。该二维码具有三种颜色：绿色、黄色和红色，如图 6-76 所示。

图 6-76　GreenPass 个人健康码

绿色：试剂检测为阴性，并且您的体温正常。如果您尚未进行试剂测试，则可以通过每日提交正常范围内的提问数据，使您的健康码保持绿色。只有绿色的健康码可以作为通行依据。

黄色：您的体温数据已过期。它提醒您应当立即更新体温数据以保持绿色状态。

红色：测试结果呈阳性，或者体温异常。

在公共场所，将健康码出示给出入口的安保人员，安保人员使用相同的应用程序扫描健康码，并授予或拒绝访问权限。同时，GreenPass 利用安保人员和访客的联合数字签名将数据记录在区块链上。

2. 地理位置

即显示过去 14 天的足迹，这类数据的使用在每个国家都有所不同。在一些国家，这是硬性要求，人们必须要遵守，而在其他一些国家，则不是必须遵守的。您可以自愿将当前位置提交到 GreenPass，它不会影响您的健康码状态。应用只显示您过去 14 天内提交的足迹，超过 14 天的任何数据都不会显示（图 6-77）。这项功能可以帮助您证明在过去 14 天内没有去过某些地方，当某些国家或地方授予您访问权限时，要求提供此类证明。

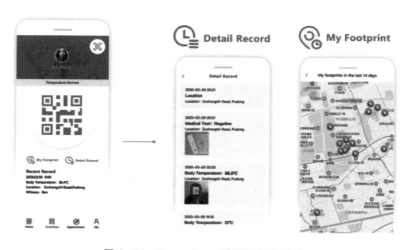

图 6-77　GreenPass 详细记录和足迹

3. 健康码扫描验证和远程预约

扫码验证和预约服务是 GreenPass 的另一个关键功能。使用者可以在应用程序中创建地点，可以是办公室、图书馆、商店、学校等。访客可以远程预约并分享自己的健康码状态（图 6-78）。预约记录中能显示哪些人提交了预约申请，以及他的 GreenPass 状态。安保人员或管理员可以根据场地空闲状态和访客健康状态接受或拒绝预约申请。当预约者到达时，在入口处出示健康码，接待者可以使用 GreenPass 应用扫描客人的预约码（图 6-79），以确认其到达。这完全简化了流程，降低了近距离接触的风险。

图 6-78　远程预约并分享自己的健康码状态

图 6-79　扫码验证与通行管理

当然，对于管理者而言，也可以随时扫描那些有 GreenPass 健康码，但没有提交预约申请的人。这将有助于管理所在区域的人员，也为那些只想检查和记录数据点但不需要预约的人（例如商店的入口、公园、公共交通或某些禁止访问的区域）带来了极大的便利。万一有什么事情发生，例如在该区域发现患者，管理者可以立即通知在同一时间访问该地区的人。

扫码验证和预约背后的理念很简单，我们希望帮助健康的人维持正常的社交生活，同时也可以提醒他们需要注意的事情。数据和状态每天都会更新，因此它是动态通行证，可确保人员和所访问区域的安全。GreenPass 平台具有数据类型和规则的开放式结构，可以根据需要，快速添加更多规则。

6.16.4　整体优势

市面上已经有了不少适用于防范新冠肺炎疫情的应用，它们中的大多数依赖于中心化的数据源，例如移动运营商或政府机构。这是挽救生命的快速解决方案，但同时也引起了人们对个人数据保护的担忧。这种快速解决方案主要存在两个问题。首先，数据源还不够。这些应用无法收集个人的每日更新的健康数据。它们提供的健康码中主要显示过去 14 天内某人的地理位置，这远远不够。其次，数据收集没有通过个人的许可，数据属于平台而不是个人。这可以是一种临时救急的方案，但不能长期维持。没有人愿意免费为垄断平台提供更多的个人数据。GreenPass 以全新的方式解决了这些问题。它是一个开放平台，可以接受任何类型的原始数据，然后将其放置在完全不可篡改的区块链上，体现了"你的数据你做主"的理念。

GreenPass 平台不拥有任何用户数据。所有数据都与 DID 相关联，所有权属于用户自己。平台帮助用户将数据提交到个人数据空间，但未经数据所有者的许可，这些数据无法被使用。同时，平台可以帮助用户在去中心化环境中，维护个人终生的健康记录和相关数据。从长远来看，这些都将成为用户的数字资产。

GreenPass 不会连接到任何数据源来收集个人数据。我们生活在一个自由的社会中，每个人都关心自己的个人信誉和声誉。GreenPass 可根据用户提交的数据来帮助维护绿色健康码。数据记录在去中心化的分类账上，是不可篡改的，并且可以伴随人们一生，因此在提交这些记录时应该非常谨慎。

GreenPass 目前在以下八个主要场景中得到使用：居家日常状态记录、公司日常管理、医院及健康机构管理、学校校园管理、社区管理、商业中心及商户管理、养老机构管理、日常聚会管理。在后疫情时代，我们将会看到越来越多的对于 GreenPass 或类似应用的需求，因为人们最终的目标是追求社会参与和个人隐私之间的平衡。而在下一代互联网中，其核心价值是实现以用户为中心的商业模式，以用户为中心，也就是以用户的数据为中心，是区块链技术可以发挥巨大作用的场景。

6.17　区块链＋通用存证的行业应用

存证是区块链的本质应用，也是区块链的初心。然而当区块链在各商业场景中蓬勃发展时，我们却看到，存证这一基本功能，对普通用户而言并无方便的解决之道。

很多普通人对区块链充满好奇，但接触到区块链的渠道，或者是充满术语和笼统描述的理论报告，或者是以钱包为代表的 DApp，这些让用户产生了疑惑，区块链的去中心化存储、革命性技术到底如何才能看得见、摸得着。

近年来，不乏商业项目在推进"人人上链"这一初心。比如，主创团队来自 BAT 及比特大陆的有链项目 YOUCHAIN"致力于承载大规模商业应用，独创 YPoS 共识及价值投资模型，倾力打造'手机即节点，人人可参与'的高性能可拓展的下一代公链和 YOUCHAIN 生态系统"。

再如"公信宝"项目，其布洛克城应用，被称为"可信区块链世界入口，丰富链上生活。在这里，你可以免费获得人生第一份数字资产；拥有属于自己的数字身份 G-ID，尝鲜各种区块链应用；通过区块链和分布式存储加密保管自己的数据；通过开放、授权、交易自己的数据，从中分享价值"。

但这些项目和产品，都是定位于核心公链平台的用户扩展工具。非区块链用户为了体验而来，但又被掺杂其中的生态导流。

为了用户更好的体验，也为了更多用户能体验区块链，我们其实不必执着于"原教旨式区块链",完全可以把去中心化与中心化结合起来。比如,2019 年 11 月支付宝在部分地区上线了区块链化的"时间银行"项目。"时间银行"是一种新的互助养老模式,志愿者获得的"公益时"可存入"银行",未来为自己或他人兑换相同时长的养老服务。但时间存储和兑换的周期长,经手机构多,在记录过程中容易发生错误甚至遗失;志愿者迁离当地后,数据如何在多地流转、通兑也是问题。而在应用支付宝区块链技术后,可确保时间的存储和兑换公开透明,永久在链,防止丢失或者被篡改,还可以跨机构、跨区域通兑。

6.17.1 通用存证产业链分析及运用场景

区块链存证是区块链与社会各行业融合的最大契机,也是区块链成为人类第四次工业革命的标志之一。因此,存证场景遍布社会各行业、各环节,是未来生产力的基础要素,而非少数高精尖的行业与组织的专利。如同前三次工业革命,虽然肇始于当时的新技术领域,但能被称为影响人类文明进程的工业革命,原因就在于全方位渗透到社会生产、消费的各领域、各环节。

1. 非区块链企业

目前应用区块链技术及存证的,主要是各区块链组织,这与互联网技术先在互联网企业得到应用和普及是同样的道理,但区块链只有走出"币圈""链圈",进入全人类生产消费圈,建立起融合各行各业的全生态,才能带来生产力的再次革命。区块链存证第一阶段落地的行业、企业主要集中在银行、支付、供应链、物联网、共享经济、知识与内容生产消费;第二阶段,将在互联网等 IT 技术已经高度渗透的行业、企业、环节,实行区块链化或区块链数据存证;第三阶段,将继续随着企业合作关系、关联技术渗透,进入其余企业、行业、生产消费环节。

2. 社会组织

随着去中心化的发展,社会运行方式也将发生显著变化。最显著的社会趋势,就是政府、企业之外的第三部门——社会组织的崛起。因为运营理念与区块链天生契合,区块链存证在社会组织中的应用具有先天优势。此外,社会组织在发展初期,与传统的第一、第二部门沟通过程中，在规模、历史、经济能力方面处于劣势，为了提升可信度，也需要强化区块链存证的应用。因此，从内外两方面，社会组织都将是区块链存证的应用先锋。目前的应用推广中，也体现了这一趋势——在企业对区块链存证仍然非常谨慎的情况下，多家学习型组织、公益组织勇敢地接受了区块链存证。

3. 个人

尽管早在 2011 年，世界经济论坛（World Economic Forum）就发布了《个人数据：一种新资产类别的出现》（*Personal Data: The Emergence of a New Asset Class*），指出了个人数据的重要性和发展趋势，但直到区块链存证技术的出现，资产确权才从理论进入了可操作阶段。未来个人的所有数据，从摇篮到坟墓，甚至从出生前延伸到生理死亡后，无论是主观创造的数据，还是客观自发形成的数据，都将经过自身一个或多个去中心化身份签署，以及相应他人、组织、企业的联合签署，成为数据资产。

6.17.2 痛点概述

目前区块链存证供给与社会对存证的需求存在较大差异。最主要的是传统企业锦上添花式的体验式需求，与区块链从业者试图"颠覆传统行业"的宏大方案的不匹配。

1. 技术资源需求高

目前传统企业和组织要实施区块链存证，要么完全信任区块链推广组织的理念与方案，要么自己具备对区块链的理解与实施能力。但这两点在现实情况下都很难做到，导致很多合作契机在多次务虚交流后无疾而终。这与区块链从业者缺乏行业经验，传统行业从业者缺乏区块链共识和经验有直接关系。

2. 区块链方案范围庞大而成熟度低

区块链从业者的颠覆心态，带来了解决方案的高开放性与低成熟度，试图迅速取代传统 IT 和企业流程，"用区块链的方式重新构建商业模式"，但企业的稳健要求和谨慎特性难以接受如此高风险的变革，更希望是局部、个别环节的补充。

在互联网浪潮的洗礼后，传统行业更希望区块链存证及其他功能被封装为不需要区块链特殊知识的 IT 模块，嵌入原有的业务流、信息流，而非进行 IT 解决方案的迁移。因此，这种区块链存证服务的封装，或门户化集成中心（hub），成为区块链存证全面推广的关键。

6.17.3　区块链＋通用存证接口解决方案

通用存证接口（图 6-80），将成为区块链解决方案与传统行业的连接桥梁，是最低成本的解决方案。其最大特点是通过接口抽象与封装，实现区块链方案的"高内聚、低耦合"。

图 6-80　通用存证接口

该项目由亦来云（Elastos）社区孵化，得到了亦来云 DID 侧链在技术和上链费用的全面支持，是去中心化和大链为公思想的具体体现。

目前该产品已经完成第一阶段"用户界面"的开发，可以满足个人或组织基于"人"的存证及证书需求，其流程如图 6-81 所示。其应用过程极为简单，普通用户可略去 KYC、创建数字钱包等被区块链行业视为标志而被传统行业视为障碍的环节，直接体验数据上链存证和 DID 存证证书。图 6-82 所示为抗击 COVID-19 疫情捐赠活动的区块链存证及证书。

图 6-81　区块链通用存证接口第一阶段流程

图 6-82　抗击 COVID-19 疫情捐赠活动的区块链存证及证书

　　该项目第二阶段的定位是"IT 系统接口"，用来实现区块链基础架构、功能模块与现有传统 IT 架构的对接 hub，也是方案从试点迈向大规模实践的重要步骤，已经得到了多家企业与区块链项目的支持。

6.17.4　整体优势

　　1. 易用性

　　相比其他解决方案，通用存证接口方案对用户极其友好，对企业原有流程与 IT 架构极其友好。第一阶段面向用户的操作界面，可以让区块链行业之外的普通用户，快速直接地体验数据上链存证的操作过程、结果，并通过证书形式分享给更多人，让区块链从抽象到具体，成为可触摸、可感受的产品。

　　2. 纯粹性

　　与其他区块链项目试图吸引个人用户导流，或引导其他行业采纳其方案不同，通用存证接口定位于独立第三方的区块链推广，以及为其他行业提供自由选择的封装接口，产品纯粹，不试图纵向扩展，聚焦于整合连接多个区块链的功能。

3. 开放性

区块链通用存证接口的后台源自亦来云 DID 等公链的开放接口，可以与未来任何区块链对接，前端代码由开源社区维护，任何人都可以参与修改或集成到现有区块链、传统行业解决方案中，完全符合区块链的开源开放精神。

扫描二维码，体验区块链通用存证

6.18 区块链＋电子签约的行业应用

6.18.1 电子签约产业链分析及运用场景

电子合同是平等主体的自然人、法人、其他组织之间以数据电文为载体，并利用电子通信手段设立、变更、终止民事权利义务关系的协议。

随着互联网技术的进步，以互联网电商平台为代表的线上交易类型催生着与之匹配的签约模式，纸质合同显然已不适应互联网化的产品，电子合同的推出极大地促进了依赖双方契约订立的互联网产品飞速发展。

签约包含三要素，即文件内容、签约方签字（盖章）、签约时间。一份具有法律效力的电子合同需要确保文件在签署和传输的过程中内容完整无误且无法被篡改、签名（盖章）为签约方本人且自愿、签约时间信息准确且无法被篡改，同时为保证签约结果的公正性和客观性，签署过程需要在第三方签约系统中完成。

数字签名技术是电子签名的底层核心技术，由非对称密钥加密技术和数字摘要技术构成（图 6-83）。首先发送方利用 Hash 函数对文件内容进行加密并生成数字摘要，然后利用私钥对数字摘要加密形成数字签名；接收方利用发送方提供的公钥对数字签名进行解密，若解密后的数字摘要与发送方的数字摘要保持一致，则确认内容没被篡改且文件由发送方提供。

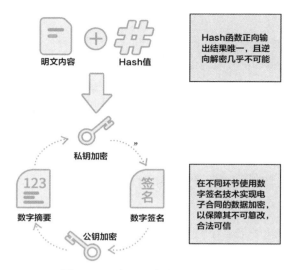

图 6-83 电子签名底层技术原理

可靠的电子签名 / 电子签章与传统纸质签字盖章具备相同的法律效力。《中华人民共和国合同法》第十条、《中华人民共和国电子签名法》第十三条规定，满足相应条件的电子签名可视为可靠的电子签名。《中华人民共和国电子签名法》第十四条也规定，可靠的电子签名与手写签名或者盖章具有同等的法律效力。另外，《中华人民共和国合同法》及《中华人民共和国民事诉讼法》等法律规定中也赋予了电子证据明确的法律地位。

自 2016 年开始，中国第三方电子签约市场以每年 140% 的增速实现爆发式增长。2019 年，随着电子签名行业政策法规和相关行业标准的不断完善，艾媒咨询数据显示，51.1% 的企业用户在电子签约上年均投入超过五万，系统稳定性、平台的合规性与安全性是企业用户在选择电子签名平台时所考虑的重要因素。随着电子签名逐步深入人心，越来越多的企业和个人会像从邮局寄信转向使用电子邮件一样，从快递纸质合同转向使用电子合同签约 / 线上签约。金融行业合同业务量繁多，对风险控制要求较高，且在合规方面受到的监管较为严格。使用第三方电子签名在满足监管需求的同时，能有效规避合约签署过程中的风险，降低成本、提升服务效率。而通过电子签名系统，租赁行业也可以实现全程线上签约，避免三方人员浪费时间和精力，同时利用数字签名以及数字证书等技术可以对当事人的身份以及合同内容的真实有效性做出法律保障，有效降低纠纷风险。

6.18.2　痛点概述

传统的签约方式主要存在以下痛点：

1. 物理印章易伪造，合同存在被恶意篡改的可能

物理印章使用过程难于管控，印章易伪造且很难通过肉眼精准判断，因此，传统的签约方式可能会因为伪造纸质合同印章或内容的行为使企业面临合同纠纷，且事后难追责、难证明。此外，企业为了避免合同签署后被恶意篡改，传统的做法往往是加盖骑缝章。但仔细想想，这样做并不能解决根本问题，公章都可以私刻，签署好的合同当然也有可能被更换。

2. 异地签约效率低，合同递送成本高

企业与企业之间信息、产品、资金、商品的流转，包括在物流业、制造业、电商平台等场景较为常见的计划、采购、制造、交付、回收等多项活动过程中，经常面临需要多方进行合同签署的情形，然而传统的签约模式下存在合同签署周期长、商业机密安全无保障等普遍现象，对企业经营效率造成负面影响。

实际中，签署异地合同需要 3 天左右的时间成本和高额的快递成本，这不仅严重影响了双方合作的效率，还在很大程度上增加了公司的运营成本，无形中降低了企业的利益。而根据艾媒咨询电子签约行业报告显示，电子签约会节省约 81.1% 的时间成本，并会降低平均 60.7% 的签约成本。

3. 线下诉讼周期长，合同取证困难

当合同履约过程中发生财产纠纷时，企业常常因为线下法院漫长的诉讼过程抑或是无法及时取得有效的证据而放弃维权，致使双方无法按照签订好的合同履约，严重损害到各方的利益。

4. 合同管理成本高

多数企业在合同管理上要么不够重视或者不够正规，要么设立专人专岗，依靠相关物理介质对公司合同进行保存和管理。前者不利于合同的保存，后者无形中增加了企业的合同管理成本。此外，随着经营年限增加，合同管理与仓储成本也将持续增加。

6.18.3 "省心签"平台解决方案

重庆超鲸数字科技有限公司从事区块链技术的研究开发工作多年，拥有一支高素质的开发团队，完全自主研发了一款基于区块链技术的应用——"省心签"（Sign Ease），这是一个提供线上签约、区块链司法存证和线上司法服务的平台，其存证流程示意图如图 6-84 所示。它完美地利用区块链技术为上链的电子合同提供高安全性和高隐私性保护；依托区块链技术防篡改、可溯源的特性，为线上司法服务提供有效证据链条。

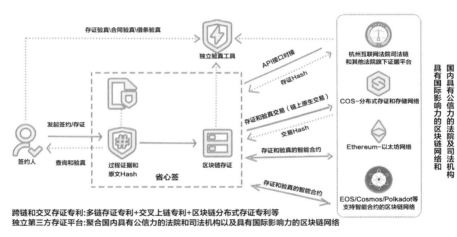

图 6-84 "省心签"存证流程示意图

1. 随时随地签署合同，让企业运作更高效

使用"省心签"的好处是无论你身处何地，只要有一部手机或者一台电脑，即可通过 PC 端、App、微信、H5 等方式，1 分钟完成在线合同签署。这样不仅大幅降低了异地签署的快递成本，还提高了签署双方的合作效率，接受服务方的用户体验也得到提升，给企业带来了良好的口碑。

2. 对合同进行司法存证，让诉讼取证更高效

"省心签"电子合同采用国家权威机构的认证技术，确保签署主体的真实身份和真实意愿，电子合同上有一个由国家授时中心提供的时间戳，能够精确记录签约的时间，让合同符合法律规定。每份合同都有一个专属存证码，可以随时扫码查看电子合同签署证据过程，这主要是基于区

块链可溯源的特性。此外，通过"省心签"签订的电子合同会自动上链存证到杭州互联网法院旗下的司法链（暨电子证据平台）和亦来云存储平台，具有司法权威性。当发生诉讼需求时，可通过司法链快速递交电子证据至线上法院，线上法院与线下法院具有同等的司法效力，整个维权过程十分便捷。由此可见，"省心签"可以切实保障签署各方的权益。

3. 让合同管理更安全

"省心签"用"区块链＋电子签约"的方式解决了纸质合同保存麻烦、调阅不便的难题。通过合同管理功能，完成签署的合同会自动保存到云端，签署方可以随时随地对电子合同进行搜索、查看、分类、下载等，很大程度上节省了纸质合同管理产生的存储介质、人力和时间等成本。"省心签"还使用了国际通用哈希值技术，对合同文件进行固化，以防止文件被恶意篡改，保证了合同的真实性和有效性。

6.18.4　整体优势

电子签约能够解决签约流程漫长、数据易被篡改、隐私泄露、人力浪费、效率低下等问题，给用户带来高效率的线上签约体验，同时保证线上签约内容的完整性和法律效力，其主要优势在于：

1. 数字信息分布式存储

通过使用分布式密钥，确保用户保存在"省心签"中的关键数据的机密性，不仅黑客看不见，就连"省心签"的系统管理员也无法查看。

2. 一秒生成可信电子合同签署证据链

"省心签"创新场景式保全概念将客户平台数据通过时间戳固化后，形成证据链条。在提供保全能力的同时，赋予场景式出证能力，联合司法鉴定、公证等服务区块链。

3. 多方同步记录哈希值

"省心签"与亦来云、蚂蚁区块链、杭州互联网法院司法链以及司法机构合作，将固化的电子证据进一步分布式保存在联盟区块链中，多方同时记录合同文件的哈希值，提升电子证据的客观公正性。

4. 轻松核验电子证据真伪

"省心签"通过唯一合同编码及哈希值对比校验合同是否被篡改，验证该合同是否由"省心签"签署，签约全程保证合同的安全及一致性，也为司法诉讼提供完整的法律依据。

"省心签"是专注于移动端的电子签约平台，是移动端软件即服务（Saas）级产品，也是后端即服务（Baas）区块链存证产品。目前注册用户数已达 10000 以上，有 500 ＋活跃的签约商户。"省心签"已与亦来云合作，借助亦来云的全球影响力，离散分布于全球各地的节点，以及众多的拥趸以确保"省心签"中签订的电子合同、电子数据具有更广泛的影响力和公信力，真正做到让用户签得省心、存得安心。"省心签"平台界面如图 6-85 所示。

图 6-85 "省心签"平台界面

6.19　区块链＋检验检测的行业应用

6.19.1　检验检测产业链分析及运用场景

现阶段，我国检验检测服务业市场较为分散、行业整体集中度不高，在检验检测领域市场化的背景下，检验检测服务机构数量不断上升，市场化竞争更趋激烈，各类庞杂的服务信息充斥整个检验检测领域。企业在选择产品检测机构时，往往面临"哪里检""如何选"的选择难点，并伴随着检测费用是否合理、出具的检验报告真伪性难以确认等诸多难题。而产品检验检测工作全流程环节繁杂、数据繁多，确保检测检查平台数据真实有效、提升用户信任感是当前检验检测服务中急需解决的问题。与此同时，根据监管部门对检验检测机构监督检查的结果显示，检验报告造假、机构超范围业务受理等违规事件时有发生，监管部门如何在数字经济时代有效利用数字技术主动出击，是当前检验检测领域中的重要课题。

6.19.2　痛点概述

我国检验检测市场前景广阔，但仍存在监管难、信息不对称、专业知识获取成本高等一系列痛点和难点。截至 2018 年底，我国共有检验检测机构 39472 家，全年共出具 4.28 亿份检验检测报告，实现营业收入 2810.5 亿元，预计到 2022 年，我国检验检测行业的市场规模将超过 5000 亿元。

从服务端看，检验检测机构发展不均衡现象突出。外资机构凭借经验丰富、专业性强、涉及领域较宽、公信力高，迅速抢占我国检验检测市场；国有机构资金雄厚、装备先进、服务项目齐全、服务范围广泛，但以承担政府强制性、垄断性的质量检验检测任务为主，灵活性相对薄弱，面对更广泛的市场需求存在一定的差距；民营机构依赖于灵活的体制机制和经营模式，能快速抢占部分市场，但是技术实力偏弱、检验检测能力和范围有限、抗风险能力弱、区域差异明显，且频频出现安全问题，大多只能服务于中小企业。此外，由于检验检测门槛低、市场大而杂，利用各类手段抢占市场情况尤其严重，个别企业甚至为了利益弄虚作假，导致消费者利益受损，严重影响整个行业的公信力和可信度。

从消费端来看，互联网庞杂的信息加大了用户服务信息的获取难度。检验检测领域本身专业性较强，在当前互联网的普及下，方便、全面、快捷地通过互联网获取想要的服务信息，是具有检验检测需求企业的首选项。但互联网中迎面而来的各种营销广告、琳琅满目的产品推广，让企业倍感头疼。面对检测机构服务水平各异、检测价格差异化明显、检测周期长等问题，企业更是束手无措，无形之中增加了企业的生产运营成本。

从行业主管层面看，市场化下的政府监管方式尚未成熟。当前，市场监督管理局承担着检验检测机构的准入和行业监管，随着检验检测市场的放开，市场监督管理局将如何建立和维护好检验检测市场秩序；在迅速放开检验检测市场的环境下，如何充分发挥职能作用，保障国有检验机构快速适应市场环境、参与市场竞争；在市场自由交易的机制下，如何迅速规范中小民营机构的市场乱象，降低企业检验检测成本等，这一系列问题都亟待解决。

在一个完整的产品检验生命周期中，需要委托企业、检验机构、物流、报告使用者等多方的参与配合，且因检验检测行业的特殊性，检测机构作为政府行政许可业务中的一环，发证授权方、行业监管方也将参与其中，不可避免地存在监管方如何监管、检测机构在检测过程中是否按照程序检测的问题。对于委托企业而言，面临着行业市场混乱、价格不透明、委托门槛高、机构权威信息不对称等难题；对于检验机构而言，一些具备较强实力的检验机构由于缺乏市场运作理念，造成"劣币驱逐良币"、低价竞争格局；对于第三方物流而言，物流协调难度大，在承寄样品过程中，对样品的包装和运输需求往往需要多方协调，并不是由委托方单独决定的，造成企业送样取样成本高，那么物流方如何确保安全完整地完成送样工作，确保样品达到检测要求也是一项现实问题；对于用户而言，获取到报告后，还将面临"报告是否被最终用户认可"的终极难题。检验检测行业痛点解析如图 6-86 所示。

图 6-86 检验检测行业痛点解析图

基于以上分析，当前检验检测行业的痛点主要集中于监管难度大、官方权威信息无法有效共享、业务数据孤岛严重、报告造假成本低、用户知识获取成本高。

6.19.3 "浙里检"平台解决方案

基于前文应用场景和行业痛点的分析，检验检测业务全生命周期主要涉及行业主管部门、检验机构、委托人（企业／个人等）、第三方物流、监管单位、报告最终用户等多个对象。而各对象间存在一对一、一对多、多对一的关联关系，对象中心化尤为明显，例如，一旦行业主管部门缺失，委托人将无法获取最真实、最权威的机构信息，更加无法核验手中报告的真伪。

为了解决以上行业痛点，浙江省市场监督管理局依托区块链技术牵头建设了"浙里检"平台，目前已完成多方资源的汇集与入链工作。将各环节作为区块链上的一个独立节点，各节点均设置公有链和私有链两个存储空间。根据数据容错机制，辅助数据实时同步与分发技术，对各数据的密级进行区分，采取不同的加密处理，各节点按照合约协议读写数据，实现各节点既可独立运行，也可协同互用，如图 6-87 所示。

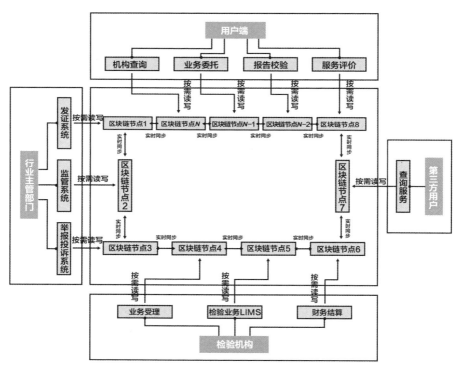

图 6-87　检验检测解决方案流程示意图

"浙里检"平台解决方案基于区块链基础技术架构，逐步构建数据层、网络层、共识层、激励层、智能合约层。

1. 数据层

该层主要定义数据传输过程中的各种加密协议、身份认证、存储形式等。根据用户身份差异化使用各种加密方法，根据"原子"法则严格区分数据访问权限。

2. 网络层

该层主要定义区块链各节点间采取的分布式的网络部署方式，数据分发采取快速高效的广播式分发法。各节点均配置数据校验及容错机制，确保数据通过网络传输的时效性与准确性。

3. 共识层

作为区块链中最重要的一个环节，需要制定各方参与的规范及数据的读写规则并形成可用的算法。该算法需实现一定的预警反馈机制，能够及时向参与者反馈其提交的数据是否被采纳，并反馈未被采纳的理由。如该层需要定义各个数据单元的数据结构、更新频率、更新凭据、校验码，还需严格区分该数据运行于公有链还是私有链。

4. 激励层

区块链每一个节点的参与者都将成为该链的贡献者与利益分享者（表6-4）。如行业主管部门作为官方权威数据的发布者，需第一时间向平台贡献官方具有公信力的检验检测机构及相关数据信息，作为激励，行业主管部门可以从区块链及时获取检测机构业务受理及检测结果数据和委托人对检测机构的评价反馈数据，从而可以更好地行使监管权力，提升执法精准度。

表 6-4 参与者贡献的资源和获得的利益

参与者	贡献的资源	获得的利益
发证授权方	提供权威的检验检测机构信息及检测能力范围数据	检测机构业务开展情况、检测结果数据、委托人评价反馈数据
检验机构	检测过程中的具体检测数据、检测报告、整改数据	在线受理业务，提升经济效益
委托企业		享受透明、便利的服务，不出门即可办理产品检测
第三方物流	物流运输轨迹数据	据展业务，提升经济效益
行业监管方	公示监管结果数据	获取更多的机构业务数据，提升监管精准度
报告使用者		快速鉴定报告真伪并了解出具报告机构的信誉情况

注：更多的第三方可基于该链向社会提供服务并获得一定的经济或社会效益。

5. 智能合约层

合约层作为区块链各节点间、节点与应用平台间的脚本集合，需要依托共识层，为顶层数据的传输与校验提供通道，同时为应用层提供编程基础，保证数据节点与应用层及对象间的独立性。

6. 应用层

"浙里检"平台作为该区块链的应用窗口之一，为各个层面的用户提供各种服务，如检测机构查询、业务委托、费用支付、报告传输等，平台构建了"一链、三平台、五库、八系统"。其平台架构如图 6-88 所示。

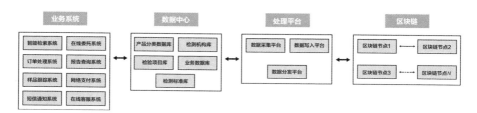

图 6-88 "浙里检"平台架构图

（1）基础平台建设（"三平台"），包含数据采集平台、数据写入平台和数据分发平台，主要依托于共识层与合约层所约定的信息，承担了各对象平台向区块链子节点间的数据采集、写入和分发功能。数据采集平台主要实现"浙里检"平台向区块链子节点数据库采集其权限内的数据，如检测机构信息、机构检验能力范围等专业数据；数据写入平台主要完成用户委托数据、用户评价数据、订单结算等数据实时写入"浙里检"平台所属的区块链子节点数据库中；数据分发平台主要实现了区块链子节点数据库中新写入的数据按共识层约定规则实时向其他节点广播式分发的功能。

（2）数据中心建设（"五库"），包括产品分类数据库、检测机构库、检测标准库、检验项目库、业务数据库五大数据库，支撑"浙里检"平台的检索与业务委托等应用。

（3）软件系统搭建（"八系统"），软件系统作为最终向用户提供服务的载体，主要包含智能检索系统、在线委托系统、样品跟踪系统、网络支付系统、订单处理系统、报告查询系统、短信通知系统、在线客服系统八大系统。各系统具体功能如下：

智能检索系统：基于 Elasticsearch 框架的全文检索系统，实现用户根据产品名称、执行标准、检测项目、即时定位等数据精准匹配检测机构。因检测机构所有信息均来源于官方发布，且数据会通过区块链各节点进行定期校核与验证，故能确保检索结果的权威性和可信性。

在线委托系统：基于流程可定制、表单可配置的需求，研发在线委托系统，实现用户通过平台在线发起委托产品检测的功能，针对检验检测行业的特殊性，借助近千万项检测指标与标准数据，支持用户通过产品名称、检测费用、周期等条件确定检测机构。通过该功能，杜绝检测机构"超能力业务受理、超范围出具检测报告"的漏洞，公开收费方式、服务方式、检测周期等信息，提升了检验检测行业的透明度，给用户更多选择空间。

样品跟踪系统：基于物流机构现有信息平台，用户通过平台下单后，直接将委托样品的配送任务发送至第三方物流后台，物流人员运用手持终端即可接受任务及样品存储和寄送需求，并可在不接触检测机构的前提下，按检测需求完成样品的包装与投递。整个寄送流程环节数据均实时反馈至"浙里检"平台，用户可通过平台实时跟踪样品运送及投递情况。

网络支付系统：整合微信、支付宝、网上银行转账等多种支付方式，满足用户在不同场景下的在线支付需求。同时，检测机构可实现对已收款订单信息的实时确认。

订单处理系统：实现在线委托订单的信息确认与流程管理。用户委托订单信息将作为合同存证进行加密处理，通过接口将订单数据写入平台，并实时写入对应区块链节点中，经过校验后分发至各个区块链节点，同步锁定委托人与检测机构达成一致协议的合同数据，确保订单信息的完整性与原始性。该功能将大幅降低由于理解偏差、纸质存证丢失、单一数据存储等因素导致的交易纠纷。

报告查询系统：检测机构在产品检测过程中需实时将检测原始记录及相关环境条件写入对应区块链节点中。为保证数据的安全性与隐私性，基于共识层所约定的内容，该项数据将存储于私有链中，并对数据的读写采取最高级别身份认证。委托方可通过业务委托过程中检测机构提供的密钥，在任一区块链节点的应用平台中查询对应的检验报告，并可将密钥分发给终端用户，用于校验报告真伪，杜绝报告的制假造假现象。

短信通知系统：基于平台的统一消息提醒引擎，实现用户、检测机构等在产品委托、订单处理相应环节节点中的消息推送与提醒。

在线客服系统：前端基于 H5、WPF 等技术，后台采用 WebSocket 协议，搭建在线客服平台，实现访问用户的在线咨询、投诉评价等功能。

6.19.4 整体优势

自 2019 年 11 月运行至今，"浙里检"平台共整合全国范围内第三方检测机构近 2 万余家，检测项目 700 余万项；已入链开展业务对接的检测机构近 300 余家；访问"浙里检"平台的用户覆盖全国，累计访问量达近百万次，共有数千家企业或个人通过"浙里检"平台向第三方检测机构发起了 5000 余笔业务委托订单。平台的上线运营不但在检测机构与用户之间架起了一座桥梁，更给监管部门提交了一批高质量的监管数据。

"浙里检"平台建设秉持"互联网＋检验检测"理念，依托区块链技术，整合物流等第三方平台，通过构建智能检索系统、在线委托系统、样品跟踪系统、网络支付系统、订单处理系统、报告查询系统、短信通知系统、在线客服系统八大应用支撑系统，从应用层解决了用户产品质量检验送检"一件事多次办"到"不出门、一次办"的转变。运用后台数据的链式存储和分布式部署，打破了因数据隔离导致的技术壁垒。通过平台信息数据的公开，大大提高了行业透明度，改善了营商环境。

"浙里检"平台同时还肩负着建立和维护好市场秩序、保障国有机构参与市场竞争、规范中小民营机构市场乱象、降低企业检测成本的义务。区块链作为"浙里检"平台建设与应用过程中有效的技术支撑手段，可在交易时创建永久记录，实现从检验检测机构准入、服务方案发布、客户下单到机构出具报告等全流程追溯、全生命周期管理，确保交易过程的真实性、可靠性、规范性，不断推进行业诚信建设，提升政府信息化、数字化监管水平。

6.20 区块链＋社会治理的行业应用

6.20.1 社会治理产业链分析及运用场景

2020 年 3 月 11 日,《学习时报》刊文《如何让科技创新支撑公共舆论场》,文中提到, 习近平总书记指出要用信息化手段更好感知社会态势、畅通沟通渠道、辅助决策实施。构建"智治"模式,就是要实现信息数据的共享,将区块链、物联网、5G 技术、人工智能、云计算等技术融入社会治理应用之中, 服务于新时代社会治理。有些地区已经安装了综合治理调度指挥屏,实时监控并实现高效的中枢调度指挥, 使得人员、社区、街道、城区甚至整个城市的安全问题得到全面覆盖, 特别是在这次抗击新冠肺炎疫情的战斗中提供了实实在在的高效治理技术支撑。

区块链在社会治理和公共服务中有广泛的应用空间,将有力推动提高社会治理数字化、智能化、精细化、法治化水平。当前随着大数据、云计算、5G 技术的广泛应用, 人与人的联系拓展到人与物、物与物的万物互联, 数据已成为数字时代的基础要素,并催生了新一轮的数字经济的发展浪潮。区块链技术只有实现与社会治理和社会经济深度融合,才能成为服务于数字经济发展的一项有价值的技术。

区块链可以提升社会治理智能化水平。区块链中的共识机制、不可篡改、智能合约等技术特性,能够真正打造透明可信任、高效低成本的应用场景, 构建实时互联、数据共享、联动协同的智能化机制, 从而优化政务服务、城市管理、应急保障的流程, 提升治理效能。例如可以依托区块链建立跨地区、跨行业、跨层级、跨部门的监管机制, 有助于降低监管成本, 打通不同行业、地域监管机构间的信息壁垒。当审计部门、税务部门与金融机构、会计机构之间通过区块链技术实现审计数据、报税数据、资金数据、账务数据的共享, 也将有效解决数据造假、逃避监管等问题。

区块链可以助推社会治理更加精细化。进入数字时代, 社会治理可以通过海量数据发现真正的问题。区块链能有效集成经济、社会、文化、生态等多方面的基础信息，并通过大数据进行深度挖掘和交互分析，将看似无关联的事件有序地关联起来，从而提升实时监测、动态分析、精准预警、精准决策、精准处置的能力。

区块链还将推动社会治理法治化。在司法、执法等领域，区块链技术与实际工作具有深度融合的广阔空间。例如，可以运用区块链电子存证解决电子数据的"取证难、示证难、认证难、存证难"等问题。将区块链技术与执行工作深度融合，把区块链智能合约嵌入裁判文书，后台即可自动生成未履行报告、执行申请书，提取当事人信息，自动执行立案，生成执行通知书等，完成执行立案程序并导入执行系统，有助于破解执行难的问题。

当然，我们也要清晰地认识到，包括区块链在内的最新科技成果，在应用初期难免出现不成熟、不规范的问题。这就要求我们进一步加强区块链等技术的基础理论和标准体系研究，制定专门法规，为新技术的应用和发展提供指引。例如，完善与电子数据相关的法律法规，有助于明确数据产生、使用、流转、存储等环节中主体的权利义务，实现数据开放、隐私保护和数据安全之间的平衡，进而促进科技与社会治理的深度融合。

6.20.2　痛点概述

社会治理是国家治理的重要组成部分，经过多年的发展，我国在社会治理领域积累了大量的基础信息和数据，建设规模和应用水平不断提高。但是，网络化应用、综合应用依然薄弱，跨地区、跨部门的信息共享远未实现，现有的一些信息系统在实际应用中的作用并未充分发挥，主要存在以下问题：

1. 各业务系统存在信息孤岛，信息共享程度较低

社会治理的特点是种类多、互补性强、关联关系较复杂。目前各业务应用系统大多处于独立运作、数据独立存放状态，信息系统网络化、集成化程度低。业务部门之间甚至业务部门内部由于信息不能共享，造成资源浪费和数据不一致，规模效益不高，不能满足相关部门工作对信息支持的要求。业务信息系统间普遍存在的信息交叉采集、重复录入的

状况，造成存储冗余、重复建设、人力和资金浪费。

2. 信息准确性要求极高，现阶段难以保证

现有社会治理的数据库建设大多是基础数据的建设，对信息的准确性要求高。比如人口信息系统、身份证信息系统、违法犯罪人员信息系统、在逃人员信息系统、禁毒信息系统等，要求信息必须准确，并且能够作为司法依据，但是目前身份信息错误、一个人存在多重身份、案底信息不准确等问题广泛存在，由人为导致的信息错误几乎不可避免。

3. 信息安全管理薄弱，信息安全难以保障

由于社会治理涉及的许多部门一直采用专线通信，业务信息化程度较低，在网络和信息安全管理方面的基础非常薄弱，没有成熟的安全结构，管理上缺乏安全标准和规范，应用中缺乏实践经验，难以保障信息的安全。

6.20.3　解决方案

1. 区块链去中心化技术解决信息孤岛问题

目前，社会治理的信息系统建设信息共享不足，区块链技术去中心化的解决方案，能够将相关部门不同数据资源集成到一个区块链中，再通过数据加密、哈希算法解决数据共享后的权限问题。具体的应用包括整合人口信息系统、车辆管理系统、出入境信息系统等基础数据库资源，实现信息资源共享；对一些装备从立项论证、研制生产、交付服役到退役报废全寿命周期进行管理，实现设计、制造、使用、维护等多部门在同一平台上进行管理等。以区块链应用于装备全生命周期管理为例，如果引入区块链技术可以使上级主管部门、装备管理部门和装备使用方，甚至装备生产厂家都参与到装备战技状态的更新与维护环节中，形成一个分布的、全监督的装备档案登记网络，各方均保存一个完整的档案副本，可有效提高装备档案的安全性、便利性、可信度和监督力度。

2. 区块链开创性技术解决信息信任风险

区块链技术具有开源、透明的特性，系统的参与者能够知晓系统的运行规则。在区块链技术下，每个数据节点都可以验证信息的内容和构造历史的真实性、完整性，确保数据历史是可靠的、没有被篡改的，相

当于提高了系统的可追责性，降低了系统的信任风险。

3. 区块链自治性和不可篡改技术解决信息数据安全问题

区块链技术天生就是安全的数据保护方案。区块链技术可以通过多签名私钥和加密技术来防止数据的泄露。当数据被哈希放置在区块链上后，使用多签名技术，就能够保证只有那些获得授权的人们才可以对数据进行访问。数据丢失更不是区块链需要考虑的问题，因为每个节点中都存储着完整的数据备份，相当于有多少节点就有多少份备份，即使某个节点丢失数据也可以从其他备份中恢复过来。

区块链的安全性基本上可以应用在社会治理的所有领域，特别是对身份信息、犯罪信息、出入境信息等关键并且敏感的信息管理中，既能确保信息安全，又能保障信息的正常使用。以区块链技术应用在身份识别系统为例，通过程序将加密身份数据写入区块链，将整个记录存入区块链，并加以时间标记，会高效证明"你是你"之类的问题，是一种低成本、使用灵活的身份标识发行和验证程序。

4. 区块链在身份认证方面的技术保障

与身份相关联的还有隐私信息，如生物特征、信用记录、财产信息、行为轨迹等，也将被保存在身份区块链中。由于区块链的透明性，人们自然会认为，如果将个人的所有信息都放到网络上，会带来安全风险。但事实上，身份区块链相关联的信息是有选择的披露，当个人认证时，仅披露自己的信息与行为记录，比如在金融行为中仅披露自己的信用记录。被披露的信息是经过区块链智能合约检验的，而不是直接发送给对方。身份区块链的关联信息只出示证明自己具有某种性质的证据，并不披露具体细节。网上即可完成身份认证，方便快捷，让有限的警力从烦杂的社会管理事务中解脱出来。

5. 区块链在公安内部管理方面的应用

公安部门内的人力资源、警用设备等通过"个人身份区块链＋警察私有链"来管理，警察私有链和警用设备私有链的创建和写入权限分别为人事部门和装备管理部门，读取权限仅在公安部门内部，并分级设限。警用设备使用者、批准者、经办者、用途等连同借还时间戳写入警用设备私有链及使用者私有链。中心化的数据库有一定权限的管理人员可更改数据，而区块链的不可篡改性和可追溯性，防止了人为造假和更改，其管理从依赖人的素养变成依赖体系构建，将更加严格、规范、公正，符合现代管理发展趋势。

6. 区块链在案件侦查、社会治安综合管理及其电子认证方面的应用

身份区块链为公共链，链内信息虽不可见但全网公开，公安部门以云计算、量子计算等为手段，通过共识机制设定、智能合约监测，全网搜索，无障碍收集数据，这些大数据为案件侦查、监控重点人员、分析治安案件等提供可靠依据，又可直接作为法律证据，不需第三方机构背书即可让数据"说话"、让电子证据做证，极大地提高了效率，节约了成本。

7. 区块链在交通管理方面的应用

"区块链＋交通管理系统"可以实现个人或单位从购买车辆之时就为每辆车创建区块，并与各部门、各行业的物联网、交通运输联盟链相关联，车辆的行车轨迹、修车记录、违章信息等都将实时关联到本车辆的区块链中，同时写入车辆所属个人或法人身份区块链。

一是可以用于案件侦查。侦查人员只要将犯罪嫌疑人的特征，哪怕是模糊的人脸或车辆的颜色输入，通过预设的共识机制触发智能合约，自动检索到案件线索，根据车辆区块链，锁定与案件相关的所有电子证据。目前侦查人员是收集各点的视频后逐个查看，这种方法既费时费力又极易忽略关键信息，而使用区块链技术的优势显而易见。

二是可以用于线上自主处理交通事故。利用强大的区块链内个人身份、图文、地理、车辆等信息，交警部门设定共识机制，一旦发生交通事故或违法行为，即可触发智能合约，驾驶员自主处理交通事故或违法行为，不需要也不允许外部干预，共识机制规则透明，智能合约自主执行，真正实现了严格执法、科学执法、公正执法。

三是可以用于智慧城市交通管理。车辆区块链关联交通运输联盟链，共享停、行车大数据后，利用各地智慧城市建设的物联网、GPS 信息、城市地图等，通过智能合约，车主可以选择合理的行车路线，找到符合自己要求的停车位；规划部门可以合理规划道路和停车位；交警部门可以合理设置十字路口红绿灯时间等。

6.20.4　整体优势

基于区块链的经济运行和社会治理架构的生态环境整体优势特征主要有四点：

第一，开放共识，共同维护数据安全，保证不可篡改。区块链存证是司法鉴定、审计、公证、仲裁等多个公信主体参与共建的可信区块链实时存证，为存证的用户提供保真和溯源功能，运用区块链匿名性、不可删除、不可篡改、多方维护及账本共享等特性，实现人、物、行为等数据的全生命周期确权，包括身份存证链、行为存证链、权益存证链等，解决传统业务中各参与方不能真正构建信任协同机制的问题。如阿里云邮箱联合"法大大"推出的全球首个基于区块链技术的邮箱存证产品，用户可将重要邮件的特征数据(含哈希值)同步保存至权威的第三方机构，一旦产生纠纷，可自行下载邮件全文，发送至司法鉴定机构对原始邮件特征数据与之前存证数据进行比对，即可生成相应的出证鉴定报告。

第二，分布式和去信任。值得注意的是，在现阶段还是去物理设备的中心化，并不等于去管理的中心化，没有一个社会经济组织是不需要介入管理的。去信任是指将传统的人与人之间的信任转化为对机器的信任。

第三，隐私和监管。由于数据本身不存在第三方平台，加密存放在区块链上，可以实现隐私保护和授权共享。至于行业一直担心的监管问题，由于数据对授权节点是公开透明的，通过区块链技术非常有利于对数字的穿透式监管。

第四，智能合约。基于区块链合约规则的法治，顶层治理节点来制定智能合约。合约就是规则，如果由顶层治理节点来制定智能合约，合约就具有了运行的规则或者说法律，它可以自上而下百分之百地按照规则来治理社会、经济，避免"上有政策、下有对策"情况的发生。

6.21　区块链＋医疗的行业应用

6.21.1　医疗行业产业链分析及运用场景

医疗行业作为全球重要民生经济，是国民经济的重要组成部分。我国医疗健康产业未来发展前景广阔，巨大的市场吸引了众多资本进入，投资热度增长明显。同时医疗行业尤其是医疗数据领域存在着数据收集缺乏统一标准、分类模糊、数据安全和隐私性难保证等一系列问题，而区块链天生自带的去中心化、高度透明化、可溯源等特性能帮助解决医疗行业痛点。

从产业链的角度看，医疗行业产业链相对较成熟，上游包括用于生产化学药、中药和生物药的原料，以及医疗器械零部件供应商、加工商和第三方服务商等，涉及行业有电子制造、机械制造、生物化学、材料等；中游主要包括化学药研发与制造、中药研发与制造、生物药研发与制造，以及医疗器械的生产，例如医用医疗器械、家用医疗器械和医疗耗材的生产；下游是医药流通，通过流通渠道到达医院、药店、体检中心等，最终面向患者，如图 6-89 所示。

1. 合同研究组织

合同研究组织（contract research organization，CRO），这类公司提供从药物发现到临床试验等各环节的服务。由于医药行业是行政管制行业，药品上市需要各国监管部门的审批，获得注册证才能上市销售。同时，药物本身的研发过程也较为复杂，以小分子创新药为例，需要经过化合物的发现、化合物优化、临床前动物实验、临床试验新药申报等过程。一款成功上市的创新药，所需要的费用动辄几十亿，其研发环节会有各类对应公司在整个医疗产业链中存在。这类公司的典型业务包括为制药公司提供化合物筛选、化合物优化、动物试验、临床研究等。CRO 环节已经相对成熟，发展方向包括新的研发平台和适应下游的研发模式的转换。

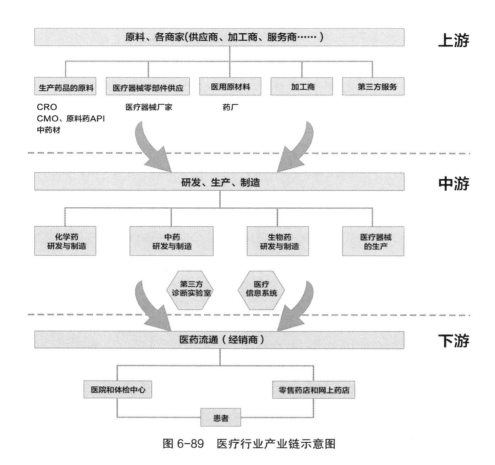

图 6-89　医疗行业产业链示意图

2. 合同加工外包、原料药

合同加工外包（contract manufacture organization，CMO）主要是接受制药公司的委托，提供产品生产时所需要的工艺开发、配方开发、临床试验用药、化学或生物合成的原料药生产、中间体制造、制剂生产等；原料药（active pharmaceutical ingredient，API），旨在用于药品制造中的任何一种物质或物质的混合物，而且在用于制药时，成为药品的一种活性成分。这两个环节在医疗产业链中非常重要，因为随着研发的推进，直到药品上市，对药物化合物和原料生产的要求也越来越高，从化合物发现初期的几克，到后期动物实验、临床、大批量上市的几公斤级、几十公斤级、吨级的生产需求，都需要 CMO 和 API。其本质是药品的中间体和原材料。医药中间体生产环节的核心竞争力就是质量和产能，一方面要求有优秀的质量管控能力，另一方面需要有足够的产能满足下游的需求。这个环节就是典型的资金密集型，适合战略投资，鉴于行业较为成熟，并购会成为主要趋势。

3. 中药材

中药材行业历史悠久，有很强的农业属性，从地里把药材挖出来洗洗晒晒就能用，当然现在也有可以清洗、切片、干燥等的现代化设备。这个行业鱼龙混杂，有便宜的三七、板蓝根，也有昂贵的虫草、藏红花。中医药有着良好的群众基础，自然有较大的市场空间，全国号称有四大药都，分别是安徽亳州、江西樟树、河北安国、河南禹州。中药饮片加工现代化、规范化是趋势，目前满足上市标准的纯粹的第一梯队的中药饮片企业也在准备谋求上市。随着第一梯队大企业的上市，就会迎来各种收购兼并。

4. 药厂

药厂即制药公司，是整个医疗产业链的核心之一，包括化学药、生物药、中成药、疫苗、血液制品，生产最终面向患者和消费者的产品。从商业逻辑上来讲，药厂主要肩负着药品研发和注册上市的职能，也担任着一定的药物推广和医生教育的职能，是整个产业链上对于药物本身理解最深的角色，也是整个医疗产业链上价值创造最重要的源泉和驱动力。医药研发创新需要大量的资金投入，注定了只能是行业的巨头做的事情。也正是因为新药研发投入大，包括外资企业在内的制药企业均通过外部合作的方式引进新产品，以这样的方式推进的研发比例也会越来越大。对于小公司而言，拥有有潜力的新品种将有可能获得大型药厂或者风险投资机构的青睐。

5. 医疗器械厂家

医疗器械是疾病诊断和治疗中不可或缺的组成部分，具有代表性的如影像诊断设备、骨科及植入性医疗器械等，小到输液打针，大到手术，都需要医疗器械，由于贴近临床，也是医疗产业链上重要的价值创造环节。类似于药厂，在医疗器械领域外资厂商拥有较大的领先优势。但随着政策的鼓励和国内器械厂商技术水平的提升，该领域进口替代是一个大的趋势。目前国内医疗器械企业整体状况相对更好，一方面由于医院和器械相关的收费项目大多按照服务收费，在去除"以药养医"的改革背景下，医疗服务本身对于医院而言显得更加重要；另一方面国产器械替代进口器械也是政策鼓励的方向，一些基层医院招标已经明确不用进口器械。

6. 经销商

医药流通行业是整个医疗产业链中非常关键的一个环节，作为重要的中介，它是连接医药制造企业和终端消费者（包括医院药房和零售药房，以医院为主）的桥梁。因为历史原因，医药流通企业主要以国企为主，目前形成了全国性的和区域性的流通企业。规模效应、提升效率、优化品种始终是这个环节的关键词，流通配送企业由于直接面向医院，或多或少都有一些医药制造业务能够形成协同效应。

7. 医院和体检中心

医院和体检中心在医疗产业链中存在的必要性毋庸置疑。医院体系以三级医院、二级医院、一级及以下医院为典型体制，整个体制被诟病已经延续多年，包括医疗资源分配不均、看病难看病贵、以药养医、医患纠纷等。值得注意的是，随着凤凰医疗在香港上市，总算迎来了民营医院第一股。各大体检公司已经在海内外完成上市，已然进入寡头竞争的局面。无论是公立医院还是私立医院，相关的投资和并购已经有众多的产业和私募股权投资（PE）资本在布局。以"和睦家"为代表的高端私人诊所、以"春雨医生"为代表的互联网问诊和线下诊所、各类想脱离体制的医生集团都在试图打破原有的公立医院和医生的围墙，也因此存在各个方向的投资和并购机会。

8. 零售药店和网上药店

零售药店在医疗产业链中存在的商业逻辑在此不做赘述。近年来互联网售药和移动医疗等较为火热，给沉寂的连锁药店带来了一些新元素。大多数互联网售药企业的发展离预期还是有较大距离，实际销售以计生用品、隐形眼镜为主，以后的爆发点在于处方药互联网销售的放开和电子处方的落地。

9. 第三方诊断实验室

顾名思义，第三方诊断实验室是独立于医院体系的医学检验中心。从分工来看，第三方医学检验中心从医院收集血液等样本，提供的是专业化的检测诊断等服务，理论上来说可以购买最齐全、最先进的设备并且配备最专业的人员从事检验服务，出具检验报告。这是专业分工造成的市场空间。但是由于国内大三甲医院资金实力雄厚，检验科又是利润中心，所以真正外包出去的检测要么是利润空间低的，要么是很难批量化检测的，要么确实是一些疑难杂症要尝试一些新的检测方法。第三方诊断实验室承担了转化医学的角色，需要把最新的前沿医学发现应用到实践中来解决临床问题，所以某些领域的特检技术公司会始终具有价值。

10. 医疗信息系统

医疗信息化存在的基本逻辑就是医院的企业资源计划（ERP）系统，根据医院的不同职能有各种子系统，如医院信息系统（HIS）、实验室信息管理系统（LIS）、医学影像存档与通讯系统（PACS）、计算机化病例系统（EMR）等。系统本身没有互联网属性，由于医院体系相对比较封闭，所以各个医院之间、医院内部各个科室之间普遍存在信息孤岛，还难以做到医生面对一个屏幕就能掌握患者的全部信息。目前有不少创业公司试图解决信息孤岛的问题，希望能够全流程电子化，把电子病历、诊断结果、用药信息等所有流程都整合在一个系统里面，也有公司试图将一个区域的所有医院的系统统一化，总之大家都在不断地尝试。

6.21.2　痛点概述

医疗行业原本就是一个需要各环节共同"维护"的生命健康大产业，看病、样本、科研成果、最新药品、最佳医疗方案……通过机构间数据流通来提高治愈率无疑是患者最为急迫的需求。而现实是，从患者面对的信息孤岛，扩展到生命健康医疗领域面对的信息孤岛，整个行业的状况堪忧。另外，优质健康资源的流动性弱、药品真假鉴别难、药品溢价销售普遍、医疗数据泄露严重，过度医疗和医患纠纷等问题也非常严峻。

1. 医疗信息的不通畅，存在信息孤岛

传统医疗数据面对的第一个问题就是流通性不足，即医疗信息不通

畅。具体表现为：患者就医不方便；医生难以了解患者过往的病史，从而加大了医生诊疗的难度，增加了看诊的错误率，降低了就诊的效率，加剧了医患矛盾；增加了药企对患者、医生、医疗机构的判断难度，从而增加了制药成本，抬高了药品价格，等等。虽然到今天，各国政府已经陆续制定出数字医疗政策或战略，大大增加了健康记录及技术系统或基础设施的投入，但受限于病例数字化的程度，以及医疗数据库云服务、存储、检索、共享技术的中心化和不均衡，个人健康数据的安全性、完整性和访问控制仍有诸多限制。

2. 医疗数据收集标准不统一，数据分类模糊

目前，虽然每个平台都有一套自己的标准，但这些标准都不完善，收集的信息也大多是零散信息，异结构化、半结构化数据偏多，这些不完善的数据汇集到一起时又会存在整合困难的问题。总体来看，目前医疗信息收集缺乏统一标准，忽略了信息收集的全面性，导致各机构只收集需要的信息，对患者不能形成完整画像，最终，也就无法形成一套记录患者完整医疗信息的数据系统。医疗数据有很多细分种类，如医院信息、器械信息、医生诊断信息、患者信息、健康信息等，现阶段在处理数据时对细分信息的归类还有待改进。类似于患者服药量、临床数据、影像资料等有价值的数据比较匮乏，因此需要建立数据价值标准从而形成数据等级的划分。

3. 网络安全压力大，获取信息成本降低

虽然法律法规明确保障了医疗健康领域的数据安全和隐私，但互联网领域的快速发展，使越来越多的设备接入网络，给网络安全带来了极大的隐患，互联网用户获取数据信息越来越容易，信息盗取成本降低，使得相关机构防止医疗数据泄露的费用不断增加，患者信息数据泄露的风险在加大。

4. 药品溯源的问题

根据行业估测，全球医药公司因为假药问题，每年要损失 2000 亿美元。

5. 索赔和授权问题

杂乱的后端管理成本占医疗保健行业所有成本的 20% 左右，要么是

过度计费，要么是乱开项目。药品授权时间长，客户服务成本非常高。

6. 临床试验问题

多项研究报告称，20%～50%的临床试验结果在试验完成数年后仍未被公开。这对患者或健康志愿者来说是严重的安全隐患，而对健康医疗公司股东和健康政策制定者来说，他们面前也横着一条知识鸿沟。

6.21.3 "医安链"平台解决方案

蓝源科技公司具有多年区块链技术开发经验，面向当前医疗产业市场的需求，完全自主研发了一款基于区块链智能合约的应用——"医安链"，其标志和界面分别如图 6-90、图 6-91 所示。它将区块链与医疗产业完美结合，把区块链的智能合约等技术引入医疗产业中，优化和改善现有的业务模式和服务模式，用科技解决医疗产业中所存在的信任等各种问题，让其更加高效、更加智能以及更加便捷。

图 6-90　"医安链"平台标志

图 6-91　"医安链"平台界面

1. 解决医疗信息孤岛问题

运用"医安链"的分布式账本技术，共同维护一个分布式共享账本，使得非商业机密数据能在所有节点间存储、共享，让数据在链上实现可信流转，极大地解决了供应链上各企业间信息孤岛问题。医疗数据的流通需要经过数字化、存储、管理、提取等环节，通过"医安链"可以提供医疗数据的数字化上链，并提供相应的存储和管理方案，为医院、医疗机构、制药企业等提供成熟的数字化工具，建立起易于管理的医疗病例体系、供应链系统等，完成自身的区块链数字化升级。

2. 解决医疗数据收集标准不统一，数据分类模糊问题

区块链天然适合记录数据信息。运用"医安链"技术，可以把不准确和存在差异影响的医疗记录上链。在建立病历时，运用医疗健康数据的分布式账本记录技术，由医疗专业人员负责确保敏感病历的准确性、完整性，并且让这些病历信息只有获得授权的人员才能获取，这将使患者获得更高质量的医疗服务。使用区块链技术构建的电子病历和疾病数据，能完整记录包含生命体征、服药、诊断结果、病史手术等健康数据，以及医护人员、地点、器械相关等涉医数据，各医疗机构根据收集的完整数据链，再提取各自所需信息，解决了收集与处理数据没有统一标准的弊端。

3. 解决网络安全压力大的问题

由于区块链上的数据不能被任何人更改，但是每个人都可以访问，因此所有医生都可以访问其患者完整的、准确的医疗历史，而不必向其他办公室发送烦琐的请求，并且承担获得不完整或错误数据的风险。此外，如果医生的系统出现故障或崩溃，患者的记录将不会受到单点故障的影响，这样大大降低了网络安全的压力。"医安链"在隐私与安全保护上主要通过人为干预和系统安全模块来保证。

在人为干预方面，主要通过严格筛选系统管理维护人员、设置明确的管理维护准则、对系统管理人员进行权限划分与监督，来保证系统能够安全稳定地运行，降低恶意行为或其他故障的发生频率。

在系统安全模块方面，主要通过利用"密钥与认证架构"来限制参与人员与标志参与人员的身份；利用"权限管理"模块来保证参与到"医

安链"中的各方能够在规定权限下，正常使用其所需功能；通过卫生管理部门分级，实现有效的权限监管与分配；通过对电子病历（electronic medical record，EMR）的分类存储，实现医疗数据在"医安链"中安全高效稳定地存储；通过"医安链"中的验证器（Validator）和打包器（Blocker）组件，采用 PBFT 共识算法，保证系统可以处理节点的恶意行为与运行故障，且保证存储在区块链中的医疗数据不被篡改或抵赖。

4. 解决药品供应链的完整性与药品溯源问题

运用"医安链"技术，在美国《药品供应链安全法案》（DSCSA）下，通过独特的、不可篡改的链上编号，确保每片分配下去的药片都能在分布系统中的每个点追踪到。药品从供应链出发，到流入个体消费者手中，整个过程都能得到保证。另外，私有密钥和智能合约等其他功能也能保证在药品销售的任何一个阶段明确药品制造商和来源。

5. 解决索赔和授权问题

运用"医安链"技术，能够使索赔过程中的许多环节标准化和自动化，患者的保险索赔得到即时处理。这将减少对索赔专家的依赖，并将处理索赔时出错的可能性降至最低。运用"医安链"技术，能够实现大部分计费、支付程序的自动化，从而跳过中间人，降低行政成本，为病患和医疗机构节省时间。

6. 解决临床试验问题

运用"医安链"的智能合约技术，不仅能提高临床试验结果的可靠性，而且能很容易地将相邻的研究与正在进行的研究联系起来，以提高准确性并加速信息收集过程。"医安链"能够提供实时可追踪的临床试验记录、研究报告和结果，且这些数据不可变，这就为解决结果交换、数据探测和选择性报告等问题创造了可能，从而减少临床试验记录中的造假和错误。进一步来说，在精准医疗和人口健康管理等领域的医疗研究创新上，区块链系统还能推动临床试验人员和研究人员之间的高度协作，大大提高效率。

6.21.4 整体优势

"医安链"平台在医疗产业的应用，主要基于以下方面发挥优势：

1. 流通

一方面，在"医安链"上，利用区块链分布式账本和不可篡改等技术特性实现的电子化医疗病例，可以保证医疗信息的真实性。另一方面，医疗机构、研发机构、企业可以通过"医安链"发布相关数据与结果，实现各机构链接，促使机构之间紧密合作；同时也可以创建自己的应用模块，例如提供人工智能分析、个人健康管理、报告分析、预约挂号等，促进优质医疗资源的精确展示和有效流动，让更多患者实现择优而医。

2. 可信

区块链技术的核心就是提供可信任的网络。区块链可以通过对事件和交易盖时间戳，让数据成为一条长链或者永久性的信息记录的一部分，并且无法进行任何篡改。"医安链"的基本逻辑就是利用区块链构建更加可信的网络系统，解决交易中的欺诈现象，使得整个医疗生态更加透明和公正，对改善医疗行业现状有着非常重要的价值。医患矛盾的根源在于信任问题，基于区块链底层技术，"医安链"具有共享的分布式数据库技术的特点，使人人都可进行验证，从而建立区块链互信机制。

3. 确权

"医安链"可以解决医疗行业的数据确权问题，将患者的就医信息、诊疗相关的信息存储在"区块"上，通过链上公开的接口程序，可以实现机构内健康数据的上传与下载，提高资料的存续性，方便用户自己进行健康管理。对于患者而言，不再需要去医院的管理部门拿个人的医疗档案，当有使用需求时，输入私有密钥就可以实现健康数据的信息下载。而当前国家鼓励医疗行业数字化，医疗行业也正经历医疗服务模式"数字分散化"的重要转型阶段，药物（疗法）、设备、服务和商业模式的数字化为"医安链"的落地提供了适宜的土壤。

6.22　区块链＋线上教育的行业应用

在教育领域，在线教育平台是基于区块链技术，上链性最强、最具备生态搭建条件的子行业。教育结合区块链的方向有很多，我国的《中国区块链技术和应用发展白皮书》及欧盟委员会的报告《教育行业中的区块链》(*Blockchain in Education*)均针对区块链在教育领域的应用模式进行了初步探讨,详见表 6-5。

表 6-5　区块链相关报告

发布时间	发布机构	报告名称	主要内容
2016 年 10 月	工信部	《中国区块链技术和应用发展白皮书》	(1)区块链系统的透明化、数据不可篡改等特征,完全适用于学生征信管理、开学就业、学术、资质证明、产学合作等方面,对教育就业的健康发展具有重要价值 (2)"互联网＋教育"是全球教育发展与变革的大趋势 (3)区块链技术有望在"互联网＋教育"生态的构建上发挥重要作用
2017 年 9 月	欧盟委员会	《教育行业中的区块链》(*Blockchain in Education*)	(1)教育行业的利益相关者可能会着重关注区块链的潜力,即对个体化的学术性学习进行数字认证的潜力 (2)区块链可以应对教育行业中的很多挑战,比如数字认证、多步骤认证、识别和转让学分,以及学生支付交易等等

6.22.1　线上教育产业链分析及运用场景

一直以来,在线教育行业被认为是教育行业与信息技术产业的交叉产业,也是一个增长非常迅速、与国民生活息息相关的产业。在互联网技术和移动互联网基础设施日渐成熟、用户习惯向线上大规模迁移的背景下,我国在线教育行业自 2014 年起呈现出持续升温的局面,市场规模和用户规模不断增长。2019 年,素质教育、基础教育(K12)大班和高等学历教育的迅速发展进一步促进了在线教育规模的提升。2019 年,在线教育市场规模达到 3133.6 亿元,K12 在线教育市场规模达到 648.8 亿元,如图 6-92 所示。

图 6-92　2013—2019 年在线教育和 K12 在线教育整体消费市场规模

在线教育产品类型丰富，覆盖人群广，因此在线教育产品在营销阶段需要面向不同受众群体开展不同的营销方式。从个人成长发展阶段来看，在线教育产品在不同年龄段均有覆盖，并且可以划分为以下几种类别：早幼教产品、基础教育产品、高等教育产品、职业培训产品，如图6-93 所示。

图 6-93　在线教育平台产品根据年龄段分类情况

目前在线教育市场可分为平台提供商和内容模式提供商，平台提供商又可分为商对客（Business-to-Customer，B2C）和个人对个人（Customer-to-Customer，C2C）两大领域，而内容模式提供商可分为学习视频、教育工具和文档资料这三大领域，主要有自营类 B2C、平台类 B2C、平台类 C2C 和慕课（MOOC）四种商业模式，如图 6-94 所示。

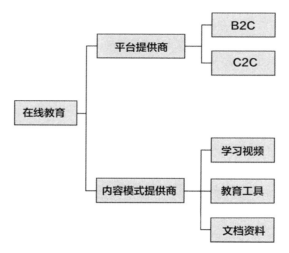

图 6-94 在线教育行业各细分领域分析

6.22.2 痛点概述

在线教育产业高速发展的同时也存在一些痛点。

1. 缺乏信任机制，各方利益很难保证

当前在线教育市场竞争非常激烈，传统在线教育商业模式遭遇瓶颈，需求者、消费者、内容提供者、相关支持者等各方缺乏信任机制，导致各方利益很难得到保障。

2. 缺乏良好的分配机制

线上教育机构在招生的巨大压力下，一般都为销售与营销部门提供了较高的激励，却忽略了教学产品、教学内容研发、教学系统开发与教育服务升级的重要性。反过来，对教学产品、教学内容研发等的不重视导致学生离开平台，进一步加大了平台的招生压力。与此同时，教师培训服务提供商、教学内容开发商、技术开发商这三方在整个行业中能够服务的市场存在一个上限，缺乏扩展更多中小在线教育市场的精力。此外，由于缺乏一个统一的标准，已开发产品的功能基本一致，这导致了大量的资源浪费，高质量的产品也无法获得市场的支持，由此限制了在线教育行业的整体发展。

3. 信息不对称、资源匹配对接困难

当前线上教育机构多是私人创办的盈利性质的机构，这就导致其社会职能和社会责任与学校的差别，难以形成一个行业硬性标准，百花齐放固然好，但实际可能是参差不齐，而且信息极其不对称，资源匹配对接非常困难。

4. 缺乏公平的评估、匹配、定价机制

一方面，当前线上教育机构普遍缺乏师资与教学内容评估方法，第三方教师与内容的涌入使教学水平整体下降。目前，全球较多教育机构的经营策略是提升家长教育孩子的自信并推动家长支付昂贵的学费，没有把重点放在分析在线教育服务的使用者对师资的评价上。另一方面，学费的定价系统未能与教育质量相连接。同时，尽管一些在线教育机构已投入了高额的成本，但他们仍有大量冗余的师资，其中很多教师的授课次数不及预期。偏低的收入也会导致优质师资较高的跳槽频率，进而拉低了教学质量，整个在线教育平台陷入了恶性循环。

5. 线上推广费用高，运营成本高

教育产品是一种投资，用户在报名某个课程的时候，是抱有提升能力的预期的，也通常会花费较长的时间进行产品比对。而目前教育行业主流的推广渠道分为免费和付费渠道。免费渠道前期虽然不用花钱，但是需要花费大量的时间和精力；付费渠道单次投放成本在不断上升，很多小型公司无法承担高额付费投放费用。口碑、第三方评价、学员案例等，这些对于每一个教育公司都是很重要的，但是初期没有口碑，运营成本是极高的，资源获取也很难。

6. 效果很难量化

教育行业有一个不同于其他行业的特点：效果不容易被量化。有些是保证就业和薪资的，用户在购买的时候就有明确目的和预期，例如保证拿到证书，如果没有拿到证书就会退费，用户也可以看到明显效果。但更多的是看不到明确效果的，比如少儿画画、电商培训等，很难直接看到明确效果，所以用户在购买一段时间之后，容易产生质疑，续费率也低。

6.22.3　bulubulu 教育区块链平台解决方案

基于在线教育行业痛点和区块链发展现状，加拿大 Activator Tube 公司开发了 bulubulu 教育区块链平台，其标志和界面分别如图 6-95 和图 6-96 所示。它将区块链与在线教育结合，把区块链的智能合约等技术引入教育行业中，优化和改善现有的在线教育业务模式和服务模式，用科技解决在线教育行业的痛点。

图 6-95　bulubulu 教育区块链平台标志

图 6-96　bulubulu 教育区块链平台界面

1. 形成信任机制，突破传统在线教育商业模式的发展瓶颈

bulubulu 教育区块链平台是基于区块链技术的全球在线教育平台，可以彻底解决需求者、消费者、内容提供者、相关支持者之间的对接及利益分配，并帮助各方达成信任。通过这个开放的生态系统，来自世界各地的不同文化、国家和语言的参与者都可以提供服务、共享内容，重

建当前在线教育模式，实现分权，并更好地连接全球范围的教育资源。

　　2. 建立学生与教师等共享的生态系统

　　bulubulu 教育区块链平台可以解决在线教育数字课件的知识产权保护和利益分配两大痛点，将在线教育价值链的各个环节进行有效整合，加速流通，缩短价值创造周期。利用 bulubulu 教育区块链平台，可以打造课件 IP——基于区块链特性和虚拟市场规则，使学生和教师甚至家长共同参与教学课件的 IP 创作、生产、传播和消费的全流程，发动专家、行家和广大人民群众一起开发有创意的课件产品。通过 bulubulu 教育区块链平台为所有课件产品进行知识产权的确权，同时对一些课件产品从取名、logo 设计、制作到销售等各个环节，甚至对其中部分环节的投资，都可以公开征集供应商和合作商，并按照智能合约执行，以确保各参与方实时获益。通过 bulubulu 教育区块链平台可以打造稳定活跃的在线教育环境，培育整个生态中的核心意见领袖，以核心意见领袖来推动教育平台的师资优化与教学内容的进一步创新，吸引更多学生流量。bulubulu 教育区块链平台建立了学生和教师等共享的生态系统，通过区块链的数字资产确权和智能合约自动分配利润等，使得更多的人愿意为生态提供丰富资源，公平的分配机制也将确保生态有序健康发展。

　　3. 信息透明，资源更容易匹配

　　bulubulu 教育区块链平台上的数据难以被篡改，因此用户对于每一位教师的评价都能被客观、公正地展示在区块链上。当用户真实的评价和教育服务产品的信息都被展示在区块链上时，整个教育体系将变得更加透明，信息不对称和资源难匹配的问题将得到解决，用户会觉得这个教育体系是值得信赖的。智能合约程序由区块链自动执行，人工无法干预、篡改，一方面能够提高平台交易效率，满足消费者对于知识获取实时性的需求；另一方面能够保证交易平台的可靠性与稳定性，防止交易平台出现系统性崩溃现象。通过分布式节点建立流量引入机制，实现平台学生流量与教师资源的稳定扩展。

　　4. 建立公平的评估、匹配、定价机制

　　通过 bulubulu 教育区块链平台的创新模式解决评估、匹配、定价机制。在评估机制层面，通过智能合约建立教师授课与学生付款之间的连接并自动执行，确保教师的授课质量，同时激励学生提高课程完成率；利用人工智能技术将消费者享受的教学服务和内容全过程结构化、数字化，任何良好的服务和内容都会更有效的传播，评估机制将帮助内容提供者提高服务质量。在匹配机制方面，在学生、教师、就业机构之间形成优选机制，优秀的学生可得到资金资助与工作机会，优秀讲师可获得更高的平台薪酬与行业关注；会根据各方的需要和特点进行全球教育资源的配套，根据服务和内容提供商的信息和评估结果，结合客户的需求，在全球范围内进行智能配对和推荐。在定价机制方面，系统将根据以往的评估数据，对服务和内容进行全面、科学的定价。

5. 区块链的去中心化功能降低运营成本

与一般的中心化内容分发不同，bulubulu 教育区块链平台的数据中心是透明、公开的，教师和学生共用数据库和教学资源库，通过平台彼此互通。把区块链的去中心化思想导入平台，形成一个伪中心，然后结合人工智能进行分配，真正的小中心在家长、在教师及各个参与者。智能交易可以实现学习者与培训机构、学习者与教师、机构与机构之间的点对点交易，既能节省中介平台的运营与维护费用，同时又能提供有质量保证的在线学习服务。这样可以大大降低运营成本，提高运营推广效果。

6. 过程可视化，保障商家和消费者权益

通过 bulubulu 教育区块链平台技术的高度透明化、可溯源性等特性，可以将教育的效果量化，实现教育过程的透明教学、传递和查验。智能合约程序记录在区块链上，具备公开、透明、不可篡改等特性，可以保证交易信息的真实有效，杜绝欺诈行为的发生。智能合约程序可以控制区块链资产，能够存储并转移课件的数字资产和学习资料，学习者购买资料和服务等交易信息可随时被追踪查询并被永久保存，从而为保障商家和消费者权益提供强大的技术支撑和过程性证据。

6.22.4　整体优势

bulubulu 教育区块链平台在线上教育领域的应用，主要基于以下方面发挥优势：

一是 bulubulu 教育区块链平台是价值互联网平台，具有高度透明和消除信任依赖的特点。区块链中数据信息对所有人公开，有利于保证交易费用的透明性及产品和服务的真实性，解决需求者、消费者、内容提供者、相关支持者之间的对接及利益分配，并帮助各方达成信任。

二是 bulubulu 教育区块链平台的核心理念是去中心化。这一特点在在线教育的应用具体可以表现为去掉中间代理商，减少交易环节，大大降低交易成本及提高交易效率。

三是 bulubulu 教育区块链平台的自治性特点可以为在线教育的消费者创造更多价值。在线上教育中消费者可以不只有一种身份，他们可以是学习者，可以是课件发起者，也可以是管理者。所有做出贡献的参与者都可以依据智能合约获得相应的收益。

四是 bulubulu 教育区块链平台具有不可篡改的特性。以往各线上教育机构为争夺客户，在网络平台上对机构服务作虚假评价，使客户无法获得真实的信息。区块链技术的不可篡改性有效避免了这种虚假信息传播，一旦出现虚假信息，可追溯存证，对发布虚假信息者的交易会产生影响，有助于保证各方的利益。

五是 bulubulu 教育区块链平台利用区块链的可追溯性，能对参与者的想法和观点自动追踪、查询、获取，从源头上保护参与者的智力成果，防止知识成果被抄袭，从而有利于创新性、原创性观点的迸发。此外，依托分布式账本技术，将参与者的想法和观点分布存储在网络中，根据各个观点之间的语义联系生成可视化的知识网络图。随着观点的不断生成与进化发展，社区将聚小智为大智，形成具备无限扩展能力的群体智慧网络。

第 7 章　区块链助力产业数字化

2020 年 4 月 10 日，国家发展和改革委员会、中共中央网络安全和信息化委员会办公室联合印发了《关于推进"上云用数赋智"行动　培育新经济发展实施方案》(以下简称《"上云用数赋智"实施方案》)，从能力扶持、金融普惠、搭建生态等多方面帮助鼓励企业加快数字化转型。通过加大对共性开发平台、开源社区、共性解决方案、基础软硬件的支持力度，构建多层联动的产业互联网平台，推动企业数字化；推进供应链要素数据化和数据要素供应链化，支持打造"研发＋生产＋供应链"的数字化产业链；发展数字贸易、远程办公、互联网医疗等新业态，创新订单融资、供应链金融等，以数字化平台为依托，构建"生产服务＋商业模式＋金融服务"数字化生态。

《"上云用数赋智"实施方案》中强调"为深入实施数字经济战略，加快数字产业化和产业数字化，培育新经济发展，扎实推进国家数字经济创新发展试验区建设，构建新动能主导经济发展的新格局，助力构建现代化产业体系，实现经济高质量发展，特制定本实施方案"。这意味着，数字化迎来中长期重大机遇。我国支持数字经济发展和数字化转型的政策加快落地，2020 年 4 月 9 日，中共中央、国务院印发《关于构建更加完善的要素市场化配置体制机制的意见》，明确将数据作为一种新型生产要素写入政策文件。2019 年我国数字经济增加值规模达到 35.8 万亿元，占 GDP 的 36.2%，其中产业数字化增加值约为 28.8 万亿元，占 GDP 比重为 29.0%。下面将对照《"上云用数赋智"实施方案》，详细介绍基于区块链的产业联盟多层联动平台顶层设计，并全面解读区块链如何助力《"上云用数赋智"实施方案》。

7.1 基于区块链的产业联盟多层联动平台顶层设计

基于区块链的产业联盟多层联动平台顶层设计分为技术服务平台和应用平台两方面。技术服务平台主要为整个产业合作提供区块链的技术服务，包括基于"蓝源区块链"（Blue Origin blockchain）技术架构打造的产业联盟链，该产业联盟链实现了基于产业的区块链信任机制平台；技术服务平台还包括四个公共服务平台，包括金融、物流、交易市场和社交网络服务平台。应用平台以产业联盟为基础，在此基础上建立相对务虚的产业区块链数字化联盟和相对务实的区块链数字化赋能中心、产业供应链联盟等各类实体，如图 7-1 所示。

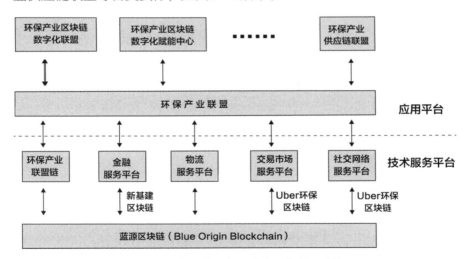

图 7-1 产业联盟多层联动平台顶层设计

7.1.1 蓝源区块链

产业联盟多层联动平台的技术服务平台底层是基于"蓝源区块链"，其是一个区块链专业系统平台（类似于苹果公司的 Apple Store），其上有各种行业、领域的区块链应用软件，例如：权链通——知识产权领域；沙和赏区块链——文化艺术领域；蓝建链——新基建领域；WEVIDEOCHAIN 区块链——影视领域；乌博区块链——环保领域；YOUCHAIN 区块链——旅游领域；茶链通——茶叶领域；融益链——供应链金融领域；W-CHAIN 区块链——水务领域；信能链——能源领域；觅食区块链——餐饮领域；房心链——地产领域；美安链——保险领域；门链通——木门行业。

　　"蓝源区块链"不仅为各行业、各领域提供专业的区块链应用，还可以提供产业联盟链及公共的服务平台（包括金融、物流、交易市场和社交网络四大服务平台）。

　　金融服务平台：主要通过与"蓝源区块链"合作的银行等金融机构，也可以通过"融益链"金融供应链，解决各个产业链的金融问题。

　　物流服务平台：在实物方面，鉴于各个行业、领域产品的专业性，与各个大的物流公司以及产业联盟链内的厂家共同制定物流在本行业的执行标准，解决物流高效运转问题；在虚拟的数字化资产方面，通过"权链通"可以对相应产业的数字资产进行确权、传输、交易、利润分发等。

　　交易市场服务平台：通过相应的产业区块链平台解决信任问题，实现线上高效交易；区块链技术可以使得电子金融交易流程变得更加公开、透明，使得原本高度依赖中介、集中式处理的传统交易和结算模式变为跨境、跨行业、高效、流水线式处理的自组织网络交易模式，从而使参与者的范围更广、服务更便捷、效率更高、成本更低，监管、风控和合规也更加智能化和自动化。区块链对于交易市场服务平台的作用见表7-1。

表 7-1　区块链对于交易市场服务平台的作用

节点	业务环节	主要局限	区块链的作用
交易前	获取信息、拿单、接单	信息可获取性、传递效率及有效性	进行相关的确权：可追溯、穿透至底层资产，自动验证归属，信息有效、不可篡改、可追溯，条件触发自动处置
交易中	订单执行及撮合	运营时间限制、处理结算	全天候跨机构、跨行业、跨境实时处理

节点	业务环节	主要局限	区块链的作用
交易后	清算交收	对手方风险、机会成本、融资成本	消除一对一风险，降成本，高效、实时、无缝处理资产转移和变动
	资产管理	操作成本高，需要人工处理及确认	交易流不可篡改，无须第三方保管账目，自动执行合规，减少操作成本

社交网络服务平台：通过相应的产业区块链 App 和各个行业联盟链，解决社交网络问题；区块链化的社交网络影响力是巨大的，参与者可以通过基于区块链的社交网络更好地管理并激活数字资产，可以使用区块链护照更轻松地进入数字经济社会，可以全方位地保护身份、资产、通讯和交易的安全性。产业区块链 App 坚持"全用户需求"价值导向，在走向去中心化属性的区块链路上，逐步做好规划，一是实现现有资讯和社交网络的用户体验，二是兼顾到用户隐私、安全、数字货币支付交易等，实现真正的"万物互联"。

7.1.2　产业联盟链

习近平总书记在"1024 会议"上强调，要加强对区块链技术的引导和规范，加强对区块链安全风险的研究和分析，密切跟踪发展动态，积极探索发展规律。根据中心化程度不同，区块链可分为公有链、私有链和联盟链。公有链对所有人开放，用户无须他人授权，就可以匿名自由进入和退出区块链系统。私有链一般仅在某个组织内部使用，用户加入和退出区块链由该组织决定，链上的信息读写、记账规则与权限也均由该组织制定。联盟链是介于公有链和私有链之间的区块链，由多个预选节点组成，各节点共同参与记账和认证，进入和退出必须符合联盟协议并由所有预选节点同意。公有链完全去中心化，因为没有一个中心化的机构，无法进行监管。我们可以在一些领域发展公有链，以参与国际竞争，但必须严格控制范围。多中心化的联盟链兼顾公有链与私有链的优势，同时又不排斥监管，兼具信用多元、信息共享与高效率的特点，可广泛应用到社会治理各方面。

产业联盟链服务于产业联盟的成员及相关联的第三方，基于区块链的分布式账本和分布式共识机制，解决产业联盟内部和对外合作、交易的核心问题：信任问题。在产业联盟链内部指定多个预选的节点为记账人，每个块的生成由所有的预选节点共同决定，其他接入节点可以参与交易，但不过问记账过程，其他第三方可以通过该区块链开放的 API 进行限定查询。为了获得更好的性能，联盟链对于共识或验证节点的配置和网络环境有一定要求。有了准入机制，使得交易性能更容易提高，避免参与者水平参差不齐导致的一些问题。

7.1.3　产业区块链数字化联盟

产业区块链数字化联盟（或协会等组织）是在产业联盟链基础上打造的，为什么这么说呢？因为产业联盟链区块链技术可以解决很多联盟的实际问题，例如，解决整个数字化生态各个协作体之间的信任；实现"数字资产"的确权；实现产业生产资料的分配和资源的整合；保障各个协作体的单体利益和协作利益。

产业区块链数字化联盟的宗旨是共享、共建、共赢，以政府对区块链、数字化及相应产业的政策为支撑，整合国内外区块链、数字化及相应产业的人才、技术、资本市场等各方资源，推动产业内区块链和数字化的发展进程，从而形成共赢的价值共同体。

7.1.4　区块链数字化赋能中心

区块链数字化赋能中心是建立在产业联盟链基础上的实体。现在全国上下都在推动数字经济的发展，但真正能打开数字经济大门的，一定是"数字孪生＋区块链"的最佳组合，基于区块链的整体架构，充分利用数字孪生技术，真正改变物理世界，将物理世界对应的数字孪生体形成一定的数字资产，并赋予其一定的金融属性。

区块链数字化赋能中心由各方代表的核心企业组建而成，例如：

（1）区块链代表：蓝源公司、加拿大 Activator Tube 公司等。

（2）数字化代表：西门子公司等。

（3）行业代表：领域行业前五名或地方行业前三名。

7.1.5 产业供应链联盟

产业供应链联盟是在产业联盟链的基础上，由相应产业链各个环节的代表公司组建。在产业链的各个环节各取 3 ～ 10 个公司，可以在产业区块链 App 中合作以获取项目、资金等各项资源。

（1）区块链代表：蓝源公司、加拿大 Activator Tube 公司等。

（2）数字化代表：西门子等企业。

（3）行业代表：在相应产业链的各个环节各取 3 ～ 10 家公司。

7.2 区块链助力产业数字化的发展目标

《"上云用数赋智"实施方案》强调：在已有工作基础上，大力培育数字经济新业态，深入推进企业数字化转型，打造数据供应链，以数据流引领物资流、人才流、技术流、资金流，形成产业链上下游和跨行业融合的数字化生态体系，构建设备数字化—生产线数字化—车间数字化—工厂数字化—企业数字化—产业链数字化—数字化生态的典型范式。

区块链解读及助力：

中央从顶层设计的高度为区块链和数字化定调，并给出清晰的目标导向，包括金融、政务、民生将会在未来几年内成为区块链、数字化行业落地的热点领域。区块链、数字化服务于国家重大关切的产业数字化生态，在战略定位上很清晰，这是根本出发点。相信"区块链＋数字化＋产业"是解决当前产业数字化生态的最佳解决方案之一。

通过区块链各项技术赋能于各产业数字化生态，打造各个产业（如知识产权、文化艺术、新基建、影视、环保、旅游、茶叶、供应链金融、能源、水务、餐饮、地产、保险、大宗商品交易、检验检测、木门行业等）数字化生态，服务于当前的"产业链链长制"体系（具体服务于"产业链链长制"体系的操作层面内容将在后面章节中详细介绍，这里先简单阐述区块链赋能数字化生态）。

基于区块链技术将产业数字化生态（产业联盟多层联动平台）顶层

设计架构规划好，其由点、面、空间组成，点是一维的，代表数字化企业；面是二维的，代表数字化产业链；空间是三维的，代表数字化生态。

基于区块链的数字化路径也非常明确：规划设计层面由上至下，即先做顶层设计，框架搭建好，基础服务模块搭建好，然后大家一起发力，将每个"点"建好！在实际操作层面则由下至上，即由点到面，将产业中每个企业数字化建设好，形成数字化产业链，再延伸到整个产业数字化生态系统。具体操作如下：

（1）建设"蓝源区块链"，服务于各个行业，并在其上搭建各个行业联盟链；在整个"蓝源区块链"基础上，为各个行业联盟链提供公共的服务平台，包括金融、物流、交易市场和社交网络四大服务平台。

（2）在各个行业联盟链的基础上，打造行业区块链数字化联盟（或协会等组织）。

（3）在各个行业联盟链的基础上，由核心企业组建各行业的区块链数字化赋能中心。

（4）在各个行业联盟链的基础上，由产业链各个环节的公司组建"行业供应链联盟"，产业链的各个环节各取 3 ～ 10 家公司，结合我们前期介绍的各行业区块链平台解决合作方的确权和利润分配问题，大家齐心协力，共同推动产业的良性发展。

7.2.1　打造数字化企业

《"上云用数赋智"实施方案》强调：在企业"上云"等工作基础上，促进企业研发设计、生产加工、经营管理、销售服务等业务数字化转型。支持平台企业帮助中小微企业渡过难关，提供多层次、多样化服务，减成本、降门槛、缩周期，提高转型成功率，提升企业发展活力。

区块链解读及助力：

未来一种典型的数字化生态是"平台＋中小企业"。整个平台由点及面，在点的层面上，通过区块链数字化赋能中心为各个企业提供专业的服务，帮助企业实现从研发设计、生产加工、经营管理到销售服务等全程数字化，在数字化改造过程中区块链起到非常重要的作用。

（1）确权。为所有企业产生的数据确权，对数据的价值进行保护，挖掘存量数据，增强增量数据。

（2）分配。通过智能合约，根据数据的价值进行相应的利润分配。

（3）合作。通过区块链技术对资源进行再分配，尤其是产业区块链数字化联盟的资源，形成高效的协同作业，实现合作共赢的局面。

（4）联盟。通过产业联盟链，制定并规范行业数字化标准、规则，一荣俱荣，一损俱损，辅助国家产业方向和政策的落地。

7.2.2　构建数字化产业链

《"上云用数赋智"实施方案》强调：打通产业链上下游企业数据通道，促进全渠道、全链路供需调配和精准对接，以数据供应链引领物资链，促进产业链高效协同，有力支撑产业基础高级化和产业链现代化。

区块链解读及助力：

数字化产业链的建设，反过来倒逼中小型企业的数字化建设。区块链、供应链金融也将会得到巨大的发展空间。行业区块链数字化联盟通过经确权的数据，打通整个产业链上下游通道。

（1）在技术方面，区块链数字化赋能中心可以提供性价比非常高的技术服务。

（2）在资源方面，区块链数字化联盟可以在整个产业链层面提供全方位支持。

（3）在资金方面，以"融益链"供应链金融为基础，为整个数字化产业链提供高效的金融工具。

7.2.3　培育数字化生态

《"上云用数赋智"实施方案》强调：打破传统商业模式，通过产业与金融、物流、交易市场、社交网络等生产性服务业的跨界融合，着力推进农业、工业服务型创新，培育新业态。以数字化平台为依托，构建"生产服务＋商业模式＋金融服务"数字化生态，形成数字经济新实体，充分发掘新内需。

区块链解读及助力：

数字化企业、数字化产业链、数字化生态，逐步升级，整个过程需要一个非常可靠的信任机制平台，这个平台非区块链莫属。在文件中列举的金融、物流、交易市场、社交网络四大生产性服务业对于任何行业都是适用的。

7.3　区块链助力产业数字化的主要方向

7.3.1　筑基础，夯实数字化转型技术支撑

《"上云用数赋智"实施方案》强调：加快数字化转型共性技术、关键技术研发应用。支持在具备条件的行业领域和企业范围探索大数据、人工智能、云计算、数字孪生、5G、物联网和区块链等新一代数字技术应用和集成创新。加大对共性开发平台、开源社区、共性解决方案、基础软硬件支持力度，鼓励相关代码、标准、平台开源发展。

区块链解读及助力：

《"上云用数赋智"实施方案》强调了"集成创新"和"共性"问题，这些都需要产业链合作完成，需要有以区块链技术为基础的信任机制，保障合作及相应"集成创新"的确权和相应利润分配。在行业联盟链基础上，由核心企业组建区块链数字化赋能中心，在确权和利润分配得到保障的情况下，重点解决数字化转型的相关技术。

（1）区块链方面：由蓝源公司、加拿大 Activator Tube 公司等牵头。

（2）数字孪生方面：由西门子等公司牵头。

（3）大数据、人工智能、云计算、5G、物联网等根据需要由相关核心企业牵头。

7.3.2　搭平台，构建多层联动的产业互联网平台

《"上云用数赋智"实施方案》强调：培育企业技术中心、产业创新中心和创新服务综合体。加快完善数字基础设施，推进企业级数字基础设施开放，促进产业数据平台应用，向中小微企业分享平台业务资源。推进企业核心资源开放。支持平台免费提供基础业务服务，从增值服务

中按使用效果适当收取租金以补偿基础业务投入。鼓励拥有核心技术的企业开放软件源代码、硬件设计和应用服务。引导平台企业、行业龙头企业整合开放资源，鼓励以区域、行业、园区为整体，共建数字化技术及解决方案社区，构建产业互联网平台，为中小微企业数字化转型赋能。

区块链解读及助力：

通过区块链技术的信任机制，搭建产业联盟链、产业区块链数字化联盟、区块链数字化赋能中心、产业供应链联盟等多层联动平台，其上可以承载各种应用，一方面整合、优化资源，另一方面可以从增值服务中按使用效果适当收取租金（佣金等），其盈利模式也非常清晰。

这些平台可以与各地的行业龙头企业整合，以区域、行业、园区为整体，共建数字化技术及解决方案社区，构建产业互联网平台，为区域、行业或园区的中小微企业数字化转型赋能。

7.3.3　促转型，加快企业"上云用数赋智"

《"上云用数赋智"实施方案》强调：深化数字化转型服务，推动云服务基础上的轻重资产分离合作。鼓励平台企业开展研发设计、经营管理、生产加工、物流售后等核心业务环节数字化转型。鼓励互联网平台企业依托自身优势，为中小微企业提供最终用户智能数据分析服务。促进中小微企业数字化转型，鼓励平台企业创新"轻量应用""微服务"，对中小微企业开展低成本、低门槛、快部署服务，加快培育一批细分领域的瞪羚企业和隐形冠军。培育重点行业应用场景，加快网络化制造、个性化定制、服务化生产发展，推进数字乡村、数字农场、智能家居、智慧物流等应用，打造"互联网＋"升级版。

区块链解读及助力：

通过区块链技术的信任机制和确权机制，可以加快企业"上云用数赋智"，例如，通过区块链技术记录所有企业的数据生成时间并确权，当需要（付费）使用数据时，越早生成数据的能够越早被使用，也能够越早有"数据收益"。同时，从数字化生态的高度可以提供一套区块链数字化"全面解决方案（total solution）"，这非常有利于助力中小微企业的数字化转型。

7.3.4　建生态，建立跨界融合的数字化生态

《"上云用数赋智"实施方案》强调：协同推进供应链要素数据化和数据要素供应链化，支持打造"研发＋生产＋供应链"的数字化产业链，支持产业以数字供应链打造生态圈。鼓励传统企业与互联网平台企业、行业性平台企业、金融机构等开展联合创新，共享技术、通用性资产、数据、人才、市场、渠道、设施、中台等资源，探索培育传统行业服务型经济。加快数字化转型与业务流程重塑、组织结构优化、商业模式变革有机结合，构建"生产服务＋商业模式＋金融服务"跨界融合的数字化生态。

区块链解读及助力：

以打造"研发＋生产＋供应链"的数字化产业链和支持产业以数字供应链打造生态圈为基础，对于打造跨行业的数字化生态将出现很多大机会，这一次行业性平台企业、金融机构的机会将远远大于互联网公司。在此通过区块链技术的信任机制、智能合约、数字资产确权等，助力于数字化过程，可以更加高效地打造跨行业的数字化生态。

7.3.5　兴业态，拓展经济发展新空间

《"上云用数赋智"实施方案》强调：大力发展共享经济、数字贸易、零工经济，支持新零售、在线消费、无接触配送、互联网医疗、线上教育、一站式出行、共享员工、远程办公、"宅经济"等新业态，疏通政策障碍和难点堵点。引导云服务拓展至生产制造领域和中小微企业。鼓励发展共享员工等灵活就业新模式，充分发挥数字经济蓄水池作用。

区块链解读及助力：

以上新业态、新模式的发展都需要以区块链技术为基础的信任机制，这些新业态也越来越需要区块链赋能得以更加高效的应用，尤其是对于一些发展产业链"链长制"的领域。

7.3.6　强服务，加大数字化转型支撑保障

《"上云用数赋智"实施方案》强调：鼓励各类平台、开源社区、第

三方机构面向广大中小微企业提供数字化转型所需的开发工具及公共性服务。支持数字化转型服务咨询机构和区域数字化服务载体建设，丰富各类园区、特色小镇的数字化服务功能。创新订单融资、供应链金融、信用担保等金融产品和服务。拓展数字化转型多层次人才和专业型技能培训服务。以政府购买服务、专项补助等方式，鼓励平台面向中小微企业和灵活就业者提供免费或优惠服务。

区块链解读及助力：

通过区块链技术的信任机制，搭建的产业联盟链、产业区块链数字化联盟、区块链数字化赋能中心、产业供应链联盟等多层联动平台可以为中小微企业的数字化转型提供"一站式"服务，既能实现存量的数字化，提高效率，又能带来存量的数字化，增强效益。

7.4 区块链助力产业数字化的近期工作举措

目前产业联盟多层联动平台的技术服务平台已经基本搭建好，下一步重点推动应用平台。

在布局应用平台时，要紧跟国家重点推动的产业方向，结合服务赋能、示范赋能、业态赋能、创新赋能、机制赋能等各项产业政策，共同推动区块链、数字化赋能于产业，助力中国产业领跑全球进入"区块链可信数字经济社会"。当前我们也正面临区块链、数字化的重大产业机遇。区块链、数字化不仅仅是技术，更重要的是可以重构产业商业组织，给产业带来新的发展机遇，其构建的可信机制，将改变传统产业模式，从而引发新一轮的产业技术创新和产业变革。

打造产业联盟多层联动平台的具体实施步骤如图7-2所示（以环

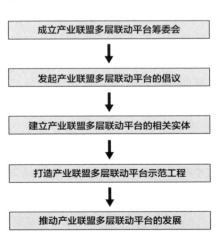

图 7-2 打造产业联盟多层联动平台的具体实施步骤

保产业为例）。

7.4.1　服务赋能：推进数字化转型伙伴行动

《"上云用数赋智"实施方案》强调：

（1）发布数字化转型伙伴倡议。搭建平台企业（转型服务供给方）与中小微企业（转型服务需求方）对接机制，引导中小微企业提出数字化转型应用需求，鼓励平台企业开发更适合中小微企业需求的数字化转型工具、产品、服务，形成数字化转型的市场能动性。

（2）开展数字化转型促进中心建设。支持在产业集群、园区等建立公共型数字化转型促进中心，强化平台、服务商、专家、人才、金融等数字化转型公共服务。支持企业建立开放型数字化转型促进中心，面向产业链上下游企业和行业内中小微企业提供需求撮合、转型咨询、解决方案等服务。

（3）支持创建数字化转型开源社区。支持构建数字化转型开源生态，推动基础软件、通用软件、算法开源，加强专业知识经验、数字技术产品、数字化解决方案的整合封装，推动形成公共、开放、中立的开源创新生态，提升传统行业对新技术、工具的获取能力。

区块链解读及助力：

基于区块链技术，成立产业联盟多层联动平台筹委会，发起产业联盟多层联动平台的倡议，建立产业联盟多层联动平台的相关实体。

（1）成立产业联盟多层联动平台筹委会：由一些理解数字化、区块链理念的志同道合的业内专业人士，成立产业联盟多层联动平台筹委会，制定相关章程、规则、利益分配机制等。基于"多劳多得""早劳早得"的区块链精神，通过区块链的共识机制，优化生产要素分配机制，能更好地发挥行业企业及专业人士的主观能动性。

（2）发起产业联盟多层联动平台的倡议：由行业内有影响力的权威人士或机构牵头，通过区块链技术的信任机制，发起搭建产业联盟、产业联盟链、产业区块链数字化联盟、区块链数字化赋能中心、产业供应链联盟等多层联动平台的倡议。

（3）建立产业联盟多层联动平台的相关实体：通过邀请、推荐、内部审核机制，建立产业联盟多层联动平台的相关实体，包括产业联盟、产业联盟链、产业区块链数字化联盟、区块链数字化赋能中心、产业供应链联盟等，通过蓝源区块链技术确保参与方的利益分配。

7.4.2　示范赋能：组织数字化转型示范工程

《"上云用数赋智"实施方案》强调：

（1）树立一批数字化转型企业标杆和典型应用场景。结合行业领域特征，树立一批具有行业代表性的数字化转型标杆企业，组织平台企业和中小微企业用户联合打造典型应用场景，开展远程办公服务示范，引导电信运营商提供新型基础设施服务，总结提炼转型模式和经验，示范带动全行业数字化转型。

（2）推动产业链协同试点建设。支持行业龙头企业、互联网企业建立共享平台，推动企业间订单、产能、渠道等方面共享，促进资源的有效协同。支持具有产业链带动能力的核心企业搭建网络化协同平台，带动上下游企业加快数字化转型，促进产业链向更高层级跃升。

（3）支持产业生态融合发展示范。支持行业龙头企业、互联网企业、金融服务企业等跨行业联合，建立转型服务平台体，跨领域技术攻关、产业化合作、融资对接，打造传统产业服务化创新、市场化与专业化结合、线上与线下互动、孵化与创新衔接的新生态。

区块链解读及助力：

要将基于区块链平台的行业联盟链、行业区块链数字化联盟、行业数字化应用中心、行业供应链联盟等多层联动平台做成行业标杆，按照标杆的要求规划、执行。

尽快打造产业联盟多层联动平台示范工程，尤其是区块链数字化赋能中心、产业供应链联盟等实体可以直接服务于产业市场，并取得共赢的经济效益。前期可以紧跟国家相关政策，重点服务于国家数字经济创新发展试验区建设和疫情防控中发挥积极作用的重点保障企业，打造示范、标杆工程。

7.4.3　业态赋能：开展数字经济新业态培育行动

《"上云用数赋智"实施方案》强调：

（1）组织数字经济新业态发展政策试点。以国家数字经济创新发展试验区为载体，在卫生健康领域探索推进互联网医疗医保首诊制和预约分诊制，开展互联网医疗的医保结算、支付标准、药品网售、分级诊疗、远程会诊、多点执业、家庭医生、线上生态圈接诊等改革试点、实践探索和应用推广。在教育领域推进在线教育政策试点，将符合条件的视频授课服务、网络课程、社会化教育培训产品纳入学校课程体系与学分体系、支持学校培育在线辅导等线上线下融合的学习模式。

（2）开展新业态成长计划。结合国家数字经济创新发展试验区建设和疫情防控中发挥积极作用的重点保障企业名单，面向数字经济新型场景应用、数据标注等新兴领域，探索建立新业态成长型企业名录制度，实行动态管理，加强了解企业面临的政策堵点和政策诉求，及时推动解决。

（3）实施灵活就业激励计划。结合国家双创示范基地、国家数字经济创新发展试验区建设，鼓励数字化生产资料共享，降低灵活就业门槛，激发多样性红利。支持互联网企业、共享经济平台建立各类增值应用开发平台、共享用工平台、灵活就业保障平台。支持企业通过开放共享资源，为中小微企业主、创客提供企业内创业机会。广泛开辟工资外收入机会，鼓励对创造性劳动给予合理分成，促进一次分配公平，进一步激活内需。面向自由设计师、网约车司机、自由行管家、外卖骑手、线上红娘、线上健身教练、自由摄影师、内容创作者等各类灵活就业者，提供职业培训、供需对接等多样化就业服务和社保服务、商业保险等多层次劳动保障。

区块链解读及助力：

以卫生健康领域和教育领域等为切入点，在六个国家数字经济创新发展试验区［浙江、河北（雄安新区）、福建、广东、重庆、四川］落地。

将区块链应用于国家数字经济创新发展试验区建设和疫情防控中发挥积极作用的重点保障企业。

基于"早劳早得""多劳多得"的区块链精神，通过区块链的共识机制，优化生产要素分配机制，能更好地发挥广大劳动人民的主观能动性。

7.4.4　创新赋能：突破数字化转型关键核心技术

《"上云用数赋智"实施方案》强调：

（1）组织关键技术揭榜挂帅。聚焦数字化转型关键技术和产品支撑，制定揭榜任务、攻坚周期和预期目标，征集并遴选具备较强技术基础、创新能力的单位或企业集中攻关。

（2）征集优秀解决方案。发挥市场在资源配置中的重要作用，整合行业专家、投资机构、应用企业等多方力量，从技术、需求、产业发展等角度多方评估，突破一批创新能力突出、应用效果好、市场前景广阔的数字化转型共性解决方案，夯实数字化转型技术基础。

（3）开展数字孪生创新计划。鼓励研究机构、产业联盟举办形式多样的创新活动，围绕解决企业数字化转型所面临数字基础设施、通用软件和应用场景等难题，聚焦数字孪生体专业化分工中的难点和痛点，引导各方参与提出数字孪生的解决方案。

区块链解读及助力：

利用区块链，可以更好地发挥协同作业功效，更好地创造、征集相关的优秀解决方案，而且提供优秀解决方案者可以获得一定的确权，后期还能得到相应的利润红利。以后真正能打开数字经济大门的，一定是"数字孪生＋区块链"的最佳组合，基于区块链的整体架构，充分利用数字孪生技术，真正改变物理世界，将物理世界对应的数字孪生体形成一定的数字资产，并赋予其一定的金融属性。

7.4.5　机制赋能：强化数字化转型金融供给

《"上云用数赋智"实施方案》强调：

（1）推行普惠性"上云用数赋智"服务。结合国家数字经济创新发展试验区建设，探索建立政府—金融机构—平台—中小微企业联动机制，以专项资金、金融扶持形式鼓励平台为中小微企业提供云计算、大数据、人工智能等技术，以及虚拟数字化生产资料等服务，加强数字化生产资料共享，通过平台一次性固定资产投资、中小微企业多次复用的形式，降低中小微企业运行成本。对于获得国家政策支持的试点平台、服务机构、示范项目等，原则上应面向中小微企业提供至少一年期的减免费服务。对于获得地方政策支持的，应参照提出服务减免措施。

（2）探索"云量贷"服务。结合国家数字经济创新发展试验区建设，鼓励试验区联合金融机构，探索根据云服务使用量、智能化设备和数字化改造的投入，认定为可抵押资产和研发投入，对经营稳定、信誉良好的中小微企业提供低息或贴息贷款，鼓励探索税收减免和返还措施。

（3）鼓励发展供应链金融。结合数字经济创新发展试验区建设，探索完善产融信息对接工作机制，丰富重点企业和项目的融资信息对接目录，鼓励产业链龙头企业联合金融机构建设产融合作平台，创新面向上下游企业的信用贷款、融资租赁、质押担保、"上云"保险等金融服务，促进产业和金融协调发展、互利共赢。

区块链解读及助力：

基于区块链技术，结合国家数字经济创新发展试验区建设，探索建立政府 - 金融机构 - 区块链数字化平台 - 中小微企业联动机制，服务好上下游。基于区块链数字化平台，联合金融机构，提供更多的技术、金融服务。基于区块链数字化平台，尤其是"融益链"供应链金融平台，赋予数字化平台更多金融属性，更好地推进传统产业数字化转型，培育以数字经济为代表的新经济发展。

2020 年初的新冠肺炎疫情，对于传统经济而言，相当于按了一下"暂停键"。但是对于数字经济而言，相当于按下了"加速键"。百年不遇的社会危机、经济危机，乃至全球动荡，将孕育出百年不遇的发展机会。这个大机会的名字，就叫"数字经济"。

第 8 章　区块链数字化赋能产业链"链长制"

　　产业链是产业经济学中的一个重要概念，指的是具有纵向关联的各个产业环节之间，基于一定的技术经济联系形成的链条式产业形态。影响产业链变动的重要因素有两类：一类是外部经济因素，包括宏观环境、政府支持、营商环境等；另一类是内部因素，即产业链本身问题，这一问题涉及产业链上的供应采购、设计生产、销售服务等。当外部环境发生变化时，生产要素资源状况也会随之而变，导致企业做出反应，进行产业链的战略调整进而升级。

　　中国是世界第一制造业大国，具有世界上规模最大、门类最全、配套最完备的制造业体系。中国拥有 39 个工业大类、191 个中类和 525 个小类，是全世界唯一拥有联合国产业分类中全部工业门类的国家，丰富多元的产业体系培育了一大批属于不同产业门类的企业。这次的新冠肺炎疫情带来的破坏是多方面的，产业链的破坏是其最显著之处，而在其背后的则是市场关系的破坏、价值链的破坏。疫情下市场关系被破坏，主要表现在以下几个方面：其一，在防疫隔离的要求下，生产要素特别是劳动力得不到充分满足；其二，产业链任何一个环节的脱节，都可能使得整个产业链发生断裂，不能提供最终产品；其三，处在一个产业链上的企业有大小、强弱之分，某个特定企业出现问题，都可能成为产业链的短板而导致产业链脱节；其四，即便供给产业链是完整的，可以提供合格产品和服务，但需求方（国内和国外）或因隔离、或因购买力不足，无法形成正常的市场关系。从另一个角度来看，这次新冠肺炎疫情也对我国制造业进行了一次全面"体检"，通过全面梳理产业链供应链，我们可以更好地发现薄弱环节，补齐短板，牢牢把握化危为机的主动权，来应对内外因素叠加影响，充分释放高质量发展的巨大潜力和强大动能，进一步维护我国在全球分工中的制造业地位，保障我国经济长期向好的基本面和综合竞争优势不变。

从理论上讲，产业链之所以能运转，是建立在市场基础之上竞争、合作的结果。恢复正常经济社会秩序，必须从重建市场关系入手。市场关系是供给和需求的总和，供给者和需求者之所以进入市场进行交易，是因为双方都可实现其利益。市场关系建立的基本条件是存在自由的价格机制和要素，可以充分流动，由此而形成价值链。在市场正常作用的情况下，市场有自我纠正和修复的能力。但当局势恶劣到超出市场自我纠正和修复的范围时，如不及时采取措施，市场就会因主体尤其是弱小的主体受到伤害而萎缩，失去经济发展动力的作用。因此，政府要在"市场失灵"的情况下，提供经济发展的动力。

在市场供给主体方面，政府的作用方向有两个。一是通过财政与金融手段为企业降低成本、提高收益水平，以维持其正常经营。在这一方面，财政手段主要是税收优惠和财政补贴，金融手段主要是政府对金融机构的影响和政府直接通过某些平台进行资金支持。二是通过行政手段对经济活动进行某种程度的干预和协调，如一些地区实行的产业链"链长制"，就可以非常有效地弥补市场在产业链构建中的"失灵"。

中央在 2020 年初提出的"六稳"外，又特别提出"六保"工作。聚焦产业链，"链长制"必定是"六稳"和"六保"工作的"验方"。

8.1　产业链"链长制"的起源

系统性的"链长制"工作由浙江首创，通过浙江生动的实践，逐渐从地方经验成为全国经验。2019 年 9 月，浙江首创系统性的"链长制"，下发《浙江省商务厅关于开展开发区产业链"链长制"试点进一步推进开发区创新提升工作的意见》后，同年 11 月《广西重点产业集群及产业链群链长工作机制实施方案》开始实施。2020 年 4 月，江西省政府常务会议审议并原则通过了《关于实施产业链链长制的工作方案》。

"链长制"诞生在得改革风气之先的浙江有其根源。浙江省民营经济发达，从总量上看，全省非公经济占比超 80%，从进出口上看，民营经济出口额占 80%，这一数据远超广东、江苏等省份。在这一经济结构下，浙江省经济工作，尤其是开发区工作的重心往往落在了服务企业上。

"链长制"机制中明确提到"一名产业链指导专员、一支产业链专业招商队伍"，强化服务企业意识。"链长制"深耕实践，体现的是浙江长久以来服务民营经济的精神。"链长制"以主要领导挂帅稳定产业链，帮助产业链上的企业，成为民营经济的"守护者"，守一方企业，保一区产业。值得注意的是，"链长制"正在浙江内部获得强大的生命力，逐渐从开发区领域走向行政区领域，从"守护"开发区内的企业，逐渐开始"守护"区域内的所有企业。

8.2　产业链 "链长制" 发展概况

8.2.1　浙江省

浙江前省委书记车俊在浙江省开发区（园区）改革提升会议上指出，要"推动全省开发区（园区）系统性重构、创新性变革"。"链长制"作为制度创新，就是对园区的重要变革，是园区经济的"加速器"。

相比上海的强规划，浙江园区由于民营经济的特点，从历史上看，园区对产业的整合与规划相对薄弱。在当前面临的全球化重要变革中，仅仅依靠民营经济自发性的单打独斗远远不够，市场"失灵"与国际政治风险的陡然增加促使园区作为政府为经济服务的最末端触角需要有所作为。

2019 年浙江省商务厅发布《浙江省商务厅关于开展开发区产业链"链长制"试点进一步推进开发区创新提升工作的意见》，要求各开发区确定一条特色明显、有较强国际竞争力、配套体系较为完善的产业链作为试点，链长则建议由该开发区所在市（县、区）的主要领导担任。

"链长制"明确提出要有一份产业链规划，并用工作制度保障产业链的协同。这一制度创新使得园区经济的成长得到制度上的保证，从制度上保障了市场主体之间的合理互动关系，促进市场主体能够与政府形成合力，也保障政府力量对市场主体的足够尊重。

浙江省商务厅开发区处主要负责人明确表示，"产业链'链长制'是浙江打造、升级产业链的重要举措。这个制度落实到人，要求开发区干部明晰当地产业发展方向，一张蓝图绘到底，从产业链角度发掘哪些需要补、哪些需要强化，这考验大家的智慧"。

经过半年左右的尝试，浙江各地开发区首批链长纷纷亮相：杭州市余杭区区长陈如根担任钱江经济开发区新装备产业链链长；绍兴市上虞区区委书记陶关锋担任杭州湾上虞经济技术开发区新材料产业链链长；嘉兴市桐乡市于会游市长担任桐乡经济开发区前沿新材料产业链链长；金华市武义县县长章旭升担任武义经济开发区电动工具产业链链长；衢州市江山市市委书记童炜鑫担任江山经济开发区木门产业链链长；丽水市景宁畲族自治县县长钟海燕担任幼教木玩产业链链长……浙江各地都积极参与到开发区产业链建设中，形成产业链稳定、发展、提升的长效机制。

浙江省商务厅相关负责人在调研"链长制"时曾表示，"链长制"是浙江开发区创新发展的一个方法论，希望开发区在做优做强特色产业的同时，围绕产业特点和特征，沿着产业链上下游继续发力招商，打造开发区的产业特色，从而推进区域特色产业形成。他鼓励开发区立足实际情况，借力"链长制"建设，推动开发区创新提升，引领区域高质量发展。

"链长制"为浙江"六保"工作提供了坚实的制度保障，同时也为全国"六保"工作贡献了浙江经验和浙江智慧。

8.2.2　江西省

2020年5月9日，在由江西省政府新闻办、省工业和信息化厅主办的江西省实施"产业链'链长制'"新闻发布会上，宣布江西省11名省领导担任产业链链长，其中易炼红省长亲自领衔有色金属产业链。根据产业链实际情况，有的是"一对一"，即一名省领导担任一个产业链的链长；有的是"一对多"，即一名省领导担任多个产业链的链长；也有的是"多对一"，即几名省领导共同担任一个产业链的链长。

省级层面确定 14 个重点产业链，包括有色金属、现代家具、汽车、纺织服装、虚拟现实、生物医药、电子信息、航空等 11 个制造业产业链，再加文化和旅游、商贸物流、房地产建筑产业链。这里要说明两点：一是对于未列入重点的其他产业链，由省政府分管领导和相关责任部门负责；二是市、县两级要根据本地产业链实际，参照确定由市、县领导担任链长的重点产业链，并建立相应工作体系。江西省产业链"链长制"分工如图 8-1 所示。

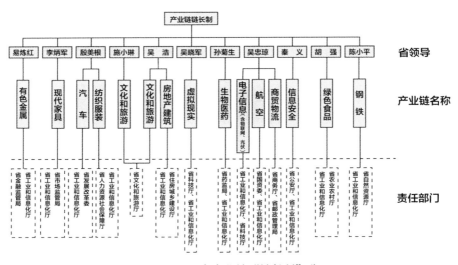

图 8-1　江西省产业链"链长制"分工

江西省产业链链长的职责有 6 项，主要包括梳理产业链现状，实施产业链图、技术路线图、应用领域图、区域分布图"四图"作业，研究制定做优做强做大产业链工作计划，精准帮扶产业链协同发展，研究制定重大政策措施，建立日常调度通报机制等。链长的重点任务有 11 条，即 11 大行动，由 4 个基础行动、4 个升级行动和 3 个专项行动构成。4 个基础行动即供应链协同推进、要素保障、项目强攻、企业梯次培育。4 个升级行动即创新提升、融合发展、开放合作、集聚集约发展；3 个专项行动即文旅提质增效、商贸物流畅通、房地产业建筑业转型升级。链长工作推进由工作推进体系、支撑服务体系、决策咨询体系和议事协调体系提供保障，同时在分工安排中明确了 15 个省直部门作为对口服务链长的责任部门。

江西省实施产业链"链长制"是贯彻中央关于产业链方面决策部署的务实之举，也是对冲疫情负面影响确保产业链供应链稳定的创新之策。在新冠肺炎疫情影响下，产业链供应链的安全稳定问题日益突出，国内外经济下行压力罕见。从江西省来看，2020 年第一季度，全省生产总值 5343.4 亿元，同比下降 3.8%；除了出口逆势增长之外，投资和消费均出现大幅下降。从产业来看，有色金属、汽车、钢铁等重点产业面临产能下降、消费疲软、利润减少、资金紧张、信心不足等困难和问题，产业链上下游的传导作用、国内外的联动作用非常明显。建立产业链"链长制"，由省领导亲自协调产业链上下游各种矛盾和困难的化解、企业的帮扶、市场的需求拉动、要素的保障等，有利于更好地调配资源、填补链条缺口，是对冲疫情影响、畅通产业循环的重大创新。

在过去几年，江西省一些产业已经取得了积极进展，例如航空已成功进入千亿产业方阵。但从整体来看，不少产业还存在链条不完善、龙头企业不强、处于价值链中低端等问题。实施产业链"链长制"，是摸清产业链底数、深挖各环节存在问题的一把"金钥匙"，也是打好产业基础高级化、产业链现代化攻坚战的新抓手，有利于集中力量培育壮大一批优势特色产业链。

值得关注的是，在省委省政府的高度重视和省直有关单位的大力支持下，房地产建筑业作为全省 14 个重点产业之一纳入省政府印发的实施产业链"链长制"工作方案，由副省长吴浩担任房地产建筑产业链链长，江西省房地产建筑业迎来了新的发展机遇，通过实施房地产建筑产业链"链长制"，解决影响房地产建筑业发展的难点、堵点，为构建具有江西特色的产业发展体系，促进全省经济高质量跨越式发展作出新的更大贡献。实施房地产建筑产业链"链长制"就是明确链长要承担决策部署、统筹协调、工作调度和宣传报道四项工作职责，建立工作推进、决策咨询和议事协调三个工作体系，加快研究和制定可实施的工作方案和近期工作计划，分阶段、有步骤地落实房地产建筑业产业链发展系列工作措施。2019 年全省房地产建筑业对国民经济增长贡献率达到 12%，从业人口超过 200 万人，房地产建筑业是江西省重要的支柱产业，对国民经济发展和改善保障民生发挥着重要的支撑作用。

江西省商贸物流产业链涉及快消品、农产品、药品、家电、电商、批发等领域，产业链长，涉及面广。省商务厅重点实施商贸物流产业链畅通行动，主要内容是：（1）实施国家、省级城乡高效配送试点，构建城乡配送体系建设，补齐物流园区、城市物流中心、县级物流中心、乡镇末端网点三级配送网络基础设施和冷链物流短板，提升城乡配送效率。（2）引进菜鸟、京东、苏宁等知名企业建设区域性配送中心，培育一批商贸物流供应链"链主"企业。（3）推进向塘、南康等重点物流产业集群加快发展，尽快形成产业聚集，减少供应链环节，降低物流成本。

江西省文化和旅游产业链链长由省委常委、宣传部部长施小琳和副省长吴浩共同担任。江西省文化及相关产业增加值占 GDP 比重高于全国平均水平，旅游产业主要指标稳居全国第一方阵，全省旅游接待人数达 10 亿人次，旅游综合收入突破 1.3 万亿元，旅游产业成为全省重要的支柱性产业。江西省文化和旅游厅将通过实施八大行动，推进文旅产业基础高级化、产业链现代化，推动全省文旅产业优化提升。

8.2.3　广西壮族自治区

2019 年 11 月 6 日，广西壮族自治区工业和信息化厅组织制定并印发实施了《广西重点产业集群及产业链群链长工作机制实施方案》，以贯彻落实广西工业高质量发展大会精神，根据自治区工作部署，有效推进延链、补链、强链工作，培育壮大产业集群。

1. 起草背景和意义

2018 年 5 月 28 日广西壮族自治区召开了工业高质量发展大会，作出了要"着力强龙头、补链条、聚集群，着力抓创新、创品牌、拓市场"重大部署安排，做大做强工业规模和总量，提升工业质量效益和竞争力，全面开启了工业高质量发展新征程。为贯彻落实会议精神，2019 年 9 月 18 日出台了《广西提升产业链水平促进产业集群合理布局实施方案》，围绕广西壮族自治区 12 大优势产业集群，重点提升 23 条产业链水平，引导各市加快产业布局调整优化，提出到 2022 年力争 12 大产业集群工业总产值突破 2.3 万亿元，到 2025 年力争 12 大产业集群工业总产值达到 2.9 万亿元以上，加快推动工业高质量发展。

广西壮族自治区政府主要领导作出"建立群链长工作机制，是为贯彻自治区推动工业高质量发展重大部署、有效推进 12 个产业集群 23 条产业链落地的工作措施，今后将与'双百双新'产业项目指挥部工作协同推进，力争取得实实在在的效果"的批示，建立群链长工作机制，加快推进 12 大重点产业集群 23 条重点产业链发展，有利于延链、补链、强链工作，发展壮大重点优势产业；有利于落实工作职责，强化群、链工作推进；有利于建立区市县分工合作、联动推进。

2. 建立群链长体系

建立与重点产业集群、产业链相对应的群链长体系，实行群链长负责制。总群链长由自治区分管领导担任，副总群链长由自治区人民政府副秘书长、自治区工业和信息化厅厅长担任。自治区工业和信息化厅厅领导负责 1～2 个产业集群并担任群长，业务处室负责人负责 1 条产业链并担任链长，重点产业集群和产业链布局所在地的市、县设立相应的群长、链长。

3. 明确主要职责

总群链长负责组织领导推动重点产业集群及产业链发展工作，副总群链长协助总群链长工作；群长是所负责产业集群的直接责任人，同时负责组织协调所负责集群的相应产业链发展工作；链长是所负责产业链的直接责任人。群链长会议原则上每半年召开一次，研究推进重点产业集群及产业链发展工作，协调解决工作中的重点难点问题、重大事项，研究制定相关政策措施。

4. 工作要求

具体的工作要求共有 6 条：

（1）落实工作职责。严格落实群长、链长工作职责，具体推进产业集群及产业链发展的各项工作。

（2）强化区市县联动推进。自治区、市、县三级定期沟通协调，形成上下一盘棋，共同推进。

（3）突出项目带动。项目是抓手、是关键，强化对重点项目引进、投产、运营的调度和服务工作。

（4）开展联合招商服务。找准强链、补链、延链环节，自治区、市、县定期组织开展联合精准招商。

（5）加强工作协调。加强配合，互相支持，分管厅领导和专业处室要积极支持、帮助、指导群链长开展工作，协同推进。

（6）定期信息报送。及时总结重点产业集群及产业链工作推进情况，并按照程序上报。

8.2.4　湖南省

2018 年 7 月，湖南省委办公厅、省政府办公厅印发了《省委、省政府领导同志联系工业新兴优势产业链分工方案》，明确了 14 位省领导联系工业新兴优势产业链的分工方案。

1. 持续发力，强力推进湖南高质量发展

新兴优势产业链，是指发展前景良好且具有一定发展基础和发展禀赋的产业链。湖南省委省政府非常重视新兴优势产业链的发展壮大，早在 2016 年底，制造强省建设领导小组办公室即发布《湖南工业新兴优势产业链行动计划》，筛选出一批新兴优势产业链作为湖南制造强省建设重点产业发展的核心任务。

2017 年，新春上班第一天，湖南省领导就兵分四路，深入长沙、株洲、湘潭等地产业园区专题调研实体经济和产业园区发展。2 月，省委省政府主要领导分赴长三角、珠三角开展招商引资、产业对接。9 月 20 日，湖南省委办公厅、省政府办公厅印发《关于加快推进工业新兴优势产业链发展的意见》，提出力争到 2020 年，全省新兴优势产业链产值突破 17000 亿元，占全省工业产值比重达 30% 以上。9 月 22 日至 23 日，由省委书记、省人大常委会主任杜家毫，省委副书记、省长许达哲等省领导，14 个市州党政主要负责同志、分管副市（州）长，以及省直有关部门和全省高新区、综合保税区主要负责人组成的产业项目观摩团，先后赴娄底、湘潭、株洲、长沙 4 市，实地考察 13 个重点企业和产业项目。这次考察，规格之高、阵容之大、形式之新，为 5 年来之最。23 日下午，杜家毫主持召开全省产业发展现场推进会时强调，要以产业链为重要抓手，以重点企业为核心，向上下游延伸，围绕产业链提升价值链、部署创新链、完善资金链。12 月 4 日召开的湖南省委常委会（扩大）会议，首次提出在 2018 年开展"产业项目建设年"活动的工作思路。在随后召开的省委经济工作会上，杜家毫强调："抓经济关键是抓产业、抓项目，明年要开展'产业项目建设年'活动，引导全省各级千方百计谋产业、抓产业。"2018 年 6 月 8 日，省委常委会召开会议，其中一个重要内容就是部署推进全省工业新兴优势产业链建设，会议决定建立省领导联系工业新兴优势产业链工作制度。这一工作制度的确立，既是湖南两年来上下抓产业链建设取得的工作成效的经验总结，也是湖南推进高质量发展的重要举措，推进"产业项目建设年"活动的重要抓手。

2. 带头联系重点领域，起到示范作用

《省委、省政府领导同志联系工业新兴优势产业链分工方案》显示，杜家毫联系的是自主可控计算机及信息安全产业链，许达哲联系的是航空航天（含北斗）等产业链。湖南省领导联系工业新兴优势产业链分工方案如图 8-2 所示。

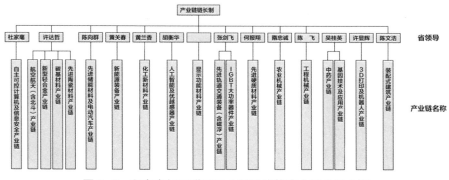

图 8-2　湖南省领导联系工业新兴优势产业链分工方案

计算机相关产业一直是湖南的优势产业。目前，湖南以计算机硬件为主体的信息安全产业链已初步形成，计算机整机、核心芯片、板卡产品线完整。湖南已成为我国信息技术自主可控领域重要的研发生产基地。赴湖南工作后，杜家毫对湖南计算机及信息安全产业倾注心力、寄予厚望。2014 年 2 月 14 日，时任省委副书记、省长杜家毫就召集相关部门负责人等，研究发展移动互联网。5 天后，省政府即公布《关于鼓励移动互联网产业发展的意见》，随后，省政府公布《鼓励移动互联网产业发展的若干政策》。26 日，在湖南省科学技术奖励大会上，杜家毫要求，加快把湖南在超级计算机等方面的科技优势转化为产业优势。2015 年 9 月 1 日，杜家毫会见腾讯公司马化腾时说，当前湖南正多措并举大力发展移动互联网产业，期待通过与腾讯的战略合作，进一步发挥湖南的产业、人才、大数据和云计算等优势，推动互联网与各行各业深度融合，形成更多新业态和新的经济增长点。2018 年是湖南 "产业项目建设年"。3 月 8 日，在全国 "两会" 湖南团媒体开放日上，杜家毫积极向大家宣传推介 "湖南制造" "湖南创造"："工程机械、电子信息、轨道交通、新材料等优势产业加速形成，创新综合实力排名全国第 12 位，世界上运算最快的天河超级计算机，全球营运里程最长的中低速磁浮快线……"4 月 2 日，在 2018 互联网岳麓峰会上，杜家毫说："我们期盼腾讯、京东、阿里巴巴等国内外知名互联网企业将 '第二总部' 落户长沙，推动形成北有北京、南有深圳、东有杭州、中有长沙的中国互联网产业发展新格局。"

　　湖南省委副书记、省长许达哲负责联系的产业链中，包括航空航天（含北斗）产业链。许达哲是航空航天领域的 "老兵"。2016 年 9 月 5 日，他在代省长任前发言中这样说：32 年老航天、老军工的工作经历，让我领悟了 "两弹一星" 的精神内涵，也为我今后和大家一道实干兴湘打下了良好基础。2018 年 3 月 8 日，许达哲在全国 "两会" 湖南团媒体开放日上表示，湖南将加快航空航天以及具有军工技术优势的电子信息、工程机械、新材料、新能源等产业发展。

8.3　区块链赋能产业链 "链长制"

　　产业链 "链长制" 是区域产业链发展中的地方政府用看得见的手推动看不见的手的协调机制。产业链 "链长制" 的运营机制需要一个看得见的基于区块链技术的可信任机制确保公平、公正、公开、高效运营。中央从顶层设计的高度为区块链和数字化定调，并给出清晰的目标导向，包括金融、政务、民生等将会在未来几年内成为区块链落地的热点领域。相信"区块链＋数字化＋产业链"是赋能当前产业链"链长制"的最佳方案之一。

基于区块链的产业联盟多层联动平台是"区块链＋数字化＋产业链"的基础平台，其平台顶层设计分为技术服务平台和应用平台两方面。技术服务平台主要为整个产业合作提供区块链的技术服务，包括基于蓝源区块链技术架构打造的产业联盟链，该产业联盟链实现了基于产业的区块链信任机制平台；技术服务平台还包括四个公共服务平台，即金融、物流、交易市场和社交网络服务平台。应用平台以产业联盟为基础，在该基础上建立相对务虚的产业区块链数字化联盟和相对务实的区块链数字化赋能中心、产业供应链联盟等各类实体。赋能于产业链"链长制"的产业联盟多层联动平台顶层设计如图 7-1 所示，其中的蓝源区块链、产业联盟链、产业联盟、产业区块链数字化联盟、区块链数字化赋能中心、产业供应链联盟等在上一章节已有详细介绍，不再赘述。

通过产业联盟多层联动平台，助力产业链"链长制"，调动有限资源和生产要素，进行更高效的新兴产业建链、主导产业补链、优势产业强链、龙头企业引链、重点项目固链、产业业态延链、数字赋能上链、专业人才兴链、金融资本活链、知名品牌塑链、服务创新稳链、科技创造优链和文化创意升链，如图 8-3 所示。

1. 新兴产业建链

通过产业联盟多层联动平台可以在产业链中快速发现一些技术创新、市场需求、商业模式等突破，一旦这些突破出现，就需要相应的资金、技术、市场、人才、专利保护等一系列资源匹配，这时候特别需要一个可信任的合作机制。区块链技术可以提供一个可信的信任平台，对发明者、参与者等各项资源进行确权，并确保后期的利润基于智能合约按约定分发，这样可以大大缩短周期，也助力产业链链长快速调动资源，抢抓先机，占领产业链创新制高点。

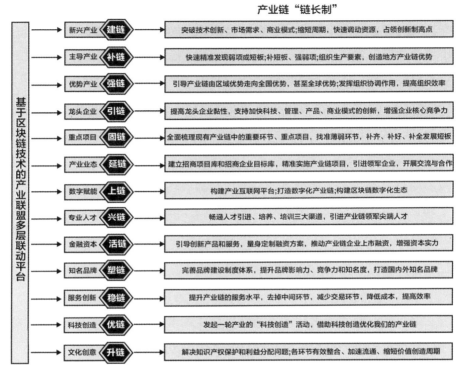

图 8-3　区块链赋能产业链"链长制"

2. 主导产业补链

虽然各个地方确定的主导产业具有一定优势，但依然存在弱项或短板，通过产业联盟多层联动平台可以在产业链中快速、精准发现自身产业链中的弱项或短板，并联动相应产业的区块链应用 App 整合行业的资源。基于区块链的可信任机制和基于智能合约的利润分发平台，最大限度地补短板、强弱项。同时也助力产业链链长组织生产要素，创造地方产业链优势。

3. 优势产业强链

当地方的产业链具有竞争优势，甚至具有全球影响力时，产业联盟多层联动平台可以助力产业链链长引导产业链由区域优势走向全国优势，甚至全球优势，助力产业链"链长制"发挥资源和要素的组织协调作用，提高产业链组织效率。

4. 龙头企业引链

通过产业联盟多层联动平台可以更好地服务于产业链龙头企业。运用"融益链"供应链金融，以龙头企业为中心，将产业链上下游企业的资金链接起来，可以大大提高龙头企业的黏性，切实支持龙头企业加快科技创新、管理创新、产品创新和商业模式创新，增强龙头企业的核心竞争力。

5. 重点项目固链

通过产业联盟多层联动平台可以全面梳理现有产业链中的重要环节、重点项目，健全产业链重点项目库，按照"储备一批、开工一批、建设一批、运营一批"的思路，每年谋划实施一批重点产业链项目。通过区块链技术可以整合更多的资源服务于重点项目，加固产业链。基于区块链的产业联盟多层联动平台产生的量化的数据，可以助力产业链链长更快、更好地进行相关决策。

6. 产业业态延链

通过产业联盟多层联动平台建立产业链上下游招商项目库和招商企业目标库，精准实施产业链前瞻性、引擎性、创新性项目，重点引进一批国内外产业领军企业，开展与行业龙头企业、跨国企业的深度交流与合作。

7. 数字赋能上链

结合《"上云用数赋智"实施方案》，通过产业联盟多层联动平台从能力扶持、金融普惠、搭建生态等多方面帮助鼓励产业链的企业加快数字化转型。推进供应链要素数据化和数据要素供应链化，支持打造"研发＋生产＋供应链"的区块链数字化产业链；发展数字贸易等新业态，创新订单融资、供应链金融等，以区块链数字化平台为依托，促进产业链企业上链，构建"生产服务＋商业模式＋金融服务"的区块链数字化生态。

8. 专业人才兴链

产业链的专业人才除了需要常规的机制外，还需要一个全程跟踪的口碑传播和信任机制。通过产业联盟多层联动平台以及产业专业数字化应用平台软件，对人才引进、人才培养、人才培训三大渠道进行创新，对人才进行确权化，对相应的利润分配进行智能合约化，更好地引进一批产业链领军人才和尖端人才。

9. 金融资本活链

产业联盟多层联动平台一方面可以利用"融益链"供应链金融区块链直接为产业链金融提供服务，另一方面可以通过金融机构的创新产品和服务，为产业链中小微企业量身定制融资方案，加大企业融资、信贷等支持力度。通过区块链的信任机制，可以大大拓宽企业融资渠道，推动一批产业链企业高效合作，甚至上市融资，使产业链的资本流动更加顺畅，活络整个产业链，增强产业链中的企业资本实力。通过区块链的智能合约，可以规避投资回收违约风险。

10. 知名品牌塑链

产业联盟多层联动平台利用区块链的可追溯性等特点，深入挖掘产业链的品牌，实施产业链品牌培育行动，完善相应的区域品牌、品质标准、市场认证的品牌建设制度体系。并通过区块链技术实施产业链品牌推广工程，提升品牌影响力、竞争力和知名度，着力打造国内外知名品牌，重塑产业链的品牌价值。

11. 服务创新稳链

产业联盟多层联动平台通过专业的"区块链产业链 App"技术的高度透明化、可溯源性提供技术保障，大大提升产业链的服务水平。例如可以通过"区块链产业链 App"技术，将产业链上下游的关系进行转化，由简单的买卖关系提升为合作关系；产业链的所有资金流统一由大家信任的核心企业管理，由总账通过区块链的智能合约自动实时分发；解决产业链上下游企业的利益冲突的同时可以大幅度提升销售额，为后期的资本运作打好基础，也便于为产业链各企业提供更优质的服务。区块链的去中心化在产业链中呈现的是去掉中间环节，减少交易环节，这样既降低了成本又提高了效率。

12. 科技创造优链

经过多年的发展，尤其是经历了新冠肺炎疫情，让我们更加认识到用科技武装产业链的重要性。产业联盟多层联动平台可以发起一轮产业的"科技创造"活动，借助科技创造不断优化我们的产业链。

13. 文化创意升链

产业联盟多层联动平台可以解决产业链的文化创意产品的知识产权保护和利益分配两大痛点，将产业价值链的各个环节进行有效整合、加速流通、缩短价值创造周期。可以利用我们的"产业区块链"技术，打造产业链 IP——基于区块链特性和虚拟市场规则，使用户能够参与产业链 IP 创作、生产、传播和消费的全流程，发动专家、行家和广大人民群众一起开发基于本产业链特色的文创产品，通过"产业区块链"为所有文创产品进行知识产权的确权，同时对文创产品从取名、logo 设计、包装、生产到销售等各个环节，甚至对其中部分环节的投资，都可以公开征集供应商和合作商，并按照事先约定的基于区块链的智能合约执行，以确保各参与方实时获益。基于区块链的文化创意可以大大提升产业链附加值。

第 9 章　区块链数字化赋能"一带一路"

9.1　"一带一路"的起源

　　"一带一路"是"丝绸之路经济带"和"21 世纪海上丝绸之路"的简称。它依靠中国与有关国家既有的双多边机制，借助既有的、行之有效的区域合作平台，旨在借用古代丝绸之路的历史符号，高举和平发展的旗帜，积极发展与沿线国家的经济合作伙伴关系，共同打造政治互信、经济融合、文化包容的利益共同体、命运共同体和责任共同体。

　　"一带一路"是在后金融危机时代，作为世界经济增长火车头的中国，将自身的产能优势、技术与资金优势、经验与模式优势转化为市场与合作优势，实行全方位开放的一大创新。中国将着力推动沿线国家间实现合作与对话，建立更加平等均衡的新型全球发展伙伴关系，夯实世界经济长期稳定发展的基础。

　　"一带一路"鼓励向西开放，带动西部开发以及中亚、蒙古等内陆国家和地区的开发，在国际社会推行全球化的包容性发展理念；同时，"一带一路"是中国主动向西推广中国优质产能和比较优势产业，将使沿途、沿岸国家首先获益，也改变了历史上中亚等丝绸之路沿途地带只是作为东西方贸易、文化交流的过道而成为发展"洼地"的面貌，推动建立持久和平、普遍安全、共同繁荣的和谐世界。

　　"一带一路"正在以经济走廊理论、经济带理论、21 世纪的国际合作理论等创新经济发展理论、区域合作理论、全球化理论。"一带一路"强调共商、共建、共享原则，给 21 世纪的国际合作带来新的理念。比如，"经济带"概念就是对地区经济合作模式的创新。

"丝绸之路经济带"概念，不同于历史上所出现的各类"经济区"与"经济联盟"，同以上两者相比，经济带具有灵活性高、适用性广以及可操作性强的特点，各国都是平等的参与者，本着自愿参与，协同推进的原则，发扬古丝绸之路兼容并包的精神。

继承古丝绸之路开放传统，吸纳东亚国家开放的区域主义，"一带一路"秉持开放包容精神，不搞封闭、固定、排外的机制。"一带一路"不是从零开始，而是现有合作的延续和升级。

与此同时，"一带一路"倡议的地域和国别范围也是开放的，古代陆、海丝绸之路上的国家、中国的友好邻国都可以参与进来。未来"一带一路"进程中的很多项目，涉及的国家和实体可能更多，开放性也更强。

历史上的丝绸之路主要是商品互通有无，今天"一带一路"交流合作范畴要大得多，优先领域和早期收获项目可以是基础设施互联互通，也可以是贸易投资便利化和产业合作，当然也少不了人文交流和人员往来。各类合作项目和合作方式，都旨在将政治互信、地缘毗邻、经济互补的优势转化为务实合作、持续增长的优势，目标是物畅其流，政通人和，互利互惠，共同发展。

中国将不断增大对周边的投入，积极推进周边互联互通，探索搭建地区基础设施投融资平台。中国不仅要打造中国经济的升级版，也要通过"一带一路"等途径打造中国对外开放的升级版。

"一带一路"不是中国一家的事，而是各国共同的事业；不是中国一家的利益独享地带，而是各国的利益共享地带。"一带一路"倡议，包括前期研究都是开放的，中国欢迎其他国家提出建设性意见建议，不断丰富和完善"一带一路"的理念、构想和规划，集思广益，群策群力，共同谱写丝绸之路的新篇章，共同建设利益和命运共同体，共同创造美好幸福的未来。

9.2 "一带一路"建立科技与数字的联系

区块链技术的应用在中国如雨后春笋般兴起，复兴丝绸之路提上日程。古代丝绸之路，人们夜以继日，跨越万水千山，方能到达目的地。而在信息技术高速发展的今天，在"一带一路"沿线，人们拿起手机，轻轻点击，就可以打破地域屏障，"一带一路"建立的不仅是商业和文化的联系，更是科技与数字的联系。

春末夏初，广西河池的春茧收烘陆续进入尾声，鲜茧收购点人头攒动，抱着大袋鲜茧的茧农，满头大汗，经历了登记、过磅、检测、评估……茧农手上的大袋子，换成了一张薄薄的"纸片"。茧农小心翼翼地将"纸片"上的印泥吹干，平整地折叠，再折叠，放进塑料袋，再将塑料袋放到衣服内侧的口袋。半年后，茧农可以凭这张"纸片"，换到卖蚕茧的钱……

事实上，传统的茧丝行业，上游端的茧丝生产企业，由于资金压力大又无法向银行贷款，往往无法即时支付鲜茧款给茧农，因此才不得不以"纸片"代替；下游端的丝织品商店，由于普通消费者无法鉴别丝织品的真伪，常常生意冷清。图 9-1 为丝绸行业流程示意图。

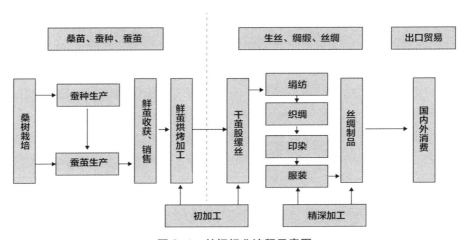

图 9-1　丝绸行业流程示意图

那么如何通过区块链技术来解决这一问题？

上面的"茧丝之痛"只是农产品流通中产业链上的信任成本的一个缩影。在农产品流通领域，无论是上游的资金压力，还是下游的销售压力，归根结底都是源于信息不对称而导致的不信任。银行不信任丝绸产品生产加工企业，所以不愿意贷款，导致丝绸产品生产加工企业资金周转困难；消费者不信任丝绸产品销售者，所以不愿意购买，导致丝绸产品销售困难。

如果通过产业联盟多层联动平台进行交易，这样的信任问题则会变得更加容易解决。

为鲜茧筐打上射频识别（RFID）标签，改造冷库和常规仓库，部署自动化设备。通过物联网采集数据，将产业链上的流通信息进行数字化，这是产业联盟多层联动平台为产业变革走出的一小步，清晰、有效的数据支撑将为产业的变革、新技术的应用释放巨大的能量。

在产业联盟多层联动平台上，引入"区块链＋物联网"的方式来解决信息的获取和流动问题，以区块链不可篡改的特性，对信息进行存证，从而实现产品的溯源。茧站或者茧丝生产企业采购蚕茧，通过区块链，确保蚕茧采购数据真实，生丝溯源至蚕茧产地，乃至蚕农，该生产企业就可以根据相关信息追溯，再次选购到同类蚕茧。

在产业联盟多层联动平台上登记过身份信息的蚕农，将蚕茧送到接入了产业联盟多层联动平台的茧站或者是茧丝生产企业，只需要将身份证和银行卡交给工作人员进行识别，即可第一时间收到茧丝生产企业支付的茧款。这背后，是产业联盟多层联动平台用物联网技术进行数据读取，用区块链技术进行数据传输，向银行同步传送蚕茧信息，启动的供应链金融服务。

区块链上的新商业中农业不可或缺，但由于产业链长、环节多、生产集约化程度低等问题，行业效率低、资源浪费大。也正因如此，丝绸产品流通的提质增效，边际效益明显，成本的毫厘之差也会带来显著的收益差距。诺贝尔经济学奖获得者科斯（Ronald H. Coase）曾提出过"科斯定理"——在确权的前提下，并且交易成本为零或者最小，那么能够实现有效率的资源配置。区块链的出现，构建了在"数字化"状态下的信任体系、价值体系和交易秩序，是茧丝产品流通成本显著降低的工具。通过区块链的智能信任，丝绸产品流通数据变得可确权、可信任、可追溯、可共享，最大限度地降低信任成本和风控成本，丝绸产品流通的价值被最大程度的体现，也为丝绸的产业变革带来了曙光。

如果区块链在"一带一路"倡议中成功实施，中国企业将通过区块链技术获得巨大收益。当中国把时钟拨回到 500 年前的时候，看到了古时丝绸路上的繁华，而这番美景将重现在 21 世纪。

当今世界正发生复杂而深刻的变化，国际金融危机深层次影响继续显现，世界经济缓慢复苏、发展分化，国际投资贸易格局和多边投资贸易规则酝酿深刻调整，各国面临的发展问题依然严峻。共建"一带一路"顺应世界多极化、经济全球化、文化多样化、社会信息化的潮流，秉持开放的区域合作精神，致力于维护全球自由贸易体系和开放型世界经济。共建"一带一路"旨在促进经济要素有序自由流动、资源高效配置和市场深度融合，推动沿线各国实现经济政策协调，开展更大范围、更高水平、更深层次的区域合作，共同打造开放、包容、均衡、普惠的区域经济合作架构。共建"一带一路"符合国际社会的根本利益，彰显人类社会共同理想和美好追求，是国际合作以及全球治理新模式的积极探索，将为世界和平发展增添新的正能量。

共建"一带一路"致力于亚欧非大陆及附近海洋的互联互通，建立和加强沿线各国互联互通伙伴关系，构建全方位、多层次、复合型的互联互通网络，实现沿线各国多元、自主、平衡、可持续的发展。"一带一路"的互联互通项目将推动沿线各国发展战略的对接与耦合，发掘区域内市场的潜力，促进投资和消费，创造需求和就业，增进沿线各国人民的人文交流与文明互鉴，让各国人民相逢相知、互信互敬，共享和谐、安宁、富裕的生活。

9.3　区块链数字化赋能"一带一路"

作为增进国家间沟通交流、互利共赢的开放之路和促进沿线国家共同发展、共同繁荣的合作之路，"一带一路"倡议契合沿线国家的共同需求，具有坚实稳固的发展基础。最重要的两个关键词就是"开放"和"协同"。中国改革开放四十多年的成果，也受益于"开放"。在"一带一路"中，通过加强交通、能源和网络等基础设施的互联互通，促进经济要素有序在开放的跨国机制内自由流动，开展更大范围和更深层次的区域合作，打造开放、包容、均衡、普惠的区域经济合作，以此来解决经济增长和平衡问题。"协同"则是在开放的基础上，在国家之间的对外政策、跨境业务、项目合作、通信物流和国际金融等具体事务上建立的合作机制和基础设施互联互通体系，其核心是数据协同，进而拓展至政策、物流乃至资金流协同。

而区块链正是结合了协同和信任机制的一种新型数据处理技术。如何将区块链充分应用在"一带一路"建设中，是未来几年科技界具有巨大潜力的商业机会。正如"基于国密算法的区块链大数据安全共享平台"项目负责人李瑞所言，大数据和区块链技术，目前已被运用到政治、经济、社会、文化等各方面。从"一带一路"上的"钢铁驼队"中欧班列，到连接中国与东南亚国家的中马产业园，都有"大数据"和"区块链"的身影。这个其实就相当于我们的区块链技术真正出海了，它从国内走向欧洲，把它里面的传感器、溯源器全都搭建起来。

2019年12月27日，最高人民法院发布的《关于人民法院进一步为"一带一路"建设提供司法服务和保障的意见》《关于人民法院为中国（上海）自由贸易试验区临港新片区建设提供司法服务和保障的意见》中也均提及了区块链。前者主要内容包括了依法支持信息技术发展，关注第四次工业革命发展趋势，及时完善电子商务、区块链、人工智能、5G信息网络建设等领域的司法政策，依法鼓励数字化、网络化、智能化带来的新技术、新业态、新模式创新，提升网络互联互通，促进数字丝绸之路建设。后者指出强化审判职能，依法保障新片区以投资贸易自由化为核心的制度体系。加强对知识产权及数据的保护力度，保障新片区国际互联网数字跨境安全。加大对专利、版权、企业商业秘密等权利及数据的司法保护力度，主动参与全球数字经济交流合作，促进5G、区块链、云计算、物联网、车联网等新一代信息技术的运用。对新片区建立数据安全管理机制、开展数据跨境流动试点提供司法保障。

第 10 章　区块链的未来

区块链是分布式数据存储、点对点传输、共识机制、加密算法等计算机技术的新型应用模式。它本质上是一个去中心化的数据库，同时作为比特币的底层技术，是一串使用密码学方法相关联产生的数据块，每一个数据块中包含了一次比特币网络交易的信息，用于验证其信息的有效性（防伪）和生成下一个区块。

10.1　区块链的发展应用前景

区块链诞生自中本聪的比特币，自 2009 年以来，出现了各种各样的类似比特币的数字货币，都是基于公有区块链的。区块链的应用领域包括证券交易、电子商务、物联网、智能合约、社交通讯、文件存储、存在性证明、身份验证、股权众筹等。

10.1.1　证券交易

区块链技术可使证券交易流程变得更加公开、透明和高效。通过开放、共享、分布式的网络系统构造参与证券交易的节点，使得原本高度依赖中介的传统交易模式变为分散、自治、安全、高效的点对点网络交易模式，这种革命性的交易模式不仅能大幅度减少证券交易成本，提高市场运转的效率，而且还能减少暗箱操作与内幕交易等违规行为，有利于证券发行者和监管部门维护市场秩序。

10.1.2　电子商务

区块链对电子商务具有很大的价值。我们认为区块链能够改革的主要领域包括物流，平台操作，身份认证以及数据保护和客户支持。

从操作层面来说，每个电子商务企业主要的组成就是交易转账平台。区块链是如何作用于电子交易平台的呢？区块链被称为"信任机器"，而信任是电子商务的基础，两者完美地符合。

10.1.3　物联网

当区块链应用于物联网时，区块链技术可以被应用于追踪过往的历史，也可以协调设备与设备、设备与人之间的数据交互和实际交易，赋予物联网设备另外独立的身份。很多物联网设备，如智能家电，无须实时与云端服务器交互，专门构建云计算服务器任务来支持某个家电并无很大价值，特别是对于那些会在家庭存在十年甚至更长时间的设备。由于区块链网络对数据进行处理和存储，并为系统内的物联网设备提供设备级别的控制和管理，会极大地降低物联网使用的成本，明显提高物联网系统的效率。

物联网的数据安全和隐私保护问题越来越受到关注，而区块链技术能保证物联网的数据安全和用户隐私得到保护。由于中心化服务存储的物联网数据在存储、处理和传输环节有多种泄密可能，著名公司和政府部门的数据泄露事件层出不穷，让用户无法真正信任运营服务提供商的承诺。事实上，政府安全部门可以通过未经授权的方式对存储在中央服务器的数据内容进行审查，而运营商也很有可能出于商业利益的考虑将用户的隐私数据出售给广告公司进行大数据分析，以实现针对用户行为和喜好的个性化推荐。

区块链技术为物联网提供了公开、透明、可追溯、不可篡改的数据保护措施，并通过特有的加密和分享机制保证了物联网数据使用的安全、便捷。

10.1.4　智能合约

智能合约可以帮助我们完成财产交易，它以公开透明，没有纠纷的方式完成，同时又避免了中间商的存在。最好的描述智能合约的方式是把它和自动售货机的技术相比较。通常情况下的财产交易要先找律师或公证人，并且要付款给他们。而使用智能合约，只需要发一个比特币到"自动售货机"（也就是记账），比如你向我租一间公寓，你可以通过在区块链上支付数字货币来实现。你将收到我们数字合约里的发票。我给你数字钥匙，它将在指定的日期到。如果钥匙没有及时到，区块链将退款给你。如果我在租赁日期前发钥匙给你，那么在租赁日期到来的时候，费用和钥匙将分别同时发放给我和你。

10.1.5　社交通讯

区块链技术的核心是去中心化，分布式数据库可以帮助社交媒体的用户更好地控制信息的隐私，普通用户恢复了更多的权利，区块链支持下的社交平台可以拥有更可靠的内容排名和社交系统，免受垃圾广告内容的困扰。原创内容生产者也能从自己的创作中获利，而不是被平台剥夺权益。

10.1.6　身份验证

所有个体都拥有一个公钥地址，以及包含自己特征的私钥，根据密码学原理，通过私钥可以完成对公钥地址所对应个体的认证。至于如何提取便于使用、无法造假的唯一特征，需要单独研究并达成共识。当需要授权时，比如委托他人办理或同意他人查看个人信息时，除了客观的认证，还需要主观认证，通过确认当事人的头脑是否清晰以及是否明确表示同意，来最终确定是否授权。每次授权，都先要生成一个唯一授权码，再针对该授权码认证，认证后立即过期，该操作唯一有效。

我们可以把区块链的发展类比互联网本身的发展，未来会在Internet 上形成一个比如叫作 Finance-Internet 的东西，而这个东西就是基于区块链的，它的前驱就是比特币，即传统金融从私有链、行业链出发（局域网），比特币系列从公有链（广域网）出发，都表达了同一种概念——数字资产（digital asset），最终向一个中间平衡点收敛。

10.2　区块链技术的发展趋势

区块链技术尚未成熟，基础的设施不完善，整体应用还处在一个非常早期的阶段。从区块链技术组成来看，其可扩展性、安全性、去中心化这三个特点很难在同一时间取得优化，必须牺牲其中的若干因素去换取另一个领域的提升。目前部分区域的区块链项目已经有了一些简单的应用场景，比如通过以太坊网络和 BTS 平台可以发行一些新的基于区块链技术的项目；通过 STEEM 可以帮助内容创作者去中心化、去媒介地发展自身、创作和自我实现。然而，不管是从体量还是从可以实现应用的数量来说，区块链技术都还有很长的路要走。

在区块链技术发展趋势方面，我们认为弱中心化的联盟链会是企业级区块链应用的主流方向。可扩展性将是驱动区块链技术持续演进的关键因素。安全性将是金融等商业场景的区块链应用基础。

总体来说，区块链的发展演变中还存在很多未曾改变但在不断调整的规则，如果未来这些规则都发展完善，一定会有一款足以颠覆一切甚至秒杀现有技术的落地应用出现，毕竟区块链每实现一个应用都有可能是行业突破机会。让我们一同期待区块链彻底成熟的那一天。

趋势之一：已经从探索阶段进入应用阶段

德勤公司"2018 年全球区块链调查报告"显示，区块链正处在转折点，从"区块链测试"转向构建真实的业务应用。报告显示，越来越多的企业正在考虑或已经将业务系统与区块链结合。区块链正在金融、供应链、物联网等众多传统或新兴行业中得到应用。

趋势之二：企业应用成为区块链主战场

面向企业应用的联盟链、私有链，正逐渐成为区块链蓬勃发展的中坚力量。截至 2018 年 8 月，以 Hyperledger 为代表的区块链联盟，参与企业成员已经超过 250 家，其面向企业提供联盟链、私有链的核心技术，被众多科技巨头利用。它们给企业提供区块链应用服务，服务客户遍布金融、能源等多个领域。随着区块链技术的逐步发展，企业应用正在成为区块链发展的主战场。而企业应用与区块链技术的深度结合，也成为区块链未来发展的一个必然趋势。

趋势之三：区块链成为改变商业模式的基础设施

《区块链革命：比特币底层技术如何改变货币、商业和世界》一书中写道：区块链代表着互联网的第二个时代，它将深刻改变行业。

在互联网的第二个时代，人们更多地希望通过互联网传递价值，而价值传递的核心是信任，人们希望信任不再由强大的中介机构创造，而是通过一种共同参与的、公平可见的、安全的机制和技术来完成。区块链具备了这些条件，区块链让互联网传递的不只是信息，而是可以信任的价值。基于区块链的价值互联网，正在以前所未有的速度扩展并影响着我们的生活，并且与互联网通信技术越来越紧密地耦合在一起，改变着当前的商业模式。未来，随着价值互联网的不断发展，区块链无疑将成为承担价值交换的基础网络设施，而与之伴随的，是基于价值的可编程社会或将成为现实。

趋势之四：区块链技术逐渐清晰，应用加速落地

《区块链白皮书》中提到，联盟链是区块链现阶段重要的落地方式，未来公有链和联盟链的架构模式将开始融合，出现公有链与联盟链相互结合的混合架构模式，并利用钱包等入口，形成一种新的技术生态。

随着区块链技术革新升级，以及与云计算、大数据、人工智能等前沿技术深度融合与集成创新，其技术体系架构逐渐走向成熟，区块链将服务于金融、司法、工业、媒体、游戏等多个领域的商业应用，服务于实体经济和数字经济社会建设。

未来，随着区块链应用场景的日趋复杂，区块链与各个产业结合的日益紧密，跨链协同、线上线下交互、安全与数据隐私保护等区块链相关技术的重要性不断增强，将为区块链的技术体系带来新的机遇与挑战。

趋势之五：区块链知识产权保护的竞争更加激烈

随着参与区块链技术的企业逐渐增多，各主体间的竞争将会越来越激烈，竞争范围也将不断扩大，企业对于区块链的技术、产品、商业模式等的需求，将会逐步扩展到对区块链相关专业的竞争与保护。未来企

业将在专利保护方面加强布局。

从世界范围看，中美两国企业在区块链专利申请的数量上几乎各占半壁江山。可以预见，未来区块链专利申请仍然以企业为主导，专利争夺将不断加剧，内容涵盖的范围将遍布金融、供应链等众多应用领域，呈现多元化态势，区块链知识产权保护的竞争将愈演愈烈。

趋势之六：区块链标准规范重要性凸显

2018 年 6 月，工信部《全国区块链和分布式记账技术标准化委员会筹建方案公示》提出了基础、业务和应用、过程和方法、可信和互操作、信息安全 5 类标准，并初步明确了 21 个标准化重点方向和未来一段时间内的标准化方案。

未来，区块链的标准将结合各个产业的需求，以凸显区块链价值为导向，围绕扶持政策、技术攻关、平台建设、应用示范等多个层次与维度，不断规范区块链的技术体系和治理能力，指导区块链相关产业发展。

趋势之七：区块链与新技术结合带来新的产品与服务

（1）与云计算结合。华为、百度、阿里巴巴、腾讯等高科技巨头，将区块链技术与云结合，推出多款"云＋区块链"的产品及解决方案。

（2）与大数据结合。保证了数据的质量，打破了信息孤岛的障碍，增强了数据间的流动。星际文件系统基于区块链技术实现了一种去中心化的分布式存储与访问方式，降低了异构数据的存储成本。Bigchain DB 利用区块链技术实现了一种去中心化的数据库系统，使数据真正被掌握在用户手中。

（3）与人工智能结合。区块链重构生产关系，人工智能提高生产力，二者优势互补，具有很大的应用潜力。有公司尝试通过区块链构建机器学习模型和算力的交易平台，使得机器学习从业者可以通过这些平台进行模型和算力的共享。

附录一　区块链资源分享包

比特币白皮书

[原文]

Bitcoin：A Peer-to-Peer Electronic Cash System

[Abstract]　A purely peer-to-peer version of electronic cash would allow online payments to be sent directly from one party to another without going through a financial institution. Digital signatures provide part of the solution, but the main benefits are lost if a trusted third party is still required to prevent double-spending. We propose a solution to the double-spending problem using a peer-to-peer network. The network timestamps transactions by hashing them into an ongoing chain of hash-based proof-of-work, forming a record that cannot be changed without redoing the proof-of-work. The longest chain not only serves as proof of the sequence of events witnessed, but proof that it came from the largest pool of CPU power. As long as a majority of CPU power is controlled by nodes that are not cooperating to attack the network, they'll generate the longest chain and outpace attackers. The network itself requires minimal structure. Messages are broadcast on a best effort basis, and nodes can leave and rejoin the network at will, accepting the longest proof-of-work chain as proof of what happened while they were gone.

1. Introduction

Commerce on the Internet has come to rely almost exclusively on financial institutions serving as trusted third parties to process electronic payments. While the system works well enough for most transactions, it still suffers from the inherent weaknesses of the trust based model. Completely non-reversible transactions are not really possible, since financial institutions cannot avoid mediating disputes. The cost of mediation increases transaction costs, limiting the minimum practical transaction size and cutting off the possibility for small casual transactions, and there is a broader cost in the loss of ability to make non-reversible payments for nonreversible services. With the possibility of reversal, the need for trust spreads. Merchants must be wary of their customers, hassling them for more information than they would otherwise need. A certain percentage of fraud is accepted as unavoidable. These costs and payment uncertainties can be avoided in person by using physical currency, but no mechanism exists to make payments over a communications channel without a trusted party.

What is needed is an electronic payment system based on cryptographic proof instead of trust, allowing any two willing parties to transact directly with each other without the need for a trusted third party. Transactions that are computationally impractical to reverse would protect sellers from fraud, and routine escrow mechanisms could easily be implemented to protect buyers. In this paper, we propose a solution to the double-spending problem using a peer-to-peer distributed timestamp server to generate computational proof of the chronological order of transactions. The system is secure as long as honest nodes collectively control more CPU power than any cooperating group of attacker nodes.

2. Transactions

We define an electronic coin as a chain of digital signatures. Each owner transfers the coin to the next by digitally signing a hash of the previous transaction and the public key of the next owner and adding these to the end of the coin. A payee can verify the signatures to verify the chain of ownership.

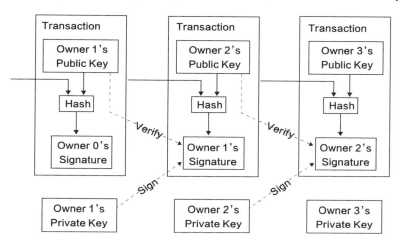

The problem of course is the payee can't verify that one of the owners did not double-spend the coin. A common solution is to introduce a trusted central authority, or mint, that checks every transaction for double spending. After each transaction, the coin must be returned to the mint to issue a new coin, and only coins issued directly from the mint are trusted not to be double-spent. The problem with this solution is that the fate of the entire money system depends on the company running the mint, with every transaction having to go through them, just like a bank.

We need a way for the payee to know that the previous owners did not sign any earlier transactions. For our purposes, the earliest transaction is the one that counts, so we don't care about later attempts to double-spend. The only way to confirm the absence of a transaction is to be aware of all transactions. In the mint based model, the mint was aware of all transactions and decided which arrived first. To accomplish this without a trusted party, transactions must be publicly announced[1], and we need a system for participants to agree on a single history of the order in which they were received. The payee needs proof that at the time of each transaction, the majority of nodes agreed it was the first received.

3. Timestamp Server

The solution we propose begins with a timestamp server. A timestamp server works by taking a hash of a block of items to be timestamped and widely publishing the hash, such as in a newspaper or Usenet post[2-5]. The timestamp proves that the data must have existed at the time, obviously, in order to get into the hash. Each timestamp includes the previous timestamp in its hash, forming a chain, with each additional timestamp reinforcing the ones before it.

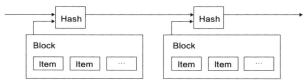

4. Proof-of-Work

To implement a distributed timestamp server on a peer-to-peer basis, we will need to use a proof-of-work system similar to Adam Back's Hashcash[6], rather than newspaper or Usenet posts. The proof-of-work involves scanning for a value that when hashed, such as with SHA-256, the hash begins with a number of zero bits. The average work required is exponential in the number of zero bits required and can be verified by executing a single hash. For our timestamp network, we implement the proof-of-work by incrementing a nonce in the block until a value is found that gives the block's hash the required zero bits. Once the CPU effort has been expended to make it satisfy the proof-of-work, the block cannot be changed without redoing the work. As later blocks are chained after it, the work to change the block would include redoing all the blocks after it.

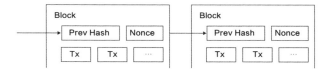

The proof-of-work also solves the problem of determining representation in majority decision making. If the majority were based on one-IP-address-one-vote, it could be subverted by anyone able to allocate many IPs. Proof-of-work is essentially one-CPU-one-vote. The majority decision is represented by the longest chain, which has the greatest proof-of-work effort invested in it. If a majority of CPU power is controlled by honest nodes, the honest chain will grow the fastest and outpace any competing chains. To modify a past block, an attacker would have to redo the proof-of-work of the block and all blocks after it and then catch up with and surpass the work of the honest nodes. We will show later that the probability of a slower attacker catching up diminishes exponentially as subsequent blocks are added.

To compensate for increasing hardware speed and varying interest in running nodes over time, the proof-of-work difficulty is determined by a moving average targeting an average number of blocks per hour. If they're generated too fast, the difficulty increases.

5. Network

The steps to run the network are as follows:

（1）New transactions are broadcast to all nodes.

（2）Each node collects new transactions into a block.

（3）Each node works on finding a difficult proof-of-work for its block.

（4）When a node finds a proof-of-work, it broadcasts the block to all nodes.

（5）Nodes accept the block only if all transactions in it are valid and not already spent.

（6）Nodes express their acceptance of the block by working on creating the next block in the chain, using the hash of the accepted block as the previous hash.

Nodes always consider the longest chain to be the correct one and will keep working on extending it. If two nodes broadcast different versions of the next block simultaneously, some nodes may receive one or the other first. In that case, they work on the first one they received, but save the other branch in case it becomes longer. The tie will be broken when the next proof-of-work is found and one branch becomes longer; the nodes that were working on the other branch will then switch to the longer one.

New transaction broadcasts do not necessarily need to reach all nodes. As long as they reach many nodes, they will get into a block before long. Block broadcasts are also tolerant of dropped messages. If a node does not receive a block, it will request it when it receives the next block and realizes it missed one.

6. Incentive

By convention, the first transaction in a block is a special transaction that starts a new coin owned by the creator of the block. This adds an incentive for nodes to support the network, and provides a way to initially distribute coins into circulation, since there is no central authority to issue them. The steady addition of a constant of amount of new coins is analogous to gold miners expending resources to add gold to circulation. In our case, it is CPU time and electricity that is expended.

The incentive can also be funded with transaction fees. If the output value of a transaction is less than its input value, the difference is a transaction fee that is added to the incentive value of the block containing the transaction. Once a predetermined number of coins have entered circulation, the incentive can transition entirely to transaction fees and be completely inflation free.

The incentive may help encourage nodes to stay honest. If a greedy attacker is able to assemble more CPU power than all the honest nodes, he would have to choose between using it to defraud people by stealing back his payments, or using it to generate new coins. He ought to find it more profitable to play by the rules, such rules that favour him with more new coins than everyone else combined, than to undermine the system and the validity of his own wealth.

7. Reclaiming Disk Space

Once the latest transaction in a coin is buried under enough blocks, the spent transactions before it can be discarded to save disk space. To facilitate this without breaking the block's hash, transactions are hashed in a Merkle Tree[2-5, 7], with only the root included in the block's hash. Old blocks can then be compacted by stubbing off branches of the tree. The interior hashes do not need to be stored.

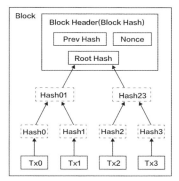

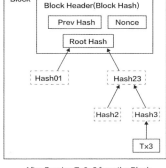

Transactions Hashed in a Merkle Tree   After Pruning Tx0-2 from the Block

A block header with no transactions would be about 80 bytes. If we suppose blocks are generated every 10 minutes, 80 bytes$\times 6\times 24\times 365=$ 4.2MB per year. With computer systems typically selling with 2GB of RAM as of 2008, and Moore's Law predicting current growth of 1.2GB per year, storage should not be a problem even if the block headers must be kept in memory.

8. Simplified Payment Verification

It is possible to verify payments without running a full network node. A user only needs to keep a copy of the block headers of the longest proof-of-work chain, which he can get by querying network nodes until he's convinced he has the longest chain, and obtain the Merkle branch linking the transaction to the block it's timestamped in. He can't check the transaction for himself, but by linking it to a place in the chain, he can see that a network node has accepted it, and blocks added after it further confirm the network has accepted it.

Longest Proof-of-work Chain

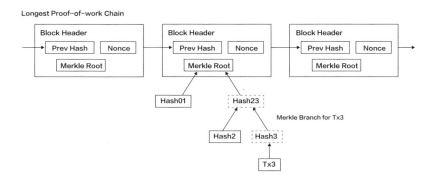

As such, the verification is reliable as long as honest nodes control the network, but is more vulnerable if the network is overpowered by an attacker. While network nodes can verify transactions for themselves, the simplified method can be fooled by an attacker's fabricated transactions for as long as the attacker can continue to overpower the network. One strategy to protect against this would be to accept alerts from network nodes when they detect an invalid block, prompting the user's software to download the full block and alerted transactions to confirm the inconsistency. Businesses that receive frequent payments will probably still want to run their own nodes for more independent security and quicker verification.

9. Combining and Splitting Value

Although it would be possible to handle coins individually, it would be unwieldy to make a separate transaction for every cent in a transfer. To allow value to be split and combined, transactions contain multiple inputs and outputs. Normally there will be either a single input from a larger previous transaction or multiple inputs combining smaller amounts, and at most two outputs: one for the payment, and one returning the change, if any, back to the sender.

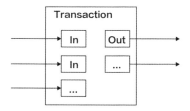

It should be noted that fan-out, where a transaction depends on several transactions, and those transactions depend on many more, is not a problem here. There is never the need to extract a complete standalone copy of a transaction's history.

10. Privacy

The traditional banking model achieves a level of privacy by limiting access to information to the parties involved and the trusted third party. The necessity to announce all transactions publicly precludes this method, but privacy can still be maintained by breaking the flow of information in another place: by keeping public keys anonymous. The public can see that someone is sending an amount to someone else, but without information linking the transaction to anyone. This is similar to the level of information released by stock exchanges, where the time and size of individual trades, the "tape", is made public, but without telling who the parties were.

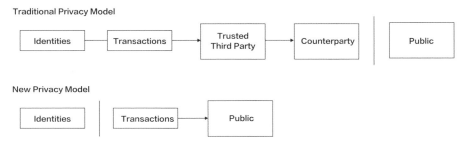

Traditional Privacy Model

New Privacy Model

As an additional firewall, a new key pair should be used for each transaction to keep them from being linked to a common owner. Some linking is still unavoidable with multi-input transactions, which necessarily reveal that their inputs were owned by the same owner. The risk is that if the owner of a key is revealed, linking could reveal other transactions that belonged to the same owner.

11. Calculations

We consider the scenario of an attacker trying to generate an alternate chain faster than the honest chain. Even if this is accomplished, it does not throw the system open to arbitrary changes, such as creating value out of thin air or taking money that never belonged to the attacker. Nodes are not going to accept an invalid transaction as payment, and honest nodes will never accept a block containing them. An attacker can only try to change one of his own transactions to take back money he recently spent.

The race between the honest chain and an attacker chain can be characterized as a Binomial Random Walk. The success event is the honest chain being extended by one block, increasing its lead by $+1$, and the failure event is the attacker's chain being extended by one block, reducing the gap by -1.

The probability of an attacker catching up from a given deficit is analogous to a Gambler's Ruin problem. Suppose a gambler with unlimited credit starts at a deficit and plays potentially an infinite number of trials to try to reach breakeven. We can calculate the probability he ever reaches breakeven, or that an attacker ever catches up with the honest chain, as follows[8]:

$p ==$ probability an honest node finds the next block

$q ==$ probability the attacker finds the next block

$q_z ==$ probability the attacker will ever catch up from z blocks behind

$$q_z = \begin{cases} 1 & \text{if } p \leqslant q \\ (\dfrac{q}{p})^z & \text{if } p > q \end{cases}$$

Given our assumption that $p > q$, the probability drops exponentially as the number of blocks the attacker has to catch up with increases. With the odds against him, if he doesn't make a lucky lunge forward early on, his chances become vanishingly small as he falls further behind.

We now consider how long the recipient of a new transaction needs to wait before being sufficiently certain the sender can't change the transaction. We assume the sender is an attacker who wants to make the recipient believe he paid him for a while, then switch it to pay back to himself after some time has passed. The receiver will be alerted when that happens, but the sender hopes it will be too late.

The receiver generates a new key pair and gives the public key to the sender shortly before signing. This prevents the sender from preparing a chain of blocks ahead of time by working on it continuously until he is lucky enough to get far enough ahead, then executing the transaction at that moment. Once the transaction is sent, the dishonest sender starts working in secret on a parallel chain containing an alternate version of his transaction.

The recipient waits until the transaction has been added to a block and z blocks have been linked after it. He doesn't know the exact amount of progress the attacker has made, but assuming the honest blocks took the average expected time per block, the attacker's potential progress will be a Poisson distribution with expected value:

$$\lambda = z\frac{q}{p}$$

To get the probability the attacker could still catch up now, we multiply the Poisson density for each amount of progress he could have made by the probability he could catch up from that point:

$$\sum_{k=0}^{\infty} \frac{\lambda^k e^{-\lambda}}{k!} \cdot \begin{cases} (\frac{q}{p})^{z-k} & \text{if } k \leq z \\ 1 & \text{if } k > z \end{cases}$$

Rearranging to avoid summing the infinite tail of the distribution…

$$1 - \sum_{k=0}^{z} \frac{\lambda^k e^{-\lambda}}{k!} (1 - (\frac{q}{p})^{z-k})$$

Converting to C code:

```
#include <math.h>
double AttackerSuccessProbability(double q, int z)
{
double p = 1.0 - q;
double lambda = z * (q / p);
```

```
double sum = 1.0;
int i, k;
for (k = 0; k <= z; k ++ )
{
double poisson = exp(-lambda);
for (i = 1; i <= k; i ++ )
poisson *= lambda / i;
sum -= poisson * (1 - pow(q / p, z - k));
}
return sum;
}
```

Running some results, we can see the probability drop off exponentially with z.

q=0.1

z=0 P=1.0000000

z=1 P=0.2045873

z=2 P=0.0509779

z=3 P=0.0131722

z=4 P=0.0034552

z=5 P=0.0009137

z=6 P=0.0002428

z=7 P=0.0000647

z=8 P=0.0000173

z=9 P=0.0000046

z=10 P=0.0000012

q=0.3

z=0 P=1.0000000

z=5 P=0.1773523

z=10 P=0.0416605

z=15 P=0.0101008

z=20 P=0.0024804

z=25 P=0.0006132

z=30 P=0.0001522

z=35 P=0.0000379

z=40 P=0.0000095

z=45 P=0.0000024

z=50 P=0.0000006

Solving for p lees than 0.1% :

p<0.001

q=0.10 z=5

q=0.15 z=8

q=0.20 z=11

q=0.25 z=15

q=0.30 z=24

q=0.35 z=41

q=0.40 z=89

q=0.45 z=340

12. Conclusion

We have proposed a system for electronic transactions without relying on trust. We started with the usual framework of coins made from digital signatures, which provides strong control of ownership, but is incomplete without a way to prevent double-spending. To solve this, we proposed a peer-to-peer network using proof-of-work to record a public history of transactions that quickly becomes computationally impractical for an attacker to change if honest nodes control a majority of CPU power. The network is robust in its unstructured simplicity. Nodes work all at once with little coordination. They do not need to be identified, since messages are not routed to any particular place and only need to be delivered on a best effort basis. Nodes can leave and rejoin the network at will, accepting the proof-of-work chain as proof of what happened while they were gone. They vote with their CPU power, expressing their acceptance of valid blocks by working on extending them and rejecting invalid blocks by refusing to work on them. Any needed rules and incentives can be enforced with this consensus mechanism.

References

[1] WEI Dai. b-money [EB/OL]. [2020-06-21] http://www.weidai.com/bmoney.txt.

[2] MASSIAS H, Avila X S, QUISQUATER J J. Design of a secure timestamping service with minimal trust requirements [C/OL]. 20th Symposium on Information Theory in the Benelux, 1999.

[3] HABER S, STORNETTA W S. How to time-stamp a digital document [J]. Journal of Cryptology, 1991, 3（2）: 99-111.

[4] BAYER D, HABER S, STORNETTA W S. Improving the efficiency and reliability of digital time-stamping [M] // Sequences II: Methods in Communication, Security and Computer Science Berlin: Springer-Verlag, 1993: 329-334.

[5] HABER S, STORNETTA W S. Secure names for bit-strings [C] Proceedings of the 4th ACM Conference on Computer and Communications Security, 1997: 28-35.

[6] Back A. Hashcash-a denial of service counter-measure [EB/OL]. [2020-06-21] http://www.hashcash.org/papers/hashcash.pdf.

[7] Merkle R C. Protocols for public key cryptosystems [C] Proceedings 1980 Symposium on Security and Privacy, IEEE Computer Society, 1980: 122-133.

[8] Feller W. An introduction to probability theory and its applications [M]. New Jersey: Wiley, 1957.

［译文］

比特币：一种点对点的电子现金系统

【摘要】一个完全通过点对点技术实现的电子现金系统将允许一方

不通过金融机构直接在线支付给另一方。电子签名提供了部分解决方案，但是如果还需要一个可信任的第三方来防止重复支付，那么这种系统也就没有存在的意义。我们在此提出一个用点对点网络来解决重复支付的方案。这个网络给每笔交易打上时间戳，并进行哈希计算，放进一条基于哈希工作量证明的链作为交易记录，除非重做这些工作量，形成的记录将不可改变。最长的链不仅是见证序列的证明，还证明了它来自最大的 CPU 算力池。因为大部分的算力由诚实的节点控制，它们将会产生一条比攻击者要长的链。这个系统本身需要的基础设施极少。消息被尽力传播，节点可以随意离开或重新加入网络，并且接受最长的工作量证明的链作为它离开这段时间发生的交易的证明。

1. 介绍

互联网上的商业几乎完全依赖信任的第三方金融机构来处理电子支付。对于大多数交易来说，这套系统运作良好，但是依然受到了基于信任模型的天然缺点的困扰。完全不能撤销的交易无法实现，因为第三方金融机构不可避免地要调解纠纷。调解的代价是增加了交易的成本，限制了最小实际交易规模，切断了日常小额支付交易的可能性，丧失了对不可撤销服务提供不可撤销支付的可能性。因为交易存在撤销的可能性，交易双方需要信任。商户必须提防他们的客户，因此会向客户索取他们本不需要的信息。而且，实际的商业行为不得不接受一定比例的欺诈行为。这些成本和支付的不确定问题可以用面对面使用现金避免，但是可以避免这些问题的机制尚未出现。

我们需要的是一个电子支付系统，这个系统基于密码学原理而不是基于信任，允许任意有这个意愿的双方直接相互转账而不需要一个信任的第三方。交易从计算上是不可撤销的，这将保护卖方权益，防止被骗，而对于买方来说，常规的托管机制很容易实现以保护买方权益。在本论文里，我们提出了一个使用点对点分布式时间戳服务器来产生按时间排序的交易的计算证明，以解决重复支付问题。只要诚实节点控制的算力总和大于攻击者节点的算力总和，这个系统就是安全的。

2. 交易

我们把一种电子货币定义成一条数字签名链。每一位所有者通过将前一个交易的哈希和下一个所有者的公钥进行数字签名，并把这个签名追加在币的后面，从而把币转给下一个人。收款人可以通过验证数字签名来确认链的所有者。

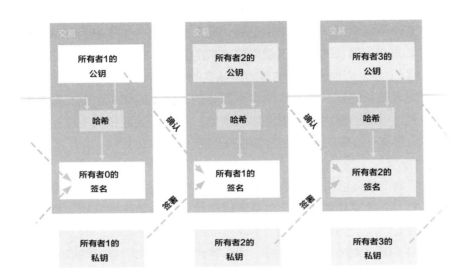

问题是收款人无法验证其中的一个所有者是否将同一枚电子货币支付了两次（重复支付）。通常的解决方案是引入一个可以信任的第三方权威，或铸币厂，由他们检查每一笔交易来防止重复支付问题。每次交易后，这枚币必须返回铸币厂，这样才能发行新币，只有直接从铸币厂发行的币才可看作没有被重复支付。这个方案的问题是，整个金钱系统的命运掌握在经营铸币厂的公司，每一笔交易都要经过他们，就像银行一样。

我们需要一种方法，这种方法让收款人知道上一个所有者没有签署任何以前的交易。我们的目的是让最早的交易是可信的，我们不关心后面是不是有人企图进行重复支付。仅有的可以确认某一个交易存在的办法是要知道所有的交易。在基于铸币厂的模型中，铸币厂知道所有的交易，并且可以确定哪个交易先发生。为了在无可信任第三方的情况下达到这个目的，交易必须要公之于众，并且我们需要一个系统，这个系统的参与者要认同同一个按收到的交易顺序排列的历史记录。收款人需要证据来证明在发生每一笔交易的时候，大多数节点都认同这个交易是第一次出现。

3. 时间戳服务器

我们提出的解决方案从一个时间戳服务器开始。这个服务器的工作方式是，对条目所在的区块的哈希加盖时间戳，然后把哈希广播出去，就好像在报纸上发布告示或在新闻组发帖一样。显然，为了能进入这个哈希序列，时间戳证明的数据在那个时间必须存在。每一个时间戳和以前的时间戳，形成一条链，每一个追加的时间戳都是对前一个时间戳进行加强。

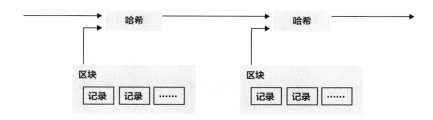

4. 工作量证明

为了在点对点的基础上构建一个分布式的时间戳服务器，我们将需要一个工作量证明的系统，这个系统和亚当·贝克的哈希现金类似，而不是报纸上的告示或者新闻组的帖子那样的东西。这个工作量包含寻找一个哈希值，比如用 SHA-256 算法，该算法最终输出的哈希值必须以若干个 0 开头。随着 0 的数目的上升，找到这个解所需的平均工作量将呈指数增长，并且验证很简单，只需要执行一次单独的哈希计算。

在我们的时间戳网络里实现工作量证明的方法是不断尝试区块里的随机数，直到找到一个随机数使得区块的哈希值满足开头 0 的个数的要求。一旦 CPU 花费算力计算满足了工作量证明的要求，那么除非重新完

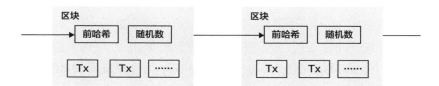

成相当的工作量，否则这个区块链就无法修改。随着后面的区块不断产生，想要改变这个区块，需要重做它后面所有区块的工作量。

工作量证明还解决了在多数决策法中谁是大多数的问题。如果决定大多数的方式是基于 IP 地址，那么若有人可以支配多个 IP 地址，这种方式将遭到破坏。工作量证明本质上是一个 CPU 算作一票。最长的链代表了大多数人的决定，这个链投入了最大的工作量。如果大多数的 CPU 算力由诚实节点控制，诚实的链就会增加得很快，超过任何竞争链。如果要修改过去的一个块，攻击者需要重新投入算力完成这个区块和它以后所有区块的工作量，然后追上并超越诚实节点的工作量。我们将在后面讨论落后的攻击者追上的概率，这个概率随着后面区块的增加呈指数级减少。

硬件的运算速度越来越快，参与运行的节点随时间也经常变化，为了抵消这些因素的影响，工作量证明的难度是由每小时区块产生数量的浮动性决定的。如果区块产生得太快，难度就相应地增加。

5. 网络

运行这个网络的步骤如下：

（1）新的交易向所有节点广播。

（2）每个节点都将新的交易纳入一个区块。

（3）每个节点开始为这个区块寻找相应难度的工作量证明。

（4）当一个节点找到了这个工作量证明，就把这个区块广播给所有节点。

（5）如果区块里所有的交易都是有效的并且是没有被花费的，其他节点就会接受这个区块。

（6）其他节点把这个区块的哈希作为上一个哈希，并在该区块的末尾竞争创建下一个区块以延长该链条。

节点始终把最长的链视为正确的，并且不断地工作以延长它。如果两个节点同时广播下一个区块，一些节点可能接受其中一个，也可能接受另一个。这种情况下，它们将在最先收到的区块上工作，但是也会保存另外一个链条以防它会变得更长。当下一个工作量证明被找到并且一个分支变得更长时，这种情况就会被打破，在另外一个分支上工作的节点将会切换到这个较长的链上。

新的交易不一定要广播到所有节点。只要它们能到达足够多的节点，这个交易很快就会被纳入下一个块。区块的广播对被丢弃的信息是具有容错能力的。如果一个节点没有收到某区块，当它收到下一个区块时会发现自己少了一个区块，就会发出请求以获得少的这个区块。

6. 激励

按照惯例，每个区块的第一笔交易是一个特别的交易，这个交易会发行新币并且其所有者就是这个区块的创建者。这为节点支持网络引入了激励机制，并且在没有一个中央机构去发行货币的情况下，提供了一种将初始发行货币分配到流通领域的方式。而不断增加新货币的过程类似于黄金矿工消耗资源来增加黄金的流通，在这里，消耗的是 CPU 的时间和电力。

激励还包括交易手续费。如果交易中输出值比输入值小，这个差值就是交易手续费，它将被加入这个区块的激励中。一旦预定数量的货币全部进入流通，激励就全部依靠交易手续费，完全没有通货膨胀。

激励有助于鼓励节点保持诚实。如果一个贪婪的攻击者掌握了比所有诚实节点还要大的算力，他将面临一个选择，是通过偷回他支付的钱来诈骗别人，还是用这个算力产生新的货币。他应该会发现遵守规则更有好处，这个规则可以让他得到更多的新币，比破坏这个系统得到的更多，而且财产合法。

7. 回收磁盘空间

如果最近的交易被纳入了足够多的区块，它之前的数据就可以丢掉以节省空间。为了确保这个过程不破坏区块的哈希，交易信息被构建成一种默克尔树，仅仅根包含在区块的哈希里。那么旧区块可以通过去除树的一些分支进行压缩，有些内部的哈希就不用保存了。

不含交易信息区块头大概 80 字节。如果我们假设每 10 分钟产生一个区块，一年就是 80 字节 ×6×24×365=4.2 兆字节。2008 年出售的电脑典型的配置是 2GB 内存，根据摩尔定律预测，每年增加 1.2G，即使区块头全部放在内存里，存储也不是个问题。

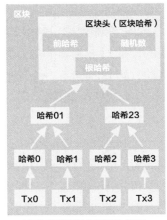

交易的哈希以默克尔树的方式组织

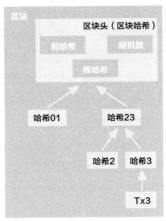

从区块里剪除Tx0-2之后

8. 简化支付验证

即使不运行全部的网络节点，验证支付也是可行的。用户仅需要保存最长工作量证明链的区块头的拷贝——他可以通过查询在线节点确认自己拥有的区块头确实来自最长的链——而后得到默克尔分支，分支连接了交易和这个盖了时间戳的区块。用户本身不能验证交易，但是通过追溯到链上的某个位置，他可以看到某个网络节点已经接受了这个交易，后面的区块进一步确定全网都接受了这个交易。

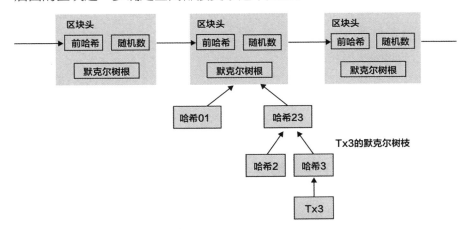

因此，如果诚实节点控制着网络，验证就是可靠的，如果网络被攻击者控制，验证就没那么可靠了。虽然网络节点本身可以验证交易，但

这种简化验证的方法会被攻击者编造的交易欺骗，因为攻击者可能持续控制网络。防止这种情况的一种策略是接受网络节点的告警，当节点检测到无效块的时候，就提示用户软件下载整个区块，并且提醒确认交易的一致性。频繁接受支付的企业为了更独立的安全性和验证的快速性，可能仍然想运行他们自己的节点。

9. 组合和分割价值

虽然可以单个单个地处理电子货币，但是对于每一枚电子货币都单独交易是很不方便的。为了价值易于分割和组合，交易被设计为包含多个输入和多个输出。通常会有一个单独从以前交易来的大额输入或多个小额输入的组合，而输出最多两个：一个用来支付，一个用来找零，有零钱的话会返还给发送者。

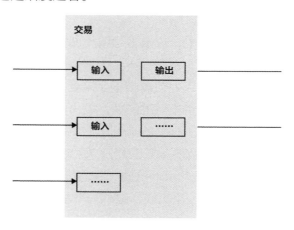

应该注意的是，当一个交易依赖几个交易时，这些交易又各自依赖更多的交易，看起来很分散，但在这里不是一个问题，因为这个工作机制从不需要展开检验交易的全部历史。

10. 隐私

传统的铸币厂模型通过限制向有关方和可信任的第三方索取信息来达到保护隐私的目的。而向公众广播所有交易则意味着这个方法失效了。但是通过打破信息在其他地方的流动性仍然可以保护隐私：保持公钥匿名性。公众可以看到某个人给其他人转账，但是没有信息可以把这笔交易和某个特定的人联系起来。这类似于证券交易所公布的信息水平，交

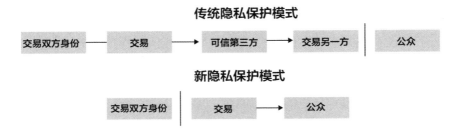

易时间和个人的交易规模是公开的，但当事人的身份则不予透露。

作为一个附加的防火墙，每次交易都使用一个新的密钥对，防止和一个共同的所有者联系起来。对于多输入交易来说，这个联系无法避免，因为多输入就表明这些货币由同一个人所有。此时的风险在于如果追溯到某一个密钥的所有者，将可以通过这种联系追溯到此人其他的交易。

11. 计算

我们想象一个这样的场景：攻击者想用比诚实节点更快的速度产生一个替代链。即使他成功了，系统也不会由其任意修改，比如凭空产生价值或拿走不属于他的钱。因为节点将不会接受一个无效的支付，并且诚实节点决不会接受包含这种支付的区块。攻击者只能试着改变自己的交易来拿回本该花出去的钱。

诚实的链和攻击链的竞争可以用二项式随机游走（Binomial Random Walk）来描述。成功事件是诚实链延长一个区块，领先优势加一，失败事件是攻击链延长一个区块，缩小一个差距。

攻击者填补某一既定赤字的概率类似于一个赌徒破产问题（Gambler's Ruin problem）。假设一个信用无限的赌徒从赤字开始进行潜在次数为无穷的赌博，试图达到盈亏平衡。我们能算出他最终能填补亏空的概率，也就是攻击者能够赶上诚实链的概率，如下：

p = 诚实节点找到下一个区块的概率

q = 攻击者找到下一个区块的概率

q_z = 攻击者落后 z 个区块却依然能够赶上的概率

$$q_z = \begin{cases} 1 & \text{如果 } p \leq q \\ \left(\dfrac{q}{p}\right)^z & \text{如果 } p > q \end{cases}$$

假设 $p > q$，随着落后区块数量（z）增加，攻击者追上的概率呈指数下降。这个概率情况对攻击者不利，如果他没有幸运的快速获得成功，落后越多希望就越渺茫。

我们现在考虑接收者在收到新的交易的时候，需要等待多长时间才能完全确定交易已经不能被发送者修改了。我们假设发送者是攻击者，他想让接收者暂时相信他已经付款了，然后过了一段时间又将款项转而支付给自己。发生这种情况的时候接收者会收到警告，但是发送者希望那时木已成舟。

接收者创建了一个新的密钥对，在签名之前很短的时间内把公钥给了发送者。这可以防止发送者提前准备一条链，持续在上面工作，直到他足够幸运达到了领先的程度，正好执行刚才这条交易。一旦这个交易发送了，不诚实的发送者开始在一个并行的链上秘密工作，这条链包含他的交易的另一个版本。

接收者一直等待，直到交易被添加到一个区块中，并且后面已经追加了 z 个区块了。他并不知道攻击者的准确进展，但是可以假设诚实区块创建每个区块花费的时间是平均期望时间，攻击者潜在的进展将服从泊松分布，分布的期望值为：

$$\lambda = z\frac{q}{p}$$

为了计算目前攻击者仍能追上的概率，我们将他所取得的每一步进展的泊松密度乘以他可能从那一点赶上的概率：

$$\sum_{k=0}^{\infty}\frac{\lambda^k e^{-\lambda}}{k!}\cdot\begin{cases}(\frac{q}{p})^{z-k} & \text{如果 } k \leq z \\ 1 & \text{如果 } k > z\end{cases}$$

变换一下，避免对无限数列求和：

$$1 - \sum_{k=0}^{z}\frac{\lambda^k e^{-\lambda}}{k!}\left[1 - (\frac{q}{p})^{z-k}\right]$$

转换成 C 语言程序：

```c
#include <math.h>
double AttackerSuccessProbability(double q, int z)
```

```
{
double p = 1.0 − q;
double lambda = z * (q / p);
double sum = 1.0;
int i, k;
for (k = 0; k <= z; k + + )
{
double poisson = exp(−lambda);
for (i = 1; i <= k; i + + )
poisson *= lambda / i;
sum −= poisson * (1 − pow(q / p, z − k));
}
return sum;
}
```

运行结果，我们可以看到概率随 z 的增加呈指数下降。

q=0.1

z=0 P=1.0000000

z=1 P=0.2045873

z=2 P=0.0509779

z=3 P=0.0131722

z=4 P=0.0034552

z=5 P=0.0009137

z=6 P=0.0002428

z=7 P=0.0000647

z=8 P=0.0000173

z=9 P=0.0000046

z=10 P=0.0000012

q=0.3

z=0 P=1.0000000

z=5 P=0.1773523

z=10 P=0.0416605

z=15 P=0.0101008

z=20 P=0.0024804

z=25 P=0.0006132

z=30 P=0.0001522

z=35 P=0.0000379

z=40 P=0.0000095

z=45 P=0.0000024

z=50 P=0.0000006

对于 p<0.1% 的求解：

p<0.001

q=0.10 z=5

q=0.15 z=8

q=0.20 z=11

q=0.25 z=15

q=0.30 z=24

q=0.35 z=41

q=0.40 z=89

q=0.45 z=340

12. 结论

我们在此为无信用中介的电子交易提出了一个系统。我们从常用的电子货币的电子签名原理开始，它对所有者有很强的控制，但是因为不能避免重复支付，所以还不完整。为了解决重复支付的问题，我们提出了一个点对点的网络，这个网络使用工作量证明记录一个公共的交易历史，只要诚实节点控制大部分 CPU 算力，就能使得攻击者无法通过计算来改变交易历史。该网络的非结构化简单性使得它很稳健。节点同时工作，很少需要相互协调，它们不需要被识别，因为消息不需要路由到任何特定的位置，只需尽力传递就好。节点可以离开网络，也可以在需要的时候重新加入网络，接受工作量链作为它离开的时候发生了什么的证据。它们用 CPU 算力投票，通过在有效区块上工作并延长区块来表达对区块的接受，通过不在新区块上工作以表示拒绝无效区块。任何需要的规则和激励都可以包含在这种共识机制下。

区块链的一些免费资源

公证通（Factom）

Factom 公司是一家服务于 Factom 开源代码网络的区块链公司，它为一些大型公司和政府提供定制区块链应用服务，也为美国贷款行业的一些服务产品建链。

Factom 大学是主要教授区块链技术、Factom 平台和 APIs 等知识的基地，由 Factom 公司创建，旨在让客户从一个小白变成一个专家，Factom 大学已经计划发放相应的资质证书。

网址：www.factom.com/university

以太坊（Ethereum）101

Ethereum 是一个众筹的开源项目，旨在建立 Ethereum 区块链。它被人们认为是区块链界最重要的项目之一，因为它建立了领先的区块链编程语言，Ethereum 网络允许人们创建智能合约、创建去中心化组织、部署去中心化应用。

Ethereum 101 是一个由以太坊社区成员发起的网站，是精选的高质量的关于区块链技术和以太坊网络的教育内容的资料库。以太坊的社区总监 Anthony D'Onfrio 直接监管该项目。

网址：www.Ethereum101.org

瑞波币（Ripple）

Ripple 提供全球化金融解决方案。它的分布式结算网络建立在开源技术之上，任何人都可以使用。Ripple 同时也警告称，其区块链功能仅由获得许可的金融机构使用。

Ripple 为它的平台开发了强大的知识库。该知识库主要面向开发人员。Ripple 也提供一些资源给金融监管机构。即便你不是监管机构也值得一读，因为它对区块链技术带来的法律责任提供了一些见解。

网址：www.ripple.com/build

Steven Zeiler 是 Ripple 的一位员工，他开发了一个系列视频，介绍如何使用 JavaScript 在 Ripple 网络上创建可编程货币（Programmable Money）。这个系列是专为 JavaScript 编程人员制作的。

网址：https://goo.gl/g8vFPL.（这儿有 10 个视频教你如何开发）

DigiKnow

DigiByte 是受比特币启发而创造的去中心化的支付网络。它允许用户在互联网上交易，而且提供比比特币更快的速度、更便宜的费用。这个网络也对那些想开采本机通令（Token）的人开放。

DigiByte 的创建者 Jared Tate 在 YouTube 上创建了 DigiKnow 系列视频，它能教你使用 DigiByte 网络所需的所有东西。

网址：https://youtube/scr6BzFddso（在这里可以学习区块链是如何工作、DigiByte 网络是如何增值的）

区块链大学（Blockchain University）

Blockchain University 是一个教育网站，它教开发者、管理者和企业家关于区块链的生态系统，提供公开和定制的培训计划、黑客马拉松和示范活动。

网址：http://blockchainu.co（你也可以在加利福尼亚的山景城找到 Blockchain University）

核心钱包（Bitcoin Core）

Bitcoin Core 原先被 Satoshi Nakamoto 用于发布比特币协议的白皮书。它是有关比特币核心协议和原始比特币软件的可下载版本的教育资料的所在地。

网址：http://Bitcoin.org（这个网站专用于保持比特币的去中心化，一般人都可以使用）

附录二　区块链相关政策

　　中共中央发布过 4 份与区块链相关的文件，中央各部委发布的区块链相关的扶持政策信息多达 45 则，其中国务院及国务院办公厅发布的区块链相关指导政策信息多达 13 则。就在 2020 年 1 月，央行、交通运输部、国家外汇管理局、国家新闻出版署、司法部等 10 部委连发 11 则促进区块链与各领域结合的政策信息。而且区块链在众多技术排序中，逐步居前。

　　1. 中共中央、国务院发布的区块链相关政策信息及其中具体涉及区块链的条款

　　（1）《中共中央　国务院关于深化改革加强食品安全工作的意见》（2019 年 5 月 9 日）

　　（三十一）推进"互联网＋食品"监管。建立基于大数据分析的食品安全信息平台，推进大数据、云计算、物联网、人工智能、区块链等技术在食品安全监管领域的应用，实施智慧监管，逐步实现食品安全违法犯罪线索网上排查汇聚和案件网上移送、网上受理、网上监督，提升监管工作信息化水平。

　　（2）中共中央　国务院印发《交通强国建设纲要》（2019 年 9 月 19 日）

　　（二）大力发展智慧交通。推动大数据、互联网、人工智能、区块链、超级计算等新技术与交通行业深度融合。推进数据资源赋能交通发展，加速交通基础设施网、运输服务网、能源网与信息网络融合发展，构建

泛在先进的交通信息基础设施。构建综合交通大数据中心体系，深化交通公共服务和电子政务发展。推进北斗卫星导航系统应用。

（3）《中共中央　国务院关于推进贸易高质量发展的指导意见》（2019 年 11 月 19 日）

（三）增强贸易创新能力。构建开放、协同、高效的共性技术研发平台，强化制造业创新对贸易的支撑作用。推动互联网、物联网、大数据、人工智能、区块链与贸易有机融合，加快培育新动能。加强原始创新、集成创新。充分利用多双边合作机制，加强技术交流与合作。着力扩大知识产权对外许可。积极融入全球创新网络。

（4）中共中央　国务院印发《长江三角洲区域一体化发展规划纲要》（2019 年 12 月 1 日）

共同培育新技术新业态新模式。推动互联网新技术与产业融合，发展平台经济、共享经济、体验经济，加快形成经济发展新动能。加强大数据、云计算、区块链、物联网、人工智能、卫星导航等新技术研发应用，支持龙头企业联合科研机构建立长三角人工智能等新型研发平台，鼓励有条件的城市开展新一代人工智能应用示范和创新发展，打造全国重要的创新型经济发展高地。率先开展智能汽车测试，实现自动驾驶汽车产业化应用。提升流通创新能力，打造商产融合产业集群和平台经济龙头企业。建设一批跨境电商综合试验区，构建覆盖率和便捷度全球领先的新零售网络。推动数字化、信息化与制造业、服务业融合，发挥电商平台、大数据核心技术和长三角制造网络等优势，打通行业间数据壁垒，率先建立区域性工业互联网平台和区域产业升级服务平台。

2. 国务院及国务院办公厅发布的区块链相关政策信息及其中具体涉及区块链的条款

（1）《国务院关于印发"十三五"国家信息化规划的通知》（国发〔2016〕73 号）

"十三五"时期，全球信息化发展面临的环境、条件和内涵正发生深刻变化。从国际看，世界经济在深度调整中曲折复苏、增长乏力，全球贸易持续低迷，劳动人口数量增长放缓，资源环境约束日益趋紧，局部地区地缘博弈更加激烈，全球性问题和挑战不断增加，人类社会对信息化发展的迫切需求达到前所未有的程度。同时，全球信息化进入全面渗透、跨界融合、加速创新、引领发展的新阶段。信息技术创新代际周期大幅缩短，创新活力、集聚效应和应用潜能裂变式释放，更快速度、更广范围、更深程度地引发新一轮科技革命和产业变革。物联网、云计算、大数据、人工智能、机器深度学习、区块链、生物基因工程等新技术驱动网络空间从人人互联向万物互联演进，数字化、网络化、智能化服务将无处不在。现实世界和数字世界日益交汇融合，全球治理体系面临深刻变革。全球经济体普遍把加快信息技术创新、最大程度释放数字红利，作为应对"后金融危机"时代增长不稳定性和不确定性、深化结构性改革和推动可持续发展的关键引擎。

强化战略性前沿技术超前布局。立足国情，面向世界科技前沿、国家重大需求和国民经济主要领域，坚持战略导向、前沿导向和安全导向，重点突破信息化领域基础技术、通用技术以及非对称技术，超前布局前沿技术、颠覆性技术。加强量子通信、未来网络、类脑计算、人工智能、全息显示、虚拟现实、大数据认知分析、新型非易失性存储、无人驾驶交通工具、区块链、基因编辑等新技术基础研发和前沿布局，构筑新赛场先发主导优势。加快构建智能穿戴设备、高级机器人、智能汽车等新兴智能终端产业体系和政策环境。鼓励企业开展基础性前沿性创新研究。

（2）《国务院办公厅关于创新管理优化服务培育壮大经济发展新动能加快新旧动能接续转换的意见》（国办发〔2017〕4号）

营造有利于跨界融合研究团队成长的氛围。创新体制机制，突破院所和学科管理限制，在人工智能、区块链、能源互联网、智能制造、大数据应用、基因工程、数字创意等交叉融合领域，构建若干产业创新中心和创新网络。建成一批具有国际水平、突出学科交叉和协同创新的科研基地，着力推动跨界融合的颠覆性创新活动。（国家发展改革委、教育部、科技部、中科院等部门按职责分工负责）

（3）《国务院关于印发新一代人工智能发展规划的通知》（国发〔2017〕35号）

充分发挥人工智能技术在增强社会互动、促进可信交流中的作用。加强下一代社交网络研发，加快增强现实、虚拟现实等技术推广应用，促进虚拟环境和实体环境协同融合，满足个人感知、分析、判断与决策等实时信息需求，实现在工作、学习、生活、娱乐等不同场景下的流畅切换。针对改善人际沟通障碍的需求，开发具有情感交互功能、能准确理解人的需求的智能助理产品，实现情感交流和需求满足的良性循环。促进区块链技术与人工智能的融合，建立新型社会信用体系，最大限度降低人际交往成本和风险。

（4）《国务院关于进一步扩大和升级信息消费持续释放内需潜力的指导意见》（国发〔2017〕40号）

（七）提升信息技术服务能力。支持大型企业建立基于互联网的"双创"平台，为全社会提供专业化信息服务。发挥好中小企业公共服务平台作用，引导小微企业创业创新示范基地平台化、生态化发展。鼓励信息技术服务企业积极发展位置服务、社交网络等新型支撑服务及智能应用。支持地方联合云计算、大数据骨干企业为当地信息技术服务企业提供咨询、研发、培训等技术支持，推动提升"互联网＋"环境下的综合集成服务能力。鼓励利用开源代码开发个性化软件，开展基于区块链、人工智能等新技术的试点应用。

（5）《国务院办公厅关于积极推进供应链创新与应用的指导意见》（国办发〔2017〕84号）

（三）加强供应链信用和监管服务体系建设。

完善全国信用信息共享平台、国家企业信用信息公示系统和"信用中国"网站，健全政府部门信用信息共享机制，促进商务、海关、质检、工商、银行等部门和机构之间公共数据资源的互联互通。研究利用区块链、人工智能等新兴技术，建立基于供应链的信用评价机制。推进各类供应链平台有机对接，加强对信用评级、信用记录、风险预警、违法失信行为等信息的披露和共享。创新供应链监管机制，整合供应链各环节涉及的市场准入、海关、质检等政策，加强供应链风险管控，促进供应链健康稳定发展。（国家发展改革委、交通运输部、商务部、人民银行、海关总署、税务总局、工商总局、质检总局、食品药品监管总局等按职责分工负责）

（四）加强产业支撑。

加大关键共性技术攻关力度。开展时间敏感网络、确定性网络、低功耗工业无线网络等新型网络互联技术研究，加快 5G、软件定义网络等技术在工业互联网中的应用研究。推动解析、信息管理、异构标识互操作等工业互联网标识解析关键技术及安全可靠机制研究。加快 IPv6 等核心技术攻关。促进边缘计算、人工智能、增强现实、虚拟现实、区块链等新兴前沿技术在工业互联网中的应用研究与探索。

（6）《国务院关于加强和规范事中事后监管的指导意见》（国发〔2019〕18 号）

科学高效。充分发挥现代科技手段在事中事后监管中的作用，依托互联网、大数据、物联网、云计算、人工智能、区块链等新技术推动监管创新，努力做到监管效能最大化、监管成本最优化、对市场主体干扰最小化。

致　谢

　　《区块链革命：当代技术、经济、产业、社会变革的动力之源》一书在大家的共同努力下完成了。当前，区块链技术发展迅速，给我们的经济、产业、社会发展带来了更多机会。本书的出版，正是为了满足读者了解和学习区块链知识及其发展进展的需求。这既是应用区块链技术编写区块链书籍的一次创新尝试，也是区块链应用的一个成功案例。

　　本书中，不仅有 22 个区块链技术应用案例的详细介绍，还有国内外区块链技术应用的进展；不仅有蓝源科技股份有限公司等提供的应用场景案例，也有各国各地政府成功推广区块链应用的信息。我们是站在前人的肩膀上完成了一个新的项目。书中除了自己开发的技术和应用成果，我们也参考了一些国内权威报刊或网络媒体公开的信息资料，并尽量保持完整性。由于信息来源渠道众多，难以逐一列出，敬请理解。在此一并表示衷心感谢！

　　本书的出版，不仅有广大作者、编者的努力，也得到了浙江科学技术出版社的大力支持。借此机会，表示衷心感谢！